实例019
视频颜色平衡校正

实例020
视频翻转效果

实例021
裁剪视频效果

实例022
羽化视频边缘

实例023
彩色视频黑白化

实例024
替换画面中的色彩

实例027
球面化效果

实例028
水墨画效果

实例029
镜像效果

实例031
设置渐变效果

实例033
镜头光晕

实例034
制作闪电

实例035
画面亮度调整

实例036
改变颜色

实例037
调整阴影高光

实例038
块溶解效果

实例039
阴影效果

实例040
3D空间效果

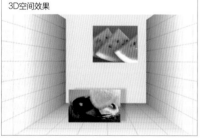

实例041
斜角边效果

实例042
线条化效果

实例043
应用遮罩

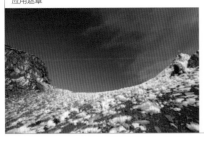

实例044
视频抠像

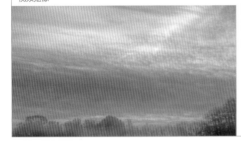

实例045
单色保留效果

实例046
辉光效果

实例047
画面浮雕效果

实例049
画面中添加马赛克

实例051
光工厂插件

实例052
降噪Denoiser

实例053
皮肤润饰Beauty Box

实例054
变速升格Twixtor插件

实例055
HitFilm特效插件

实例056
摆入与摆出效果

实例057
立方体旋转

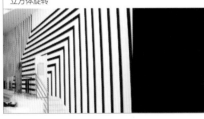

实例058
交叉划像

实例059
菱形划像

实例060
时钟式擦除

实例061
百叶窗擦除

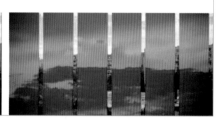

实例062
油漆飞溅擦除

实例063
风车擦除

实例064
交叉溶解

实例071
添加字幕

实例072
带阴影效果的字幕

实例073
沿路径弯曲的字幕

实例074
带辉光效果的字幕

实例075
颜色渐变的字幕

实例076
纹理字幕效果

实例077
带镂空效果的字幕

实例078
带LOGO的字幕

实例079
字幕排列

实例080
字幕样式

实例081
水平滚动的字幕

实例082
垂直滚动的字幕

实例083
逐字打出的字幕

实例084
文字飞行入画

实例085
带卷展效果的字幕

实例086
沿路径运动的字幕

实例087
立体旋转的字幕

实例088
水面上浮动的字幕

实例089
流光金属字效果

实例090
手写字效果

实例091
时间码字幕

实例092
连拍唱词字幕

实例111
多画面电视墙

实例112
镜头快慢播放

实例113
视频的条纹拖尾效果

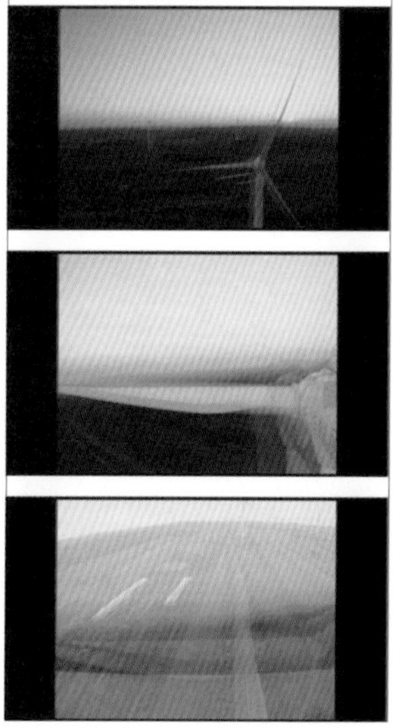

实例114
彩色方格浮雕效果

实例115
动态幻影效果

实例116
图像轮廓显现背景

实例117
电视放映效果

实例120
视频画中画

实例125
带相框的画面

实例126
边界朦胧效果

实例127
动态柱状图

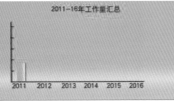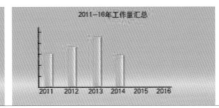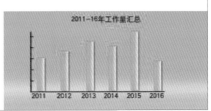

实例128
动态圆饼图

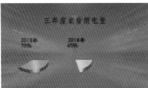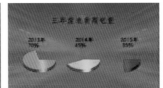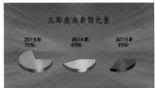

实例129
宽屏幕电影效果

实例130
立体电影空间

实例131
Magic Bullet Colorista Ⅲ校色

实例132
Magic Bullet Cosmo润肤

实例133
Magic Bullet Film电影质感

实例134
Magic Bullet Looks调色

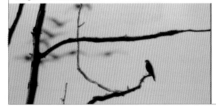

实例135
Magic Bullet Mojo快速调色

实例136
Lumetri调色预设

实例137
Match色彩匹配

第11章
婚纱电子相册

实例139
Speed Grade初级校色

第10章
数码相册

第12章
购房指南栏目片头

第13章
体坛博览片头

第14章
美食节广告片

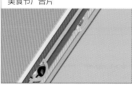

Premiere Pro CC
影视编辑剪辑制作
实战从入门到精通

赵建 路倩 王志新◎编著

人民邮电出版社

北 京

图书在版编目（C I P）数据

Premiere Pro CC影视编辑剪辑制作实战从入门到精
通 / 赵建，路倩，王志新编著. -- 北京 : 人民邮电出
版社，2018.6（2024.7重印）
ISBN 978-7-115-48208-2

Ⅰ. ①P… Ⅱ. ①赵… ②路… ③王… Ⅲ. ①视频编
辑软件 Ⅳ. ①TN94

中国版本图书馆CIP数据核字(2018)第062728号

内 容 提 要

全书共 14 章分为 3 篇，功能技法篇讲解了 Premiere Pro CC 的各项功能与操作技巧，包括影视剪辑入门、视频特效、视频过渡效果、静态字幕、动态字幕、音频编辑和音频特效等内容；技法提高篇讲解了影视特效的综合应用，以及一些常用的插件，详细讲述了调色 Magic Bullet 插件组、Lumetri 调色预设、Match 色彩匹配及 Speed Grade 校色技巧；商业应用篇从提升视频编辑剪辑技能的角度出发，深入到商业应用的层面，讲解了数码相册、婚纱电子相册、购房指南栏目片头、体坛博览片头和美食广告片头等作品的制作方法与技巧，不仅能帮助读者充分掌握 Premiere Pro CC 的相关知识和技巧，还能使读者学习到专业应用案例的制作方法和流程。

随书附赠书中所有案例的 800 多分钟的多媒体教学视频，以及案例制作需要的素材和工程文件，供读者对比学习，提高学习效率。

本书是一本能够帮助读者快速入门并提高实战能力的学习用书，采用适合自学的"完全案例"的编写形式，兼具技术手册和应用技巧图书的特点，不仅适合影视后期编辑爱好者和相关制作人员作为学习用书，也适合相关专业人员作为培训教材或教学参考用书。

◆ 编　著　赵　建　路　倩　王志新
　　责任编辑　杨　璐
　　责任印制　陈　犇

◆ 人民邮电出版社出版发行　　北京市丰台区成寿寺路 11 号
　　邮编　100164　　电子邮件　315@ptpress.com.cn
　　网址　http://www.ptpress.com.cn
　　固安县铭成印刷有限公司印刷

◆ 开本：787×1092　1/16　　　彩插：6
　　印张：31　　　　　　　　　2018 年 6 月第 1 版
　　字数：931 千字　　　　　　2024 年 7 月河北第 20 次印刷

定价：79.00 元

读者服务热线：(010)81055410　印装质量热线：(010)81055316
反盗版热线：(010)81055315
广告经营许可证：京东市监广登字20170147号

前言
PREFACE

　　本书由具有丰富教学经验的老师和一线实战经验的设计师共同编写，从视频编辑剪辑的一般流程入手，逐步引导读者学习软件的基础知识和编辑剪辑视频的各种技能。希望本书能够帮助读者解决学习中的难题，提高技术水平，快速成为视频编辑的高手。

　　全书内容安排由浅入深，每一章的内容都丰富翔实，力争涵盖Premiere Pro CC的全部知识点。

内容特点

● **完善的学习模式**

　　"学习资源＋实例要点＋操作步骤＋操作提示" 4大环节保障了可学习性。明确每一阶段的学习目的，做到有的放矢。140个详解功能与技法的案例，以及5个完整的商业应用案例，涵盖了大部分常见应用。

● **进阶式知识讲解**

　　全书共14章，每一章都是一个技术专题，从基础入手，逐步进阶到灵活应用。基础讲解与操作紧密结合，方法全面，技巧丰富，不但能学习到专业的制作方法与技巧，还能提高实际应用的能力。

配套资源

● **全程同步的教学视频**

　　179集800多分钟多媒体语音教学视频，由一线教师亲授，详细记录了所有案例的具体操作过程，边学边做，同步提升操作技能。

● **超值的配套素材、工程文件**

　　提供书中所有实例的素材文件，便于读者直接实现书中案例，掌握学习内容的精髓。另外，还提供了配套的工程文件，供读者对比学习，提升学习效率。

资源下载及其使用说明

　　本书所述的资源文件已作为学习资料提供下载，扫描封底或右侧二维码即可获得文件下载方式。如果大家在阅读或使用过程中遇到任何与本书相关的技术问题或者需要什么帮助，请发邮件至szys@ptpress.com.cn，我们会尽力为大家解答。

资 源 下 载

本书读者对象

　　本书是一本能够帮助读者快速入门并提高实战能力的学习用书，采用适合自学的"完全案例"的编写形式，兼具技术手册和应用技巧图书的特点，不仅适合影视后期编辑爱好者和相关制作人员作为学习用书，也适合相关专业人员作为培训教材或教学参考用书。

　　由于作者水平有限，书中纰漏在所难免，恳请读者和专家批评指正，也希望能够与读者建立长期交流学习的互动关系，技术方面的问题及出版方面的合作可以及时与我们联系（邮箱：yanglu @ ptpress.com.cn）。

编者

2018 年 3 月

目 录
CONTENTS

技法提高篇

第 08 章　影视特效

第 09 章　高级校色

商业应用篇

第 10 章　数码相册

第 11 章　婚纱电子相册

第 12 章　购房指南栏目片头

第 13 章　体坛博览片头

第 **01** 章

影视剪辑入门

本章重点

剪辑项目的设置	视频素材的导入	源素材的插入与覆盖
设置关键帧	解除视音频链接	删除影片中的片段
设置标记	三点编辑和四点编辑	改变素材持续时间和速度
复制素材属性	嵌套序列	多机位编辑

Adobe Premiere Pro CC是由 Adobe公司出品的一款视频非线性编辑器，无论哪种视频媒体，从用手机拍摄的视频到Raw 5K，都能将其导入并进行自由组合，再以原生形式编辑，而无须花费时间转码。

实 例
001 新建项目设置

- **实例文件** | 工程/第1章/新建项目设置.prproj
- **视频教学** | 视频/第1章/新建项目设置.mp4
- **难易程度** | ★★☆☆☆

- **学习时间** | 1分45秒
- **实例要点** | 新建项目的参数设置

┤操作步骤├

01 打开软件 Premiere Pro CC，欢迎界面如图1-1所示。

图1-1　欢迎界面

02 进入软件工作界面，可以打开一个原有的项目，也可以新建一个项目。新建一个项目时需要根据工作的要求进行设置，如图1-2所示。

03 单击【暂存盘】选项卡，如图1-3所示。

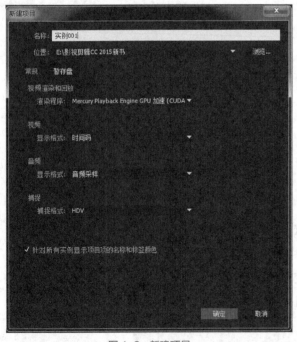

图1-2　新建项目

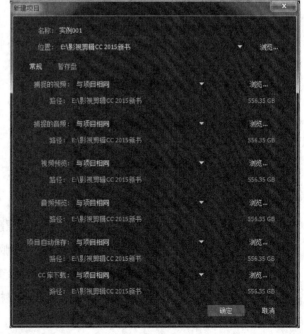

图1-3　设置项目参数

04 单击【确定】按钮，进入工作界面，如图1-4所示。

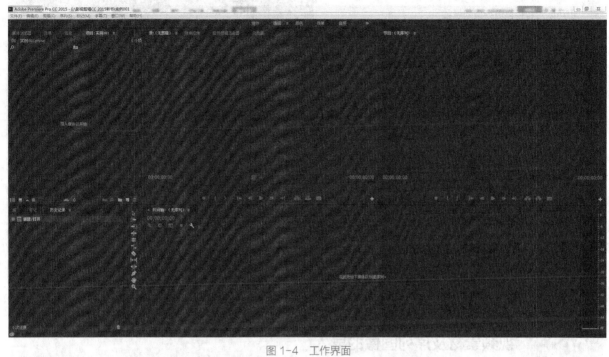

图 1-4　工作界面

05 选择菜单【文件】|【项目设置】|【常规】命令，如图1-5所示。

06 选择菜单【编辑】|【首选项】|【常规】命令，可以修改启动方式，调整视音频过渡的持续时间及静止图像的默认持续时间等，如图1-6所示。

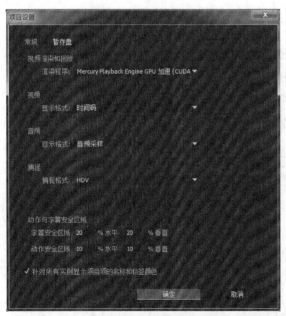

图 1-5　项目设置　　　　　　　　　　　　　　　　图 1-6　常规设置

07 单击【外观】选项卡，可以调整工作界面外观的亮度，如图1-7所示。

08 单击【确定】按钮，关闭【首选项】控制面板，便完成导入素材等编辑工作的准备了。

提示

也可以对暂存盘进行重新设置。

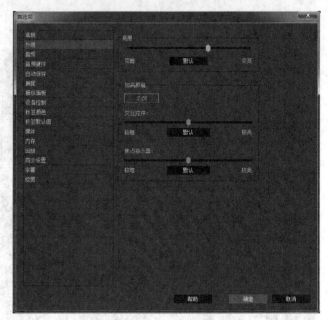

图 1-7　外观设置

实例
002 视频素材及序列图像的导入

- **实例文件**▎工程/第1章/视频素材及序列图像的导入.prproj
- **视频教学**▎视频/第1章/视频素材及序列图像的导入.mp4
- **难易程度**▎★★★☆☆
- **学习时间**▎1分13秒
- **实例要点**▎导入视频素材的方法

操作步骤

01 打开软件 Premiere Pro CC，进入工作界面，选择菜单【文件】|【导入】命令，在弹出的【导入】对话框中选择视频文件"花开 .mp4"，如图 1-8 所示。

图 1-8　选择文件

02 单击【打开】按钮，视频素材就出现在【项目】窗口中，拖曳素材缩略图底部的滑块可以查看素材内容，如图 1-9 所示。

03 新建项目文件，选择【文件】|【导入】命令，打开【导入】对话框，如图 1-10 所示。

图 1-9　导入素材　　　　　　　　　　　　　　　　图 1-10　选择序列文件

> **提示**
> 除使用【导入】命令外，还可以采用以下方法打开【导入】对话框：按键盘上的【Ctrl+I】组合键；在【项目】窗口的空白区域双击；在【项目】窗口空白处单击鼠标右键，在弹出的菜单中选择【导入】命令。

04 选择要打开的文件，然后单击【打开】按钮，图像序列就添加到【项目】窗口中了，如图 1-11 所示。

05 拖曳缩略图底部的滑块，预览素材内容，如图 1-12 所示。

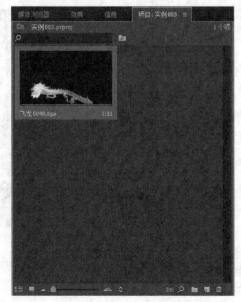

图 1-11　导入序列文件　　　　　　　　　　　　　图 1-12　预览素材

06 在【项目】窗口中双击缩略图，可在【素材监视器】窗口中查看素材内容，如图 1-13 所示。

提示

如果只需要导入序列图片中的某几张，在【导入】对话框中按住【Ctrl】键并单击需要的图片即可，如图 1-14 所示。

图 1-13　查看素材内容

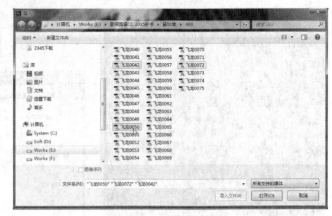

图 1-14　选择多个文件

实例 003　源素材的插入与覆盖

- **实例文件**｜工程/第1章/源素材的插入与覆盖.prproj
- **视频教学**｜视频/第1章/源素材的插入与覆盖.mp4
- **难易程度**｜★★☆☆☆
- **学习时间**｜2分13秒
- **实例要点**｜源素材的插入与覆盖方法

操作步骤

01 新建一个项目文件，导入视频素材到【项目】窗口中。

02 在【项目】窗口中双击素材缩略图，在【源监视器】窗口中打开素材，拖曳滑块查看素材内容，如图 1-15 所示。

03 在【源监视器】窗口中设置当前时间为 00:00:00:20，单击【标记入点】按钮，添加一处入点，如图 1-16 所示。

图 1-15　查看素材内容

图 1-16　设置入点

04 将当前时间设为 00:00:03:10，单击【标记出点】按钮，添加出点，如图 1-17 所示。

05 将素材拖曳到【时间线】窗口的【V1】轨道中，如图 1-18 所示。

图 1-17　设置出点

图 1-18　拖曳素材到时间线

06 在【项目】窗口中双击打开素材，查看素材内容，设置当前时间为 00:00:04:08，添加入点。再将当前时间设为 00:00:08:20，添加出点，如图 1-19 所示。

图 1-19　添加出入点

07 激活【时间线】窗口，按【Down】键设置当前指针到第 1 个片段的末端，单击【源监视器】窗口底部的【插入】按钮，新的片段会自动添加到【时间线】窗口中，如图 1-20 所示。

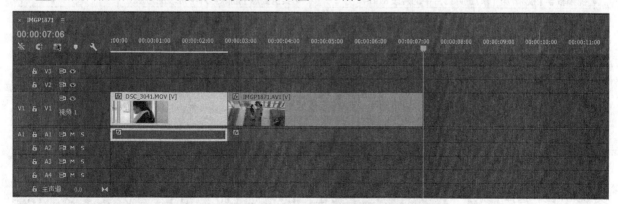

图 1-20　插入新素材

08 在【项目】窗口中双击打开素材，在【源监视器】窗口中查看内容并设置入点 00:00:04:06 和出点 00:00:08:10，如图 1-21 所示。

09 激活【时间线】窗口，按键盘上的【UP】键，设置当前时间线到两个片段的交接处。单击【源监视器】窗口底部的【插入】按钮，新的片段会自动添加到【时间线】窗口中，排列在第 2 个片段，如图 1-22 所示。

提示

覆盖与插入的使用方法是相同的，但结果是完全不同的，覆盖会替换原有的素材，而插入只是添加素材。

图 1-21　设置出入点

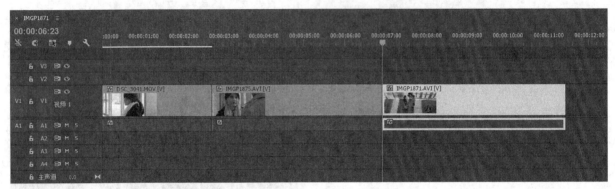

图 1-22　插入新素材

实例 004　删除影片中的片段

- **实例文件** | 工程/第1章/删除影片中的片段.prproj
- **学习时间** | 1分
- **视频教学** | 视频/第1章/删除影片中的片段.mp4
- **实例要点** | 删除影片中片段的方法
- **难易程度** | ★★☆☆☆

操作步骤

01 打开上一实例制作的项目"源素材的插入与覆盖.prproj"，单击【节目监视器】窗口下的【播放】按钮▶，查看节目内容。

02 设置当前时间为 00:00:01:00，选择【剃刀工具】◢，将第 1 个片段分成两段，如图 1-23 所示。

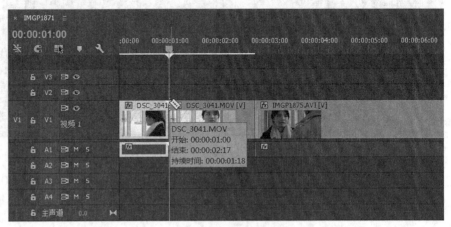

图 1-23　分割素材

03 选择第 2 个片段，按【Delete】键，删除该片段，如图 1-24 所示。

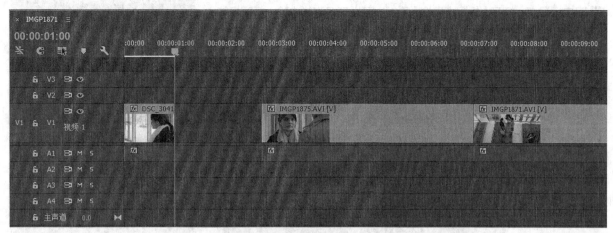

图 1-24　删除片段

04 这样就留下了空白，也可以使用波纹删除命令。选择要删除的片段，按【Shift+Delete】组合键，如图 1-25 所示。

05 这样原来的第 2 片段被删除，后面的片段向前移动填补空白间隙。

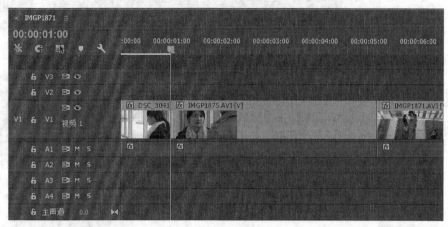

图 1-25　波纹删除片段

实例 005　设置标记

- **实例文件** | 工程/第1章/设置标记.prproj
- **视频教学** | 视频/第1章/设置标记.mp4
- **难易程度** | ★★☆☆☆

- **学习时间** | 1分36秒
- **实例要点** | 设置标记的方法

┤ 操作步骤 ├

01 打开项目文件"删除影片中片段.prproj"，选择菜单【文件】|【另存为】命令，另存为"设置标记.prproj"。

02 在【项目】窗口中双击并打开素材"IMPG1875.AVI"，单击【转到入点】按钮，当前时间线在源素材的入点位置，如图 1-26 所示。

图 1-26　转到入点

03 单击底部的【添加标记】按钮■，添加一个标记点，如图 1-27 所示。

04 双击标记点，打开【标记点属性】面板，可以在名称栏中输入标记点的名称，也可以在注释栏中输入文字，如图 1-28 所示。

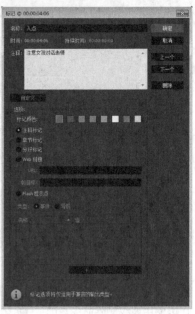

图 1-27　添加标记点　　　　　　　　　　　　图 1-28　设置标记点属性

> **提示**
>
> 标记点根据功能不同可分为注释标点、章节标点、分段标点和 Web 链接，或者是 Flash 提示点。

05 单击【确定】按钮关闭【标记点属性】面板，在【预览】窗口底部出现标记点图标，如图 1-29 所示。

> **提示**
>
> 只有当时间线指针位于标记点位置时，才会显示标记点图标。

图 1-29　出现标记点

06 在【时间线】窗口中拖曳当前指针到第 2 个和第 3 个片段的交接处，单击【节目监视器】窗口底部的【添加标记】按钮■，如图 1-30 所示。

图 1-30　添加节目标记点

07 双击标记点，打开【标记点属性】面板，如图 1-31 所示。

08 单击【确定】按钮，关闭【标记点属性】面板，在【时间线】和【节目预览】窗口底部的标记点变成了红色，如图 1-32 所示。

图 1-31　编辑标记点属性　　　　　　　　　图 1-32　查看节目标记点

实例
006

三点编辑和四点编辑

- **实例文件** | 工程/第1章/三点编辑和四点编辑.prproj
- **视频教学** | 视频/第1章/三点编辑和四点编辑.mp4
- **难易程度** | ★ ★ ★ ☆ ☆
- **学习时间** | 2分12秒
- **实例要点** | 三点编辑和四点编辑

┤ 操作步骤 ├

01 新建项目文件，导入素材到【项目】窗口中，如图 1-33 所示。

02 新建一个序列，选择【预设】，如图 1-34 所示。

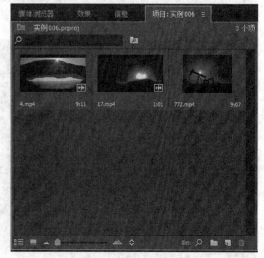

图 1-33　导入素材

图 1-34　新建序列

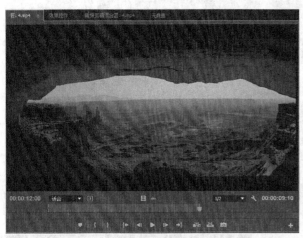

03 双击打开素材"4.mp4",设置入点和出点,然后拖曳到【时间线】窗口中,如图 1-35 所示。

图 1-35　设置素材出入点并添加到时间线

04 在【项目】窗口中双击打开素材"772.mp4",设置入点和出点,然后拖曳到【时间线】窗口中第 2 个片段位置,如图 1-36 所示。

图 1-36　设置素材出入点并添加到时间线

05 激活【时间线】窗口，设置当前时间在 00:00:04:00，单击节目窗口底部的【标记入点】按钮，添加节目标记点，如图 1-37 所示。

06 在【项目】窗口中双击打开素材"17.mp4"，在【素材监视器】窗口中设置入点和出点，如图 1-38 所示。

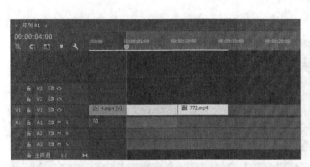

图 1-37　添加节目标记点

图 1-38　设置素材的出入点

07 单击【素材监视器】底部的【插入】按钮，在时间线入点处插入新的素材，如图 1-39 所示。

08 这就是三点编辑。如果要执行四点编辑，需要设置时间线的入点和出点，以确定新片段的位置，如图 1-40 所示。

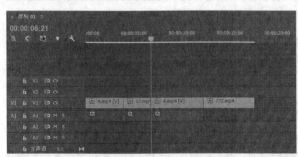

图 1-39　插入新素材

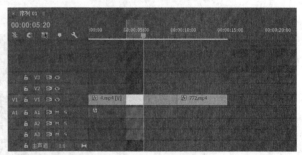

图 1-40　设置节目出入点

09 当确定了素材的入点和出点并执行插入时，会弹出图 1-41 所示的对话框。

10 选择合适的选项执行插入素材，如选择第 1 个选项，不改变节目的长度，通过调整素材速度来匹配时间线的入点和出点之间的长度，如图 1-42 所示。

图 1-41　【适合剪辑】对话框

图 1-42　四点编辑

提示

如果要保持时间线长度和各个原有的片段位置不变，也可以选择"忽略源入点"和"忽略源出点"选项；如果要保持新添加的素材的长度不变，就要选择"忽略序列入点"和"忽略序列出点"。

实 例
007　　**视音频链接**

- **实例文件** | 工程/第1章/视音频链接.prproj
- **视频教学** | 视频/第1章/视音频链接.mp4
- **难易程度** | ★★☆☆☆
- **学习时间** | 1分
- **实例要点** | 视音频链接和解除链接的方法

┃ 操作步骤 ┃

01 新建项目文件，导入视频文件
"IMPG1875.AVI"并拖曳到时间
线上。

02 在【时间线】窗口中单击视频片
段，选择菜单【剪辑】|【取消链接】
命令，将视频和音频分离，如图
1-43所示。

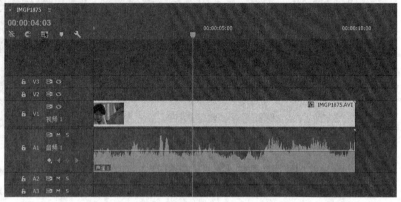

图1-43　分离视音频

03 这时可以单独移动视频或音频在
轨道的位置，如图1-44所示。

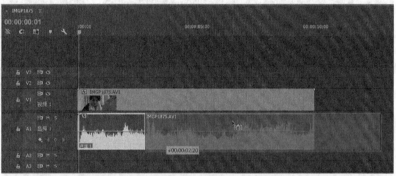

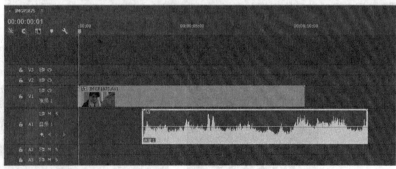

图1-44　单独移动视音频

04 按【Shift】键选择分离的视频和音频片段，选择菜单【剪辑】|【链接】命令，将视音频重新链接在一起，如图
1-45所示。

提示

因为时间线上的视音频本属于同一个视频素材，当视音频错位时就会显示错位的长度。

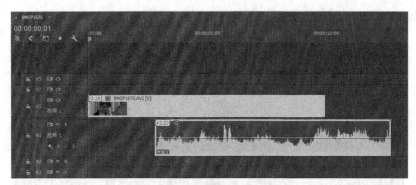

图 1-45　重新链接视音频

实例 008　设置关键帧

- **实例文件 |** 工程/第1章/设置关键帧.prproj
- **视频教学 |** 视频/第1章/设置关键帧.mp4
- **难易程度 | ★★☆☆☆**
- **学习时间 |** 1分14秒
- **实例要点 |** 设置关键帧的方法

---| 操作步骤 |---

01 新建项目文件，导入图片素材"nature_10-024.jpg"和"nature_10-016.jpg"并拖曳到时间线上，如图 1-46 所示。

图 1-46　添加素材到时间线

02 选择第 1 个片段，在【效果控件】面板中调整素材的【位置】和【缩放】参数，如图 1-47 所示。

图 1-47　调整素材的位置和大小

03 拖曳当前指针到序列的起点，单击【位置】前面的码表 设置关键帧，如图1-48所示。

图1-48　设置关键帧

04 按键盘上的【Down】键，当前指针跳到第1个片段的末端，调整【位置】的数值，创建第2个位置关键帧，如图1-49所示。

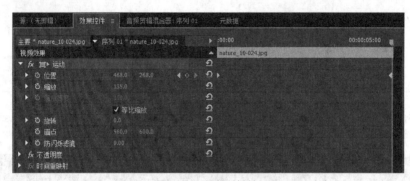

图1-49　添加关键帧

05 拖曳时间线指针，查看第1个片段的动画效果，如图1-50所示。

图1-50　查看动画效果

06 在【时间线】窗口中拖曳当前指针到第2个片段的首段,选择第2个片段,在【效果控件】面板中调整【不透明度】的数值为0,拖曳当前指针到第1个片段的末端,调整【不透明度】的数值为100%,创建淡入动画效果,如图1-51所示。

图1-51　设置关键帧

07 拖曳当前指针，查看节目预览效果，如图 1-52 所示。

图 1-52　查看动画效果

<table>
<tr><td>实 例
009</td><td>**改变素材的持续时间**</td></tr>
</table>

● **实例文件** | 工程/第1章/改变素材的持续时间.prproj　　● **学习时间** | 1分10秒

● **视频教学** | 视频/第1章/改变素材的持续时间.mp4　　● **实例要点** | 改变素材持续时间的方法

● **难易程度** | ★★☆☆☆

┃ 操作步骤 ┃

01 新建项目，导入素材"时光流逝 01.mov"，并设置入点 00:00:04:00 和出点 00:00:10:00，然后添加到时间线上，如图 1-53 所示。

02 在【工具】面板中单击"比率拉伸工具" ，将素材的尾端拖曳到任意位置，如图 1-54 所示。

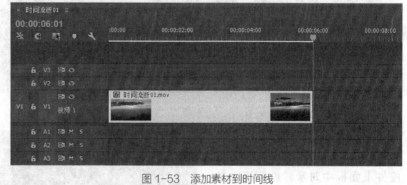

图 1-53　添加素材到时间线

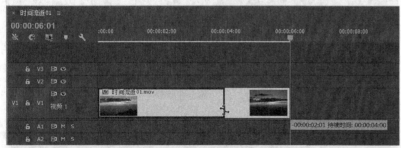

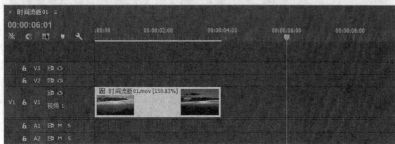

图 1-54　拉伸素材

03 在时间线上右键单击该素材，在弹出的菜单中选择【速度/持续时间】命令，在弹出的对话框中可以查看调整后的素材速度和持续时间，如图 1-55 所示。

图 1-55　查看素材速度和长度

实例 010 改变素材的速度

- **实例文件** 工程/第1章/改变素材的速度.prproj
- **视频教学** 视频/第1章/改变素材的速度.mp4
- **难易程度** ★★★☆☆
- **学习时间** 2分13秒
- **实例要点** 改变素材速度的方法

操作步骤

01 新建项目，导入素材"水滴水珠04.mov"，并设置入点00:00:04:00和出点00:00:11:15，然后添加到时间线上，如图1-56所示。

02 在时间线上右键单击该素材，在弹出的菜单中选择【速度/持续时间】命令，在弹出的对话框中可以查看调整后的素材速度和持续时间，如图1-57所示。

图1-56 添加素材到时间线　　　　　　图1-57 调整素材速度和长度

03 这样改变素材的速度不管变快还是变慢，都是匀速的，可以在【效果控件】面板中对素材进行不均匀变速。

04 恢复素材到初始速度，在【效果控件】面板中展开【时间重映射】属性栏，如图1-58所示。

图1-58 展开速度属性

05 拖曳当前指针到00:00:03:00和00:00:04:00添加关键帧，如图1-59所示。

图1-59 设置关键帧

06 单击 00:00:03:00 处关键帧左侧的小图标并向左拖曳，单击 00:00:04:00 处关键帧右侧的小图标并向右拖曳，如图 1-60 所示。

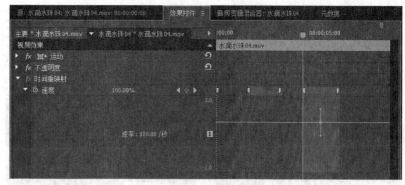

图 1-60 展开速度曲线

07 向上拖曳速度曲线，加快素材速度，如图 1-61 所示。

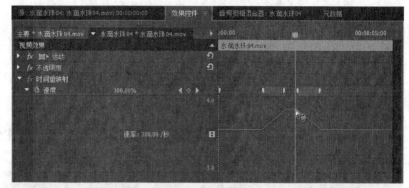

图 1-61 调整速度曲线

08 在【效果控件】面板中单击跳到【下一关键帧】按钮■，当前指针跳到最后一个关键帧，向下拖曳速度曲线，放慢素材速度，如图 1-62 所示。

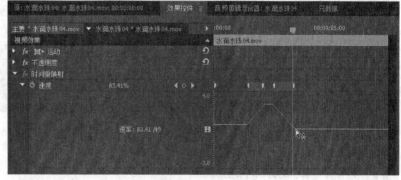

图 1-62 调整速度曲线

> **提示**
>
> 改变素材速度也会相应地改变素材的长度。

实例 011 改变素材的属性

- **实例文件** ┃ 工程/第1章/改变素材的属性.prproj
- **视频教学** ┃ 视频/第1章/改变素材的属性.mp4
- **难易程度** ┃ ★★☆☆☆
- **学习时间** ┃ 1分
- **实例要点** ┃ 改变素材属性的方法

操作步骤

01 新建一个项目，导入素材"nature039.jpg"，并拖曳到时间线上，如图1-63所示。
02 在【项目】窗口中单击选中的素材文件"nature039.jpg"，单击名称栏，呈蓝色高亮显示，如图1-64所示。
03 修改素材的名称为"图片-01"，如图1-65所示。

图1-63 导入素材

图1-64 选择素材名称

图1-65 修改素材名称

04 如果素材已经在时间线上，可以在【时间线】窗口中右键单击相应的素材，在弹出的菜单中选择【重命名】命令，在弹出的对话框中对素材进行命名，如图1-66所示。

图1-66 重命名

05 单击【确定】按钮，不仅时间线上的素材会更改名称，在【项目】窗口中相应的素材也会更改名称，如图1-67所示。

图1-67 素材更名

实例 012 复制素材的属性

● **实例文件** | 工程/第1章/复制素材的属性.prproj
● **学习时间** | 1分20秒
● **视频教学** | 视频/第1章/复制素材的属性.mp4
● **实例要点** | 复制素材属性的方法
● **难易程度** | ★★★☆☆

操作步骤

01 打开实例010的项目文件"改变素材的速度.prproj"，再导入一个视频素材"泼墨01.mp4"，设置入点为00:00:04:00和出点为00:00:09:00，添加到时间线上作为第2个片段，如图1-68所示。
02 单击第1个片段，选择菜单【编辑】|【复制】命令，然后单击第2个片段，选择菜单【编辑】|【粘贴属性】命令，弹出【粘贴属性】对话框，如图1-69所示。
03 单击【确定】按钮，在时间线上的第2个片段因为改变了速度，持续时间也发生了相应的改变，如图1-70所示。

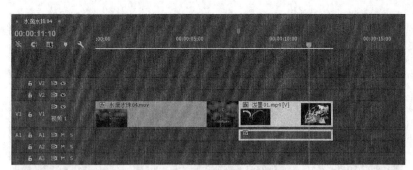

图 1-68　添加素材到时间线

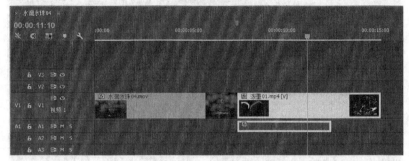

图 1-70　改变属性

图 1-69　【粘贴属性】对话框

04 在【效果控件】面板中查看【时间重映射】属性,与第 1 个片段的【时间重映射】属性一样,这就是复制素材属性的作用,如图 1-71 所示。

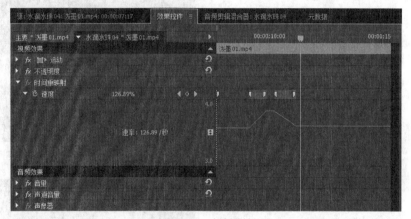

图 1-71　复制属性

实例 013　**剪辑素材**

● **实例文件** | 工程/第1章/剪辑素材.prproj　　● **学习时间** | 1分17秒

● **视频教学** | 视频/第1章/剪辑素材.mp4　　● **实例要点** | 剪辑素材的方法

● **难易程度** | ★★☆☆☆

│操作步骤│

01 新建一个项目,导入视频素材"自然的时间流逝 25.mov",如图 1-72 所示。

02 在【项目】窗口中双击素材缩略图,在【素材监视器】窗口中查看素材内容,设置入点 00:00:01:10 和出点 00:00:10:00,如图 1-73 所示。

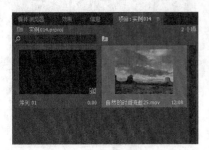

图 1-72　导入素材

图 1-73　设置出入点

03 从【素材监视器】窗口中拖曳素材到时间线上，如图 1-74 所示。

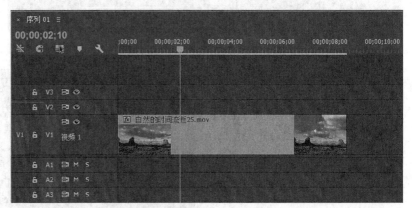

图 1-74　拖曳素材到时间线

04 在【时间线】窗口中双击素材，在【素材监视器】窗口中打开，调整入点为 00:00:02:00，出点为 00:00:06:00，如图 1-75 所示。

图 1-75　调整出入点

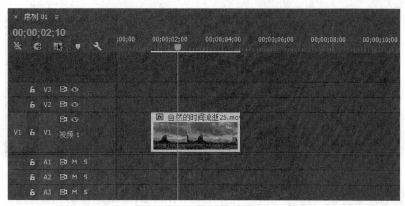

图 1-75 调整出入点（续）

05 在【项目】窗口中双击素材，在【素材监视器】窗口中打开，设置入点为 00:00:08:00，出点为 00:00:10:00，如图 1-76 所示。

图 1-76 设置出入点

06 从【素材监视器】窗口中拖曳素材到时间线上第 2 个片段的位置，如图 1-77 所示。

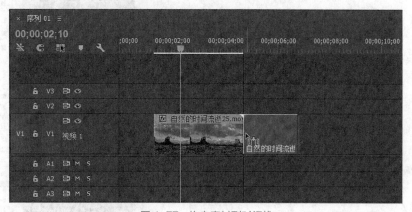

图 1-77 拖曳素材到时间线

07 在【时间线】窗口上拖曳片段可以调整顺序，如图 1-78 所示。

图 1-78　调整片段顺序

链接脱机素材

- **实例文件 |** 工程/第1章/链接脱机素材.prproj
- **视频教学 |** 视频/第1章/链接脱机素材.mp4
- **难易程度 |** ★★☆☆☆
- **学习时间 |** 1分
- **实例要点 |** 链接脱机素材的方法

操作步骤

01 打开项目文件"剪辑素材.prproj",因为素材缺失或者找不到位置而显示脱机状态,如图1-79所示。

图 1-79　显示脱机状态

02 素材已经丢失或者修改了名称,在【项目】窗口中右键单击素材缩略图,在弹出的菜单中选择【链接媒体】命令,如图1-80所示。

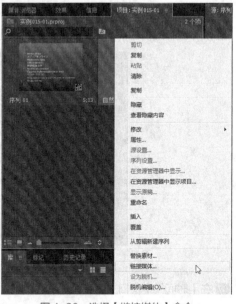

图 1-80　选择【链接媒体】命令

03 在弹出的【链接媒体】对话框中，单击【查找】按钮，如图 1-81 所示。

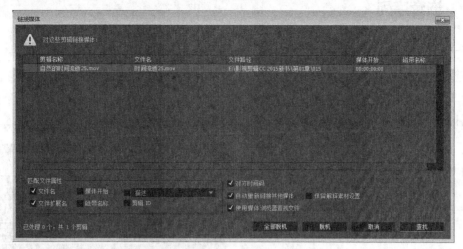

图 1-81 【链接媒体】对话框

04 在弹出的【查找文件】对话框中选择相应的素材即可，如图 1-82 所示。

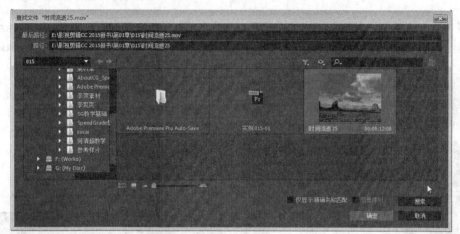

图 1-82 选择链接文件

05 单击【确定】按钮，完成了素材的链接，如图 1-83 所示。

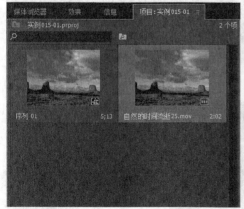
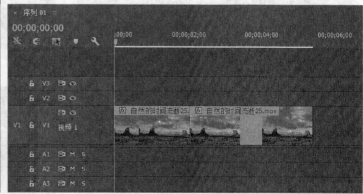

图 1-83 完成媒体链接

实 例
015 嵌套序列

● **实例文件** | 工程/第1章/嵌套序列.prproj　　　　● **学习时间** | 1分10秒

● **视频教学** | 视频/第1章/嵌套序列.mp4　　　　　● **实例要点** | 嵌套序列的方法

● **难易程度** | ★★★☆☆

┤ **操作步骤** ├

01 新建项目，导入视频素材"油田.mp4"并添加到时间线上，如图1-84所示。

图1-84　添加素材到时间线

02 选择菜单【文件】|【新建】|【序列】命令，在打开的对话框中选择合适的预设选项，如图1-85所示 。

03 单击【确定】按钮创建一个新的序列，从【项目】窗口中拖曳序列"油田"到时间线上，如图1-86所示。

图1-85　新建序列

图1-86　拖曳序列到时间线

04 释放鼠标，弹出【剪辑不匹配警告】对话框，如图1-87所示。

05 单击【更改序列设置】按钮，自动改变序列设置，完成素材添加，如图1-88所示。

图1-87　【剪辑不匹配警告】对话框

图1-88　嵌套序列

06 在时间线窗口中双击片段"油田",激活序列"油田",选择素材"油田.mp4",添加【变换】组中的【裁剪】效果,如图 1-89 所示。

图 1-89　添加特效

07 在【时间线】窗口左上方单击序列"最终序列",在【节目监视器】窗口中查看嵌套序列的效果,如图 1-90 所示。

图 1-90　查看嵌套序列的效果

实例 016 多机位编辑

- **实例文件 |** 工程 / 第 1 章 / 多机位编辑 .prproj
- **学习时间 |** 2 分 42 秒
- **视频教学 |** 视频 / 第 1 章 / 多机位编辑 .mp4
- **实例要点 |** 多机位编辑
- **难易程度 |** ★★★☆☆

┃操作步骤┃

01 新建一个项目,导入多个视频素材,如图 1-91 所示。

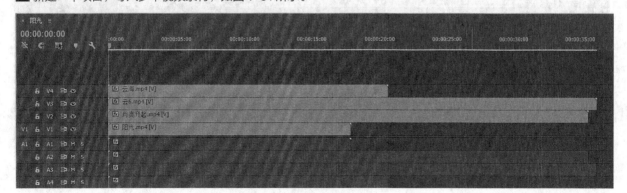

图 1-91　导入多轨素材

02 在【时间线】窗口中框选全部素材，如图 1-92 所示。

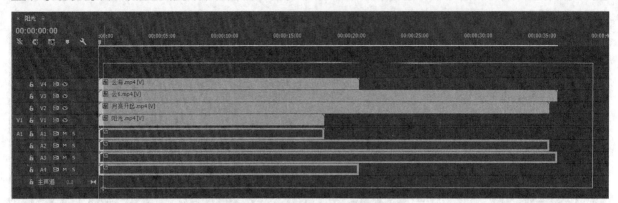

图 1-92　框选全部素材

03 在选择的片段上单击右键，从弹出的快捷菜单中选择【嵌套】命令，弹出【嵌套
序列名称】对话框，如图 1-93 所示。

图 1-93　【嵌套序列名称】对话框

04 单击【确定】按钮，创建嵌套序列，如图 1-94 所示。

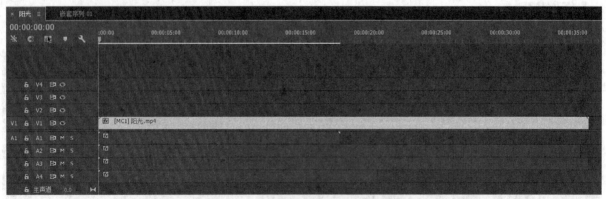

图 1-94　创建嵌套序列

05 选择"嵌套序列"，选择菜单【剪辑】|【多机位】|【启用】命令，启动多机位剪辑，如图 1-95 所示。

图 1-95　启用多机位

06 单击【节目监视器】窗口底部的按钮，打开【按钮编辑器】，如图 1-96 所示。

07 拖曳【多机位录制开关】和【切换多机位视图】图标到【节目预览】窗口底部，如图 1-97 所示。

图 1-96 打开【按钮编辑器】

图 1-97 添加按钮

08 单击【切换多机位视图】按钮⊞▣，如图 1-98 所示。

09 拖曳当前指针到时间线的起点，单击【多机位录制开关】按钮▉，单击【播放】按钮▶开始播放时间线。

10 按键盘上的【2】键，切换到【V2】轨道，如图 1-99 所示。

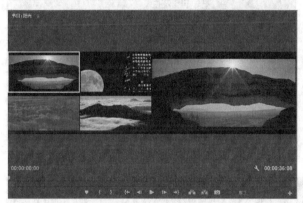

图 1-98 多机位视图

图 1-99 切换轨道

11 在切换的时间点将片段分开，如图 1-100 所示。

图 1-100 分割素材

12 继续播放，在合适的时间按键盘上的【3】键，切换到【V3】轨道的素材，也可以继续按【1】键切换到【V1】轨道，如图 1-101 所示。

图 1-101　切换轨道

13 连续切换到【V4】轨道，如图 1-102 所示。

14 也可以根据需要继续切换，直到播放到片段的末端，完成片段分割和轨道切换，如图 1-103 所示。

图 1-102　切换轨道

图 1-103　完成轨道切换

15 单击【切换多机位视图】按钮 🔲🔳，关闭多机位视图，拖曳当前指针到序列的起点开始播放，这时节目的内容就是刚才多机位切换的内容，如图 1-104 所示。

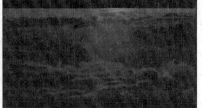

图 1-104　查看多机位效果

实例
017　影片预览

- **实例文件** | 工程/第1章/影片预览 .prproj
- **视频教学** | 视频/第1章/影片预览 .mp4
- **难易程度** | ★★☆☆☆

- **学习时间** | 1分
- **实例要点** | 影片预览

操作步骤

01 打开项目文件"嵌套序列 .prproj",如图 1-105 所示。

02 拖曳时间线指针到序列的起点,在【节目监视器】窗口底部单击【标记入点】按钮 设置入点,拖曳时间线到片段的尾端,单击【标记出点】按钮 设置出点,如图 1-106 所示。

图 1-105　打开项目文件

图 1-106　设置入点和出点

03 单击【从入点到出点播放视频】按钮 ,进行出入点之间的节目预览,如图 1-107 所示。

图 1-107　节目预览

实例
018　影片输出

- **实例文件** | 工程/第1章/影片输出 .prproj
- **视频教学** | 视频/第1章/影片输出 .mp4
- **难易程度** | ★★☆☆☆

- **学习时间** | 1分17秒
- **实例要点** | 影片输出的方法

┤操作步骤├

01 打开项目文件"多机位编辑 .prproj",如图 1-108 所示。

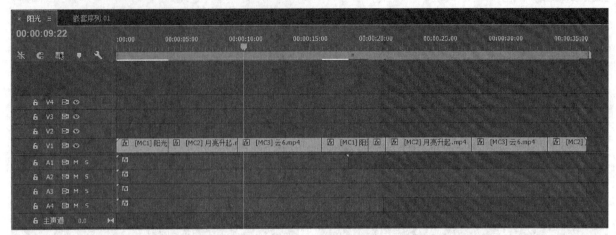

图 1-108　打开项目文件

02 拖曳时间线指针到序列的起点,在【节目监视器】窗口底部单击【标记入点】按钮 设置入点,拖曳时间线到 00:00:35:16,单击【标记出点】按钮 设置出点,如图 1-109 所示。

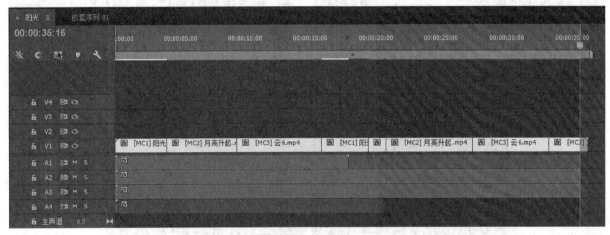

图 1-109　设置入点和出点

03 选择菜单【文件】|【导出】|【媒体】命令,弹出【导出设置】对话框,如图 1-110 所示。

04 在对话框的右侧可以设置输出文件的格式、地址和名称,然后单击【导出】按钮,开始运算,如图 1-111 所示。

图 1-110　【导出设置】对话框

图 1-111　导出媒体运算

第

02 章

视频特效

Adobe Premiere Pro CC不仅自带了丰富的视频特效滤镜,而且还支持多种插件。本章实例主要讲解了【效果】面板中常用的特效,及通过关键帧设置动态画面效果。另外,熟练地运用特效是制作影视的前提。本章讲解了很多插件的效果预设,可大大提高影视后期的工作效率。

实例 019 视频颜色平衡校正

- **实例文件**｜工程/第2章/视频颜色平衡校正.prproj
- **视频教学**｜视频/第2章/视频颜色平衡校正.mp4
- **难易程度**｜★★★☆☆
- **学习时间**｜2分51秒
- **实例要点**｜【亮度与对比度】和【彩色平衡】效果的应用

本实例的最终效果如图2-1所示。

图2-1 视频颜色平衡校正效果

操作步骤

01 运行 Premiere Pro CC，在欢迎界面中单击【新建项目】按钮，在【新建项目】对话框中选择项目的保存路径，对项目进行命名，单击【确定】按钮，如图2-2所示。

02 选择菜单【文件】|【新建】|【序列】命令，弹出【新建序列】对话框，在【序列预设】选项卡下【可用预设】栏中选择"HDV | HDV 720p25"选项，对【序列名称】进行设置，单击【确定】按钮，如图2-3所示。

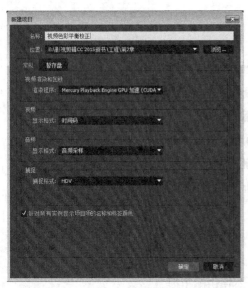

图2-2 新建项目　　　　　　　　　　图2-3 新建序列

03 进入操作界面，在【项目】窗口中【名称】区域空白处双击，在弹出的对话框中选择随书附带资源中的"素材|第 2 章"下的"视频色彩平衡校正 .avi"素材文件，单击【打开】按钮，如图 2-4 所示。

04 素材即导入到【项目】窗口中，如图 2-5 所示。

图 2-4　选择素材文件

图 2-5　导入素材

05 将导入的素材文件拖至【时间线】窗口【V1】轨道中，此时在【节目监视器】窗口中可以看到素材，如图 2-6 所示。

06 激活【效果】面板，选择【视频效果】|【颜色校正】|【亮度与对比度】特效，将该特效拖至【时间线】窗口中素材文件上，如图 2-7 所示。

图 2-6　查看素材

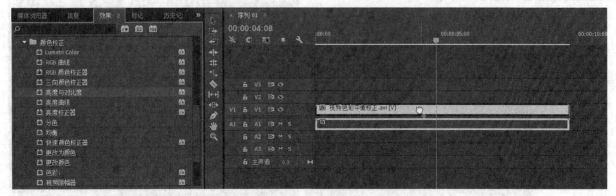

图 2-7　添加视频效果

07 激活【效果控件】面板,将【亮度与对比度】组中的【亮度】设置为 20,【对比度】设置为 15,在【节目监视器】窗口中可以看到效果,如图 2-8 所示。

图 2-8　调整亮度对比度

08 在【效果】面板中,将【视频效果】|【颜色校正】|【颜色平衡】特效拖至【效果控件】面板中,如图 2-9 所示。

图 2-9　添加【颜色平衡】特效

09 在【效果控件】面板中,将【颜色平衡】组中的【阴影红色平衡】设置为 5,【阴影绿色平衡】设置为 -10,【阴影蓝色平衡】设置为 -20,【中间调红色平衡】设置为 20,【中间调绿色平衡】设置为 -15,【中间调蓝色平衡】设置为 -20,【高光红色平衡】设置为 -10,【高光绿色平衡】设置为 5,【高光蓝色平衡】设置为 10,取消勾选【保持发光度】复选框,如图 2-10 所示。

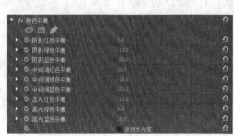

图 2-10　设置【颜色平衡】参数

10 保存场景,在【节目监视器】窗口中观看效果。

实例 020　视频翻转效果

- **实例文件** | 工程/第2章/视频翻转效果.prproj
- **视频教学** | 视频/第2章/视频翻转效果.mp4
- **难易程度** | ★★☆☆☆
- **学习时间** | 2分28秒
- **实例要点** | 非等比缩放和【水平翻转】特效的应用

本实例的最终效果如图2-11所示。

图 2-11　视频翻转效果

操作步骤

01 运行 Premiere Pro CC,在欢迎界面中单击【新建项目】按钮,在【新建项目】对话框中选择项目的保存路径,对项目进行命名,单击【确定】按钮。

02 按【Ctrl+N】组合键,弹出【新建序列】对话框,在【序列预设】选项卡下【可用预设】栏中选择"HDV | HDV 720p25"选项,对【序列名称】进行设置,单击【确定】按钮。

03 进入操作界面,在【项目】窗口中【名称】区域空白处双击,在弹出的对话框中选择随书附带资源中的"素材 | 第2章"下的"视频翻转效果01.jpg"和"视频翻转效果02.mp4"素材文件,单击【打开】按钮,如图2-12所示。

图 2-12　导入素材

04 将"视频翻转效果01.jpg"文件拖至【时间线】窗口【V1】轨道中,将"视频翻转效果02.mp4"文件拖至【时间线】窗口【V2】轨道中,如图2-13所示。

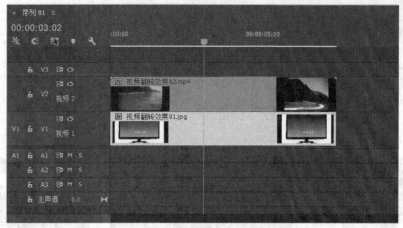

图 2-13　将素材拖入【时间线】窗口

05 选择"视频翻转效果 01.jpg"，激活【效果控件】面板，在【运动】组中设置【缩放】为 37，如图 2-14 所示。

图 2-14　设置缩放比例

06 选择"视频翻转效果 02.mp4"，激活【效果控件】面板，在【运动】组中取消勾选【等比缩放】复选框，设置【缩放】和【位置】的数值，如图 2-15 所示。

图 2-15　设置【缩放】和【位置】的数值

07 设置当前时间为 00:00:05:00，在【工具】面板中选择【剃刀工具】，对"视频翻转效果 02.mp4"进行分割，如图 2-16 所示。

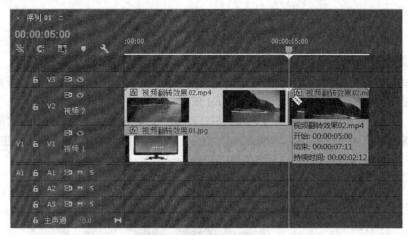

图 2-16　分割视频

08 在【V2】轨道中为后部分素材添加【水平翻转】特效，如图 2-17 所示。

图 2-17　添加【水平翻转】特效

09 保存场景，在【节目监视器】窗口中观看效果。

实例 021　裁剪视频效果

- **实例文件**┃工程/第2章/裁剪视频效果.prproj
- **视频教学**┃视频/第2章/裁剪视频效果.mp4
- **难易程度**┃★★★☆☆
- **学习时间**┃2分39秒
- **实例要点**┃【缩放】和【裁剪】特效的应用

　　本实例最终效果如图 2-18 所示。

图 2-18　裁剪视频效果

┃ 操作步骤 ┃

01 运行 Premiere Pro CC，在欢迎界面中单击【新建项目】按钮，在【新建项目】对话框中选择项目的保存路径，对项目名称进行设置，单击【确定】按钮。

02 按【Ctrl+N】组合键，弹出【新建序列】对话框，在【序列预设】选项卡下【可用预设】栏中选择"HDV | HDV 720p25"选项，对【序列名称】进行设置，单击【确定】按钮。

03 进入操作界面，在【项目】窗口中【名称】区域空白处双击，在弹出的对话框中选择随书附带资源中的"素材 | 第 2 章"下的"裁剪视频文件 01.jpg"和"裁剪视频文件 02.mp4"素材文件，单击【打开】按钮，如图 2-19 所示。

图 2-19　导入素材

04 将"裁剪视频文件 01.jpg"文件拖至【时间线】窗口【V1】轨道中，将"裁剪视频文件 02.mp4"文件拖至【时间线】窗口【V2】轨道中，将【V1】轨道中素材与【V2】轨道中素材尾部对齐，如图 2-20 所示。

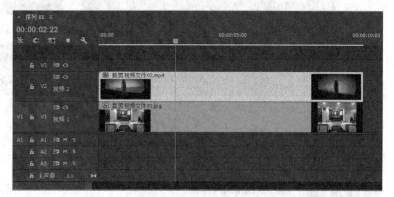

图 2-20　调整素材长度

05 确定【V1】轨道上素材处于选中状态，激活【效果控件】面板，在【运动】组中设置【缩放】为 115，如图 2-21 所示。

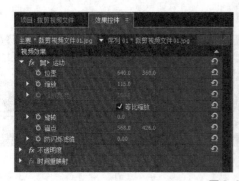

图 2-21　设置缩放比例

06 选择【V2】轨道中素材,激活【效果】面板,选择【视频效果】|【变换】|【裁剪】特效,将该特效拖至【时间线】窗口中素材文件上。切换到【效果控件】面板,在【运动】组中调整【位置】参数,展开【裁剪】特效,设置参数,如图2-22所示。

图2-22 添加【裁剪】特效并设置参数

07 设置当前时间为 00:00:04:00,切换到【效果控件】面板,设置【不透明度】为100%,并设置关键帧,如图2-23所示。

08 设置当前时间为 00:00:05:00,调整【不透明度】的数值为 0%,创建关键帧2,如图2-24所示。

图2-23 设置【不透明度】关键帧1 　　　　　 图2-24 设置【不透明度】关键帧2

09 保存场景,在【节目监视器】窗口中观看效果。

实例 022 羽化视频边缘

● **实例文件**|工程/第2章/羽化视频边缘.prproj　　　● **学习时间**|6分32秒

● **视频教学**|视频/第2章/羽化视频边缘.mp4　　　● **实例要点**|【羽化边缘】特效和嵌套序列的应用

● **难易程度**|★★★☆☆

　　本实例最终效果如图2-25所示。

图 2-25　羽化视频边缘效果

操作步骤

01 运行 Premiere Pro CC，在欢迎界面中单击【新建项目】按钮，在【新建项目】对话框中选择项目的保存路径，对项目名称进行设置，单击【确定】按钮。

02 按【Ctrl+N】组合键，弹出【新建序列】对话框，在【序列预设】选项卡下【可用预设】栏中选择"HDV | HDV 720p25"选项，对【序列名称】进行设置，单击【确定】按钮。

03 进入操作界面，在【项目】窗口中【名称】区域空白处双击，在弹出的对话框中选择随书附带资源中的"素材 | 第 2 章"下的"羽化视频边缘.psd"素材文件，单击【打开】按钮，如图 2-26 所示。

图 2-26　打开素材

04 由于素材中是 psd 分层文件，在导入的过程中会弹出【导入分层文件】对话框，将【导入为】设置为【各个图层】，单击【确定】按钮，如图 2-27 所示。

05 导入素材后，在【项目】窗口中出现一个素材箱，双击打开该素材箱，其中包括 4 个图层作为独立的素材文件，如图 2-28 所示。

图 2-27　【导入分层文件】对话框

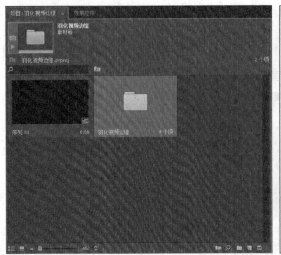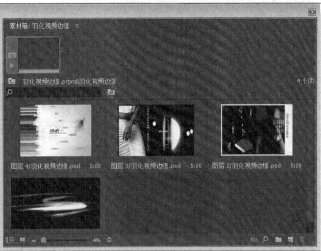

图 2-28　自动创建素材箱

06 将"图层1"拖至【时间线】窗口【V1】轨道中,激活【效果】面板,将【视频效果】|【变换】|【羽化边缘】特效拖至素材上,激活【效果控件】面板,将【羽化边缘】组中的【数量】设置为60,如图2-29所示。

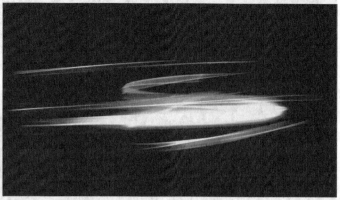

图 2-29　设置【羽化边缘】参数

07 拖曳"图层3"到【V2】轨道中,激活【效果控件】面板,调整【运动】组中的【缩放】参数的值为260,然后右键单击该素材,在弹出的菜单中选择【嵌套】命令,如图2-30所示。

图 2-30　拖入素材并执行嵌套

08 从效果面板中将【羽化边缘】特效拖至嵌套素材上,在【效果控件】面板中将【羽化边缘】组中的【数量】设置为80。

09 为嵌套素材添加【扭曲】组中的【变换】特效,设置【缩放】和【位置】参数,如图2-31所示。

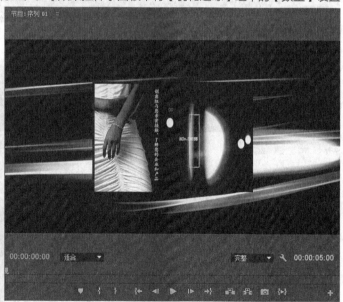

图 2-31　添加特效并设置参数

10 将"图层4"拖至【时间线】窗口【V3】轨道中,调整【运动】组中的【缩放】参数值为200,然后右键单击该素材,在弹出的菜单中选择【嵌套】命令。

11 为【V3】轨道中的嵌套素材添加【羽化边缘】特效,在【效果控件】面板中将【羽化边缘】组中的【数量】设置为80。

12 为嵌套素材添加【扭曲】组中的【变换】特效,设置【缩放】和【位置】参数,如图2-32所示。

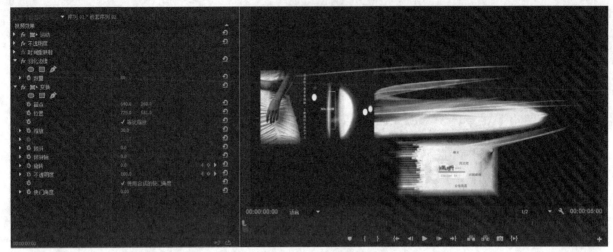

图 2-32　添加特效并设置参数

13 将"图层 2"拖至【时间线】窗口【V4】轨道中，调整【运动】组中的【缩放】参数值为 320，然后右键单击该素材，在弹出的菜单中选择【嵌套】命令。

14 添加【羽化边缘】特效，在【效果控件】面板中设置【羽化边缘】组中的【数量】设置为 80。

15 为嵌套素材添加【扭曲】组中的【变换】特效，设置【缩放】和【位置】参数，如图 2-33 所示。

图 2-33　添加特效并设置参数

16 将当前时间设置为 00:00:01:20，选择【V3】轨道中的素材，设置【变换】特效中的【不透明度】和【旋转】参数的关键帧，如图 2-34 所示。

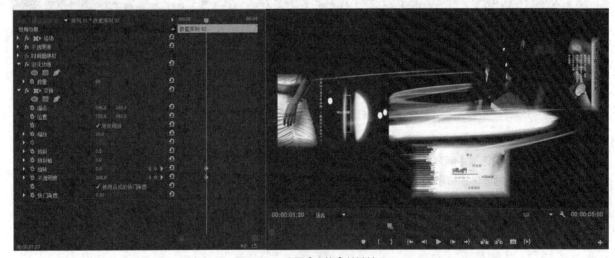

图 2-34　设置【变换】关键帧 1

17 将当前时间设置为 00:00:02:10，选择【V3】轨道中的素材，调整【变换】特效中的【不透明度】和【旋转】参数的关键帧，如图 2-35 所示。

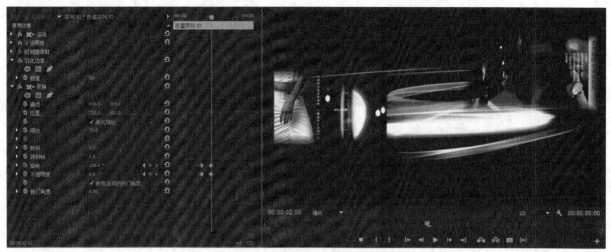

图 2-35　设置【变换】关键帧 2

18 此时视频边缘已羽化，保存场景，然后单击【节目监视器】窗口中的【播放】按钮观看效果。

实例 023　彩色视频黑白化

- **实例文件** | 工程/第 2 章/彩色视频黑白化.prproj
- **视频教学** | 视频/第 2 章/彩色视频黑白化.mp4
- **难易程度** | ★★☆☆☆
- **学习时间** | 1 分 44 秒
- **实例要点** |【黑白】和【灰度系数校正】特效的应用

本实例的最终效果如图 2-36 所示。

图 2-36　彩色视频黑白化效果

操作步骤

01 运行 Premiere Pro CC，在欢迎界面中单击【新建项目】按钮，在【新建项目】对话框中选择项目的保存路径，对项目名称进行设置，单击【确定】按钮。

02 按【Ctrl+N】组合键，弹出【新建序列】对话框，在【序列预设】选项卡下【可用预设】栏中选择"DV-PAL|标准 48kHz"选项，对【序列名称】进行设置，单击【确定】按钮。

03 进入操作界面，在【项目】窗口中【名称】区域空白处双击，在弹出的对话框中选择随书附带资源中的"素材|第 2 章"下的"彩色视频黑白化.mp4"素材文件，单击【打开】按钮，如图 2-37 所示。

图 2-37 导入素材

04 在【项目】窗口中双击素材文件，在【素材监视器】窗口中打开，拖至【时间线】窗口【V1】轨道中，如图 2-38 所示。

图 2-38 拖入素材到时间线

05 选择该素材，激活【效果控件】面板，调整【位置】和【缩放】参数，如图 2-39 所示。

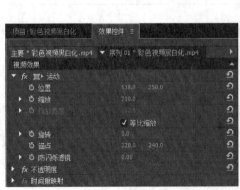

图 2-39 调整【位置】和【缩放】参数

06 将【视频效果】|【图像控制】|【黑白】特效拖至素材上，在【节目监视器】窗口中查看效果，如图2-40所示。

图 2-40　添加【黑白】特效

07 再为素材添加【灰度系数校正】特效，切换到【效果控件】面板，设置【灰度系数】为6，如图2-41所示。

图 2-41　添加特效并设置参数

08 保存场景，在【节目监视器】窗口中观看效果。

实 例 024　**替换画面中的色彩**

- **实例文件** | 工程/第2章/替换画面中的色彩.prproj
- **视频教学** | 视频/第2章/替换画面中的色彩.mp4
- **难易程度** | ★★★☆☆
- **学习时间** | 2分34秒
- **实例要点** | 替换颜色特效和特效蒙版的应用

　　本实例的最终效果如图2-42所示。

图 2-42　替换画面中的色彩效果

┤ 操作步骤 ├

01 运行 Premiere Pro CC，在欢迎界面中单击【新建项目】按钮，在【新建项目】对话框中选择项目的保存路径，对项目名称进行设置，单击【确定】按钮。

02 按【Ctrl+N】组合键，弹出【新建序列】对话框，在【序列预设】选项卡下【可用预设】栏中选择"HDV | HDV 720p25"选项，对【序列名称】进行设置，单击【确定】按钮。

03 进入操作界面，在【项目】窗口中【名称】区域空白处双击，在弹出的对话框中选择随书附带资源中的"素材 | 第 2 章"下的"替换画面中的色彩 .mp4"素材文件，单击【打开】按钮，如图 2-43 所示。

图 2-43　导入素材

04 将素材文件拖至【时间线】窗口【V1】轨道中，选择素材，激活【效果控件】面板，调整【位置】和【缩放】参数，如图 2-44 所示。

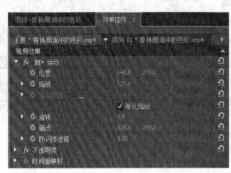

图 2-44　调整【位置】和【缩放】参数

05 将【视频效果】|【图像控制】|【颜色替换】特效拖至素材上。切换到【效果控件】面板，展开【颜色替换】特效参数，设置【相似性】为 42，单击【目标颜色】右侧的【吸管】按钮，在【节目监视器】窗口中吸取花的颜色，设置【替换颜色】为紫色，如图 2-45 所示。

图 2-45　设置特效

06 确定当前时间在 00:00:03:22，绘制椭圆形蒙版，设置蒙版参数，调整替换颜色的参数，如图 2-46 所示。

图 2-46　设置蒙版参数

07 保存场景，在【节目监视器】窗口中观看效果。

实例 025 扭曲视频效果

- **实例文件**｜工程/第2章/扭曲视频效果.prproj
- **学习时间**｜1分32秒
- **视频教学**｜视频/第2章/扭曲视频效果.mp4
- **实例要点**｜【镜头扭曲】特效的应用
- **难易程度**｜★★☆☆☆

本实例的最终效果如图 2-47 所示。

图 2-47　扭曲视频效果

操作步骤

01 运行 Premiere Pro CC，在欢迎界面中单击【新建项目】按钮，在【新建项目】对话框中选择项目的保存路径，对项目名称进行设置，单击【确定】按钮。

02 按【Ctrl+N】组合键，弹出【新建序列】对话框，在【序列预设】选项卡下【可用预设】栏中选择"HDV | HDV 720p25"选项，对【序列名称】进行设置，单击【确定】按钮。

03 进入操作界面，在【项目】窗口中【名称】区域空白处双击，在弹出的对话框中选择随书附带资源中的"素材 | 第 2 章"下的"扭曲视频效果 .jpg"素材文件，单击【打开】按钮，如图 2-48 所示。

图 2-48　打开素材

04 将素材文件拖至【时间线】窗口【V1】轨道中，选择素材，右键单击，在弹出的菜单中选择【缩放为帧大小】命令，如图 2-49 所示。

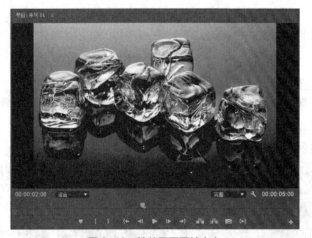

图 2-49　缩放画面至帧大小

05 将【视频效果】|【扭曲】|【镜头扭曲】特效拖至素材上，切换到【效果控件】面板，展开【镜头扭曲】特效参数，设置【曲率】为 50，【垂直棱镜效果】为 20，勾选【填充 Alpha】复选框，调整填充颜色为绿色，如图 2-50 所示。

图 2-50　拖曳【镜头扭曲】特效并调整参数

06 保存场景，在【节目监视器】窗口中观看效果。

实例 026 边角固定效果

- **实例文件** | 工程/第2章/边角固定效果.prproj
- **视频教学** | 视频/第2章/边角固定效果.mp4
- **难易程度** | ★★★☆☆
- **学习时间** | 2分27秒
- **实例要点** | 【边角定位】特效的应用

本实例的最终效果如图2-51所示。

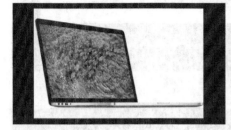

图2-51 边角固定效果

操作步骤

01 运行 Premiere Pro CC,在欢迎界面中单击【新建项目】按钮,在【新建项目】对话框中选择项目的保存路径,对项目名称(如"边角固定效果")进行设置,单击【确定】按钮。

02 按【Ctrl+N】组合键,弹出【新建序列】对话框,在【序列预设】选项卡下【可用预设】栏中选择"HDV | HDV 720p25"选项,对【序列名称】进行设置,单击【确定】按钮。

03 进入操作界面,在【项目】窗口中【名称】区域空白处双击,在弹出的对话框中选择随书附带资源中的"素材 | 第2章"下的"边角固定效果01.jpg"和"边角固定效果02.mp4"素材文件,单击【打开】按钮,如图2-52所示。

图2-52 导入素材

04 将"边角固定效果01.jpg"文件拖至【时间线】窗口【V1】轨道中,将"边角固定效果02.mp4"文件拖至【V2】轨道中,拖动"边角固定效果01. jpg"文件使其与"边角固定效果02.mp4"文件尾部对齐,如图2-53所示。

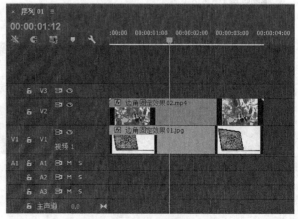

图2-53 拖曳素材到时间线

05 选中"边角固定效果 02.mp4"文件，激活【效果】面板，将【视频效果】|【扭曲】|【边角定位】特效拖至素材上。切换到【效果控件】面板，展开【边角定位】特效参数，如图 2-54 所示。

图 2-54　添加特效

06 在【节目监视器】窗口中分别拖曳 4 个角顶点的位置，与电脑屏幕的 4 个角对齐，同时在【效果控件】面板中的参数也发生了变化，如图 2-55 所示。

图 2-55　调整特效参数

07 保存场景，在【节目监视器】窗口中观看效果。

实例 027　球面化效果

● **实例文件**｜工程/第2章/球面化效果.prproj

● **视频教学**｜视频/第2章/球面化效果.mp4

● **难易程度**｜★★★☆☆

● **学习时间**｜1分39秒

● **实例要点**｜【球面化】特效的应用

　　本实例的最终效果如图 2-56 所示。

图 2-56　球面化效果

操作步骤

01 运行 Premiere Pro CC，在欢迎界面中单击【新建项目】按钮，在【新建项目】对话框中选择项目的保存路径，对项目进行命名，单击【确定】按钮。

02 按【Ctrl+N】组合键，弹出【新建序列】对话框，在【序列预设】选项卡下【可用预设】栏中选择"HDV | HDV 720P25"选项，对【序列名称】进行设置，单击【确定】按钮。

03 进入操作界面，在【项目】窗口中【名称】区域空白处双击，在弹出的对话框中选择随书附带资源中的"素材 | 第 2 章"下的"球面化效果 01.jpg"素材文件，单击【打开】按钮，如图 2-57 所示。

图 2-57　导入素材

04 将素材文件拖至【时间线】窗口【V1】轨道中，激活【效果】面板，将【视频效果】|【扭曲】|【球面化】特效拖至素材上，切换到【效果控件】面板，展开【球面化】特效参数，设置【半径】为 240，如图 2-58 所示。

图 2-58　添加特效并设置参数

05 确定当前时间为 00:00:00:00，激活【球面中心】左边的【动画关键帧记录】按钮，在【节目监视器】窗口中拖曳球面中心的位置，如图 2-59 所示。

图 2-59　设置关键帧 1

06 将当前时间设置为 00:00:04:00，在【节目监视器】窗口中拖曳球面中心的位置，如图 2-60 所示。

图 2-60 设置关键帧 2

07 保存场景，在【节目监视器】窗口中观看效果。

实例 028 水墨画效果

- **实例文件**｜工程/第2章/水墨画效果.prproj
- **视频教学**｜视频/第2章/水墨画效果.mp4
- **难易程度**｜★★★★☆

- **学习时间**｜5分29秒
- **实例要点**｜【查找边缘】、【高斯模糊】和【色阶】特效，以及混合模式的应用

本实例的最终效果如图 2-61 所示。

图 2-61 水墨画效果

┃ 操作步骤 ┃

01 运行 Premiere Pro CC，进入欢迎界面，单击【新建项目】按钮，在【新建项目】对话框中选择项目保存的路径，将项目命名为"水墨画效果"，单击【确定】按钮。

02 按【Ctrl+N】组合键，弹出【新建序列】对话框，在【序列预设】选项卡下选择【可用预设】栏中的"HDV | HDV 720p25"选项，单击【确定】按钮。

03 进入操作界面，在【项目】窗口中【名称】区域空白处双击，在弹出的对话框中选择随书附带资源中的"素材｜第2章"下的"水墨画效果 01.jpg"和"水墨画效果 02.mov"素材文件，单击【打开】按钮，如图 2-62 所示。

图 2-62　导入素材

04 将"水墨画效果 01.jpg"文件拖至【时间线】窗口【V1】轨道中并将其选中，激活【效果控件】面板，调整【缩放】为 127，如图 2-63 所示。

图 2-63　设置缩放比例

05 将"水墨画效果 02.mov"文件拖至【时间线】窗口【V2】轨道中并将其选中，激活【效果控件】面板，调整【缩放】为 135，如图 2-64 所示。

图 2-64　设置缩放比例

06 激活【效果】面板，选择【视频效果】|【图像控制】|【黑白】特效，将其拖至【效果控件】面板中，为画面去色，如图 2-65 所示。

图 2-65　添加【黑白】特效

07 为素材添加【风格化】选项下的【查找边缘】特效，在【效果控件】面板中将【与原始图像混合】设置为 60%，如图 2-66 所示。

图 2-66　添加并设置【查找边缘】特效参数

08 为素材添加【高斯模糊】特效，在【效果控件】面板中，将【高斯模糊】组中的【模糊度】设置为 12，如图 2-67 所示。

图 2-67　添加并设置【高斯模糊】特效

09 展开【不透明度】组，选择【混合模式】为【线性加深】，如图 2-68 所示。

图 2-68　设置【混合模式】

10 为【V1】素材添加【调整】选项下的【色阶】特效，在【效果控件】面板中单击【色阶】右侧的【设置】按钮，在弹出的对话框中将【输入色阶】设置为 (0，1，222)，将【输出色阶】设置为 (82，255)，单击【确定】按钮，如图 2-69 所示。

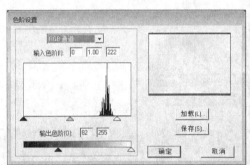

图 2-69　设置【色阶】特效参数

11 按【Ctrl+T】组合键，新建字幕，如图 2-70 所示。

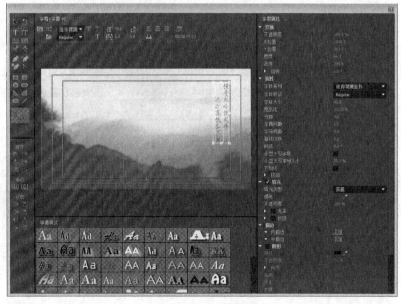

图 2-70　新建字幕

12 单击【基于当前字幕新建字幕】按钮，再创建一个字幕，修改字符，如图2-71所示。

13 关闭字幕窗口，从【项目】窗口中拖曳字幕到【V3】和【V4】中，如图2-72所示。

14 保存场景，在【节目监视器】窗口中观看效果。

图2-71 新建字幕

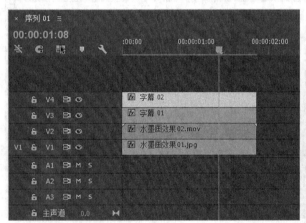

图2-72 拖曳字幕到时间线

实例 029 镜像效果

- **实例文件** | 工程/第2章/镜像效果.prproj
- **视频教学** | 视频/第2章/镜像效果.mp4
- **难易程度** | ★★☆☆☆
- **学习时间** | 2分26秒
- **实例要点** | 【镜像】、【裁剪】特效和混合模式的应用

本实例的最终效果如图2-73所示。

图2-73 镜像效果

━┤ 操作步骤 ┝━

01 运行 Premiere Pro CC，进入欢迎界面，单击【新建项目】按钮，在【新建项目】对话框中选择项目保存的路径，将项目命名为"镜像效果"，单击【确定】按钮。

02 按【Ctrl+N】组合键，弹出【新建序列】对话框，在【序列预设】选项卡下选择【可用预设】栏中的"HDV|HDV 720p25"选项，单击【确定】按钮。

03 进入操作界面，在【项目】窗口中【名称】区域空白处双击，在弹出的对话框中选择随书附带资源中的"素材 I 第 2 章"下的"镜像效果 01.jpg"和"镜像效果 02.jpg"素材文件，单击【打开】按钮，如图 2-74 所示。

图 2-74　导入素材

04 将"镜像效果 01.jpg"文件拖至【时间线】窗口【V1】轨道中，激活【效果控件】面板，在【运动】组中调整【缩放】参数，如图 2-75 所示。

图 2-75　调整【缩放】参数

05 确定"镜像效果 01.jpg"文件处于选中状态，为其添加【扭曲】选项下的【镜像】特效。在【镜像】组中，将【反射中心】设置为 (280.0，750.0)，【反射角度】设置为 90°，如图 2-76 所示。

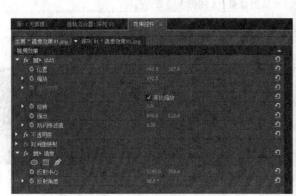

图 2-76　设置【镜像】特效参数

06 将"镜像效果 02.jpg"文件拖至【时间线】窗口【V2】轨道中,激活【效果控件】面板,在【运动】组中的调整【缩放】和【位置】参数,将【不透明度】设置为 70%,选择【混合模式】为【滤色】,如图 2-77 所示。

图 2-77 调整【运动】区域和【不透明度】参数

07 为其添加【裁剪】特效,在【裁剪】组中将【顶部】设置为 30%,【羽化边缘】设置为 -40,如图 2-78 所示。

图 2-78 设置【裁剪】特效参数

08 保存场景,在【节目监视器】窗口中观看效果。

实例 030 影片重影效果

- **实例文件** | 工程/第2章/影片重影效果.prproj
- **视频教学** | 视频/第2章/影片重影效果.mp4
- **难易程度** | ★★☆☆☆
- **学习时间** | 1分30秒
- **实例要点** | 【残影】特效的应用

本实例的最终效果如图 2-79 所示。

图 2-79 影片重影效果

操作步骤

01 运行 Premiere Pro CC，进入欢迎界面，单击【新建项目】按钮，在【新建项目】对话框中选择项目保存的路径，将项目命名为"影片重影效果"，单击【确定】按钮。

02 按【Ctrl+N】组合键，弹出【新建序列】对话框，在【序列预设】选项卡下选择【可用预设】栏中的"HDV | HDV 720p25"选项，单击【确定】按钮。

03 进入操作界面，在【项目】窗口中【名称】区域空白处双击，在弹出的对话框中选择随书附带资源中的"素材 | 第 2 章"下的"影片重影效果 .mp4"素材文件，单击【打开】按钮，如图 2-80 所示。

图 2-80　导入素材

04 将导入的素材拖至【时间线】窗口【V1】轨道中，激活【效果】面板，将【视频效果】|【时间】|【残影】特效拖至素材上，如图 2-81 所示。

图 2-81　添加特效

05 调整【残影】特效的参数，如图 2-82 所示。
06 保存场景，在【节目监视器】窗口中观看效果。

图 2-82　调整【残影】特效参数

实例 031 设置渐变效果

- 实例文件 | 工程/第2章/设置渐变效果.prproj
- 视频教学 | 视频/第2章/设置渐变效果.mp4
- 难易程度 | ★ ★ ☆ ☆ ☆
- 学习时间 | 2分28秒
- 实例要点 | 【渐变】、【镜头光晕】特效的应用

本实例的最终效果如图2-83所示。

图 2-83 设置渐变效果

操作步骤

01 运行 Premiere Pro CC，进入欢迎界面，单击【新建项目】按钮，在【新建项目】对话框中选择项目保存的路径，将项目命名为"设置渐变效果"，单击【确定】按钮。

02 按【Ctrl+N】组合键，弹出【新建序列】对话框，在【序列预设】选项卡下选择【可用预设】栏中的"HDV | HDV 720p25"选项，单击【确定】按钮。

03 进入操作界面，在【项目】窗口中【名称】区域空白处双击，在弹出的对话框中选择随书附带资源中的"素材 | 第2章"下的"设置渐变效果01.jpg"素材文件，单击【打开】按钮，如图2-84所示。

图 2-84 导入素材

04 拖曳素材到【VI】轨道上，调整【缩放】参数，如图2-85所示。

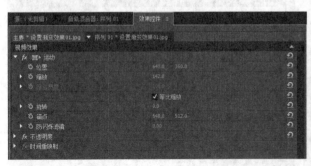

图 2-85 调整画面大小

05 在【项目】窗口中右键单击并在弹出的菜单中选择【新建项目】I【颜色遮罩】命令，弹出【新建颜色遮罩】对话框，单击【确定】按钮，弹出【拾色器】对话框，设置颜色，依次单击【确定】按钮即可，如图 2-86 所示。

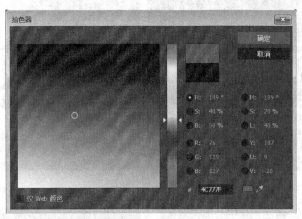

图 2-86 设置彩色蒙版

06 将【颜色遮罩】拖至【时间线】窗口【V2】轨道中，选择【颜色遮罩】，激活【效果】面板，将【视频效果】I【生成】I【渐变】特效拖至素材上，如图 2-87 所示。

图 2-87 添加【渐变】特效

07 切换到【效果控件】面板，设置相应参数，如图 2-88 所示。

图 2-88 设置特效参数

08 选中【V2】轨道中的素材，为其添加【镜头光晕】特效，切换到【效果控件】面板，选择【镜头光晕】，在节目监视器窗口中调整【光晕中心】，如图 2-89 所示。

图 2-89　设置特效参数

09 当前时间为 00:00:00:00，激活光晕中心的关键帧，拖曳当前指针到 00:00:04:24，调整光晕中心的位置，创建光斑动画，如图 2-90 所示。

10 保存场景，在【节目监视器】窗口中观看效果。

图 2-90　设置光晕关键帧

实例 032　动态色彩背景

- **实例文件**┃工程/第2章/动态色彩背景.prproj
- **视频教学**┃视频/第2章/动态色彩背景.mp4
- **难易程度**┃★★★☆☆
- **学习时间**┃3分12秒
- **实例要点**┃【四色渐变】特效和混合模式的应用

　　本实例的最终效果如图2-91所示。

图 2-91　动态色彩背景效果

┃ **操作步骤** ┃

01 运行 Premiere Pro CC，进入欢迎界面，单击【新建项目】按钮，在【新建项目】对话框中选择项目保存的路径，将项目命名为"动态色彩背景"，单击【确定】按钮。

02 按【Ctrl+N】组合键，弹出【新建序列】对话框，在【序列预设】选项卡下选择【可用预设】栏中的"HDV | HDV 720p25"选项，单击【确定】按钮。

03 进入操作界面，在【项目】窗口中右键单击并在弹出的菜单中选择【新建项目】|【颜色遮罩】命令，弹出【新建颜色遮罩】对话框，保持默认设置，依次单击【确定】按钮。

04 将【颜色遮罩】拖至【时间线】窗口【V1】轨道中，将当前时间设置为 00:00:10:00，拖动彩色蒙版的结尾与编辑标记线对齐，如图 2-92 所示。

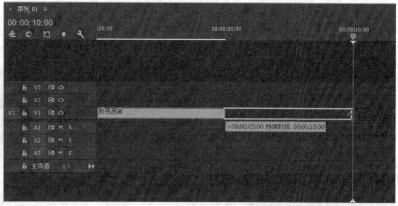

图 2-92　设置蒙版长度

05 激活【效果】面板，为【颜色遮罩】添加【四色渐变】特效。切换到【效果控件】面板，展开【四色渐变】特效参数，如图 2-93 所示。

图 2-93　设置特效参数

06 将当前时间设置为 00:00:00:00，激活【点1】、【点2】、【点3】和【点4】的【动画关键帧记录】按钮，创建第一组关键帧，如图 2-94 所示。

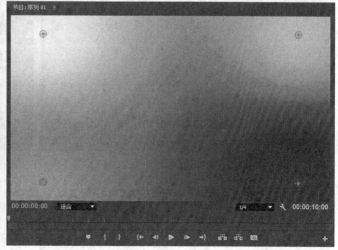

图 2-94　设置关键帧 1

07 将当前时间设置为 00:00:05:00，在【节目监视器】窗口中直接调整点 1、点 2、点 3 和点 4 的位置，如图 2-95 所示。

08 将当前时间设置为 00:00:09:24，在【节目监视器】窗口中直接调整点 1、点 2、点 3 和点 4 的位置，如图 2-96 所示。

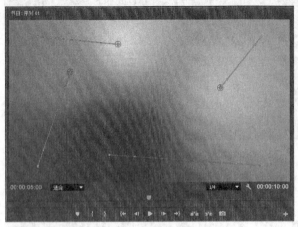
图 2-95　设置关键帧 2

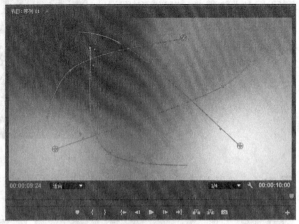
图 2-96　设置关键帧 3

09 拖曳当前指针，查看动态渐变效果，如图 2-97 所示。

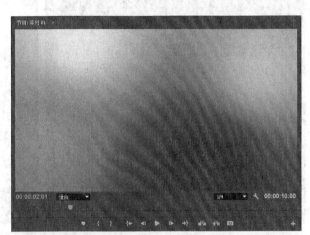

图 2-97　查看动态渐变效果

10 复制轨道【V1】中的【颜色遮罩】，粘贴到轨道【V2】中，选择【混合模式】为【叠加】，如图 2-98 所示。

11 保存场景，在【节目监视器】窗口中观看效果。

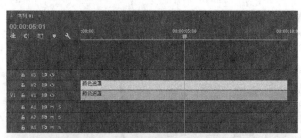

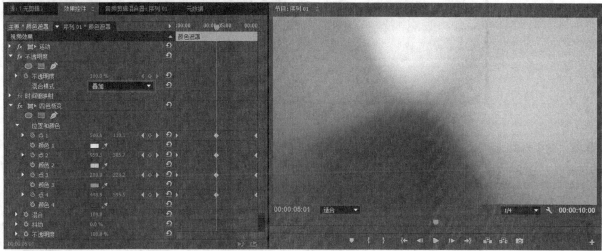

图 2-98　复制彩色蒙版

镜头光晕

- **实例文件** | 工程/第2章/镜头光晕.prproj
- **视频教学** | 视频/第2章/镜头光晕.mp4
- **难易程度** | ★★☆☆☆
- **学习时间** | 1分57秒
- **实例要点** | 【色阶】和【镜头光晕】特效的应用

本实例的最终效果如图2-99所示。

图 2-99　镜头光晕效果

操作步骤

01 运行 Premiere Pro CC，进入欢迎界面，单击【新建项目】按钮，在【新建项目】对话框中选择项目保存的路径，将项目命名为"镜头光晕"，单击【确定】按钮。

02 按【Ctrl+N】组合键，弹出【新建序列】对话框，在【序列预设】选项卡下选择【可用预设】栏中的"HDV | HDV 720p25"选项，单击【确定】按钮。

03 进入操作界面，在【项目】窗口中【名称】区域空白处双击，在弹出的对话框中选择随书附带资源中的"素材 | 第 2 章"下的"镜头光晕 .jpg"文件，单击【打开】按钮，如图2-100所示。

图 2-100　导入素材

04 将"镜头光晕.jpg"文件拖至【时间线】窗口【V1】轨道中,调整【位置】和【缩放】参数,如图 2-101 所示。

图 2-101　调整位置和大小

05 添加【色阶】特效,在【效果控件】面板中单击【设置】按钮,调整输入点,如图 2-102 所示。

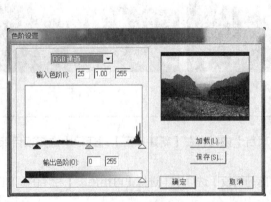

图 2-102　调整【色阶】特效

06 添加【镜头光晕】特效,如图 2-103 所示。

图 2-103　添加【镜头光晕】特效

07 在序列的起点，在【效果控件】面板中选择【镜头光晕】，激活【光晕中心】的关键帧，在【节目监视器】窗口中调整光晕中心的位置，如图 2-104 所示。

图 2-104　设置关键帧 1

08 在序列的终点，在【节目监视器】窗口中调整光晕中心的位置，如图 2-105 所示。

图 2-105　设置关键帧 2

09 保存场景，在【节目监视器】窗口中观看效果。

实例
034 制作闪电

● **实例文件** ┃ 工程/第2章/制作闪电.prproj
● **视频教学** ┃ 视频/第2章/制作闪电.mp4
● **难易程度** ┃ ★★★☆☆

● **学习时间** ┃ 5分48秒
● **实例要点** ┃【色阶】和【闪电】特效应用，不透明度变化创建闪烁

本实例的最终效果如图2-106所示。

图2-106 制作闪电效果

操作步骤

01 运行 Premiere Pro CC，进入欢迎界面，单击【新建项目】按钮，在【新建项目】对话框中选择项目保存的路径，将项目命名为"制作闪电"，单击【确定】按钮。

02 按【Ctrl+N】组合键，弹出【新建序列】对话框，在【序列预设】选项卡下选择【可用预设】栏中的"HDV | HDV 720p25"选项，单击【确定】按钮。

03 进入操作界面，在【项目】窗口中【名称】区域空白处双击，在弹出的对话框中选择随书附带资源中的"素材 I 第2章"下的"制作闪电.jpg"素材文件，单击【打开】按钮，如图2-107所示。

图2-107 导入素材

04 将"制作闪电.jpg"文件拖至【时间线】窗口【V1】轨道中，激活【效果控件】面板，调整【缩放】参数，如图2-108所示。

图 2-108　调整画面大小

05 激活【效果】面板，添加【色阶】特效，在【效果控件】面板中单击【设置】按钮，调整输入点位置，如图 2-109 所示。

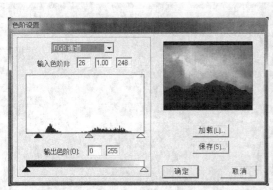

图 2-109　调整【色阶】特效

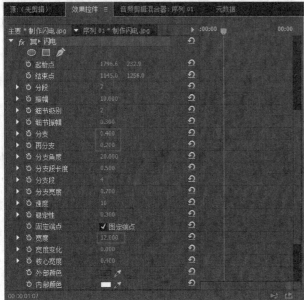

06 将【视频效果】|【生成】|【闪电】特效拖至素材上，激活【效果控件】面板，设置参数，在【节目监视器】窗口中调整起点和终点的位置，如图 2-110 所示。

图 2-110　设置【闪电】特效参数

07 在序列的起点激活【结束点】的关键帧，拖曳当前指针到 00:00:02:00，调整结束点的位置，如图 2-111 所示。

08 拖曳当前指针到序列终点，调整结束点的位置，如图 2-112 所示。

图 2-111 设置闪电关键帧 1

图 2-112 设置闪电关键帧 2

09 调整【闪电】组中的【速度】为 3，复制【V1】轨道上的素材并粘贴到【V2】轨道上，关闭【闪电】特效，调整【色阶】特效参数，降低亮度，如图 2-113 所示。

10 设置多个不透明度的关键帧，如图 2-114 所示。

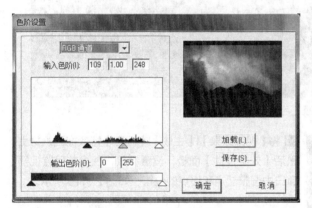

图 2-113 调整【色阶】参数

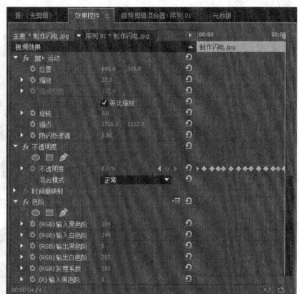

图 2-114 设置不透明度关键帧

11 保存场景，在【节目监视器】窗口中观看效果。

实例 035 画面亮度调整

- **实例文件** | 工程/第 2 章/画面亮度调整 .prproj
- **视频教学** | 视频/第 2 章/画面亮度调整 .mp4
- **难易程度** | ★★☆☆☆

- **学习时间** | 1 分 36 秒
- **实例要点** | 【亮度与对比度】特效和混合模式的应用

本实例的最终效果如图 2-115 所示。

图 2-115　画面亮度调整效果

┃ 操作步骤 ┃

01 运行 Premiere Pro CC，进入欢迎界面，单击【新建项目】按钮，在【新建项目】对话框中选择项目保存的路径，将项目命名为"画面亮度调整"，单击【确定】按钮。

02 按【Ctrl+N】组合键，弹出【新建序列】对话框，在【序列预设】选项卡中选择【可用预设】栏中的"HDV I HDV 720p25"选项，单击【确定】按钮。

03 按【Ctrl+N】组合键，进入操作界面，在【项目】窗口中【名称】区域空白处双击，在弹出的对话框中选择随书附带资源中的"素材 I 第 2 章"下的"画面亮度调整 .mp4"素材文件，单击【打开】按钮，如图 2-116 所示。

图 2-116　导入素材

04 将"画面亮度调整 .mp4"文件拖至【时间线】窗口【V1】轨道中，选中素材，激活【效果控件】面板，在【运动】组中调整【缩放】参数，如图 2-117 所示。

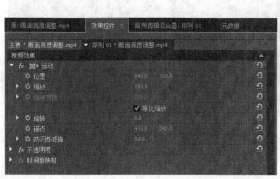

图 2-117　调整画面大小

05 为素材添加【亮度与对比度】特效，设置【亮度与对比度】组中【亮度】为 25，【对比度】为 20，如图 2-118 所示。

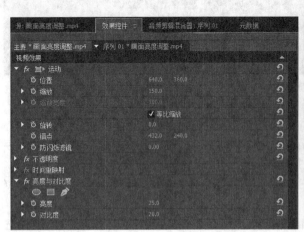

图 2-118　设置【亮度与对比度】特效参数

06 复制【V1】轨道上的素材并粘贴到【V2】轨道上，如图 2-119 所示。

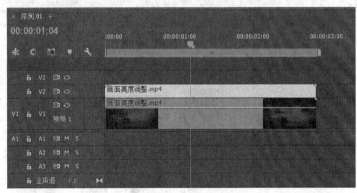

图 2-119　复制素材

07 在【效果控件】面板中展开【不透明度】组，选择【混合模式】为【滤色】，调整【不透明度】为 70%，如图 2-120 所示。

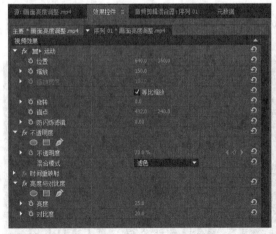

图 2-120　设置【不透明度】参数

08 保存场景，在【节目监视器】窗口中观看效果。

036 改变颜色

- **实例文件** | 工程/第2章/改变颜色.prproj
- **视频教学** | 视频/第2章/改变颜色.mp4
- **难易程度** | ★★★☆☆
- **学习时间** | 2分06秒
- **实例要点** | 【更改颜色】特效的应用

本实例的最终效果如图2-121所示。

图 2-121 改变颜色效果

操作步骤

01 运行 Premiere Pro CC，进入欢迎界面，单击【新建项目】按钮，在【新建项目】对话框中选择项目保存的路径，将项目命名为"改变颜色"，单击【确定】按钮。

02 按【Ctrl+N】组合键，弹出【新建序列】对话框，在【序列预设】选项卡下选择【可用预设】栏中的"HDV | HDV 720p25"选项，单击【确定】按钮。

03 进入操作界面，在【项目】窗口中【名称】区域空白处双击，在弹出的对话框中选择随书附带资源中的"素材|第2章"下的"改变颜色.jpg"素材文件，单击【打开】按钮，如图2-122所示。

图 2-122 导入素材

04 将"改变颜色.jpg"文件拖至【时间线】窗口【V1】轨道上，激活【效果控件】面板调整【缩放】参数，如图2-123所示。

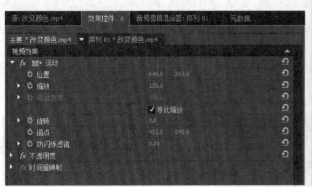

图 2-123　调整画面大小

05 为文件添加【更改颜色】特效，激活【效果控件】面板，在【更改颜色】组中单击【要更改的颜色】右边的吸管 ，在【节目监视器】窗口中单击绿色水面，将【色相变换】设置为 120，【亮度变换】设置为 8，【饱和度变换】设置为 6，【匹配容差】设置为 15%，【匹配柔和度】设置为 10%，如图 2-124 所示。

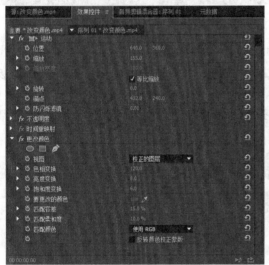

图 2-124　设置【更改颜色】特效参数

06 保存场景，在【节目监视器】窗口中观看效果。

实例 037　调整阴影高光

● **实例文件** ┃ 工程/第2章/调整阴影高光.prproj　　● **学习时间** ┃ 2分12秒

● **视频教学** ┃ 视频/第2章/调整阴影高光.mp4　　● **实例要点** ┃【阴影／高光】特效的应用

● **难易程度** ┃ ★★★☆☆

　　本实例的最终效果如图2-125所示。

图 2-125　调整阴影高光效果

操作步骤

01 运行 Premiere Pro CC，进入欢迎界面，单击【新建项目】按钮，在【新建项目】对话框中选择项目保存的路径，将项目命名为"调整阴影高光"，单击【确定】按钮。

02 按【Ctrl+N】组合键，弹出【新建序列】对话框，在【序列预设】选项卡下选择【可用预设】栏中的"HDV | HDV 720p25"选项，单击【确定】按钮。

03 进入操作界面，在【项目】窗口中【名称】区域空白处双击，在弹出的对话框中选择随书附带资源中的"素材 | 第 2 章"下的"调整阴影高光 .mp4"素材文件，单击【打开】按钮，如图 2-126 所示。

图 2-126　导入素材

04 将"调整阴影高光 .mp4"文件拖至【时间线】窗口【V1】轨道上，切换到【效果控件】面板，在【运动】栏中设置【缩放】为 200，如图 2-127 所示。

图 2-127　调整画面大小

05 激活【效果】面板，为素材添加【调整】选项下的【阴影/高光】特效。在【阴影/高光】选项下取消勾选【自动数量】复选框，设置【阴影数量】为60，【高光数量】为20，如图2-128所示。

图2-128　设置【阴影/高光】特效参数

06 在【更多选项】组中设置【阴影半径】为50，【色彩校正】为40，【中间调对比度】为10，如图2-129所示。

图2-129　设置特效参数

07 保存场景，在【节目监视器】窗口中观看效果。

实例 **038** **块溶解效果**

- **实例文件** | 工程/第2章/块溶解效果.prproj
- **视频教学** | 视频/第2章/块溶解效果.mp4
- **难易程度** | ★★☆☆☆

- **学习时间** | 1分50秒
- **实例要点** | 设置【块溶解】特效关键帧

本实例的最终效果如图2-130所示。

图 2-130 块溶解效果

┃ 操作步骤 ┃

01 运行 Premiere Pro CC，进入欢迎界面，单击【新建项目】按钮，在【新建项目】对话框中选择项目保存的路径，将项目命名为"块溶解效果"，单击【确定】按钮。

02 按【Ctrl+N】组合键，弹出【新建序列】对话框，在【序列预设】选项卡下选择【可用预设】栏中的"HDV|HDV 720p25"选项，单击【确定】按钮。

03 进入操作界面，在【项目】窗口中【名称】区域空白处双击，在弹出的对话框中选择随书附带资源中的"素材|第2章"下的"块溶解效果 01.jpg"和"块溶解效果 02.jpg"素材文件，单击【打开】按钮，如图 2-131所示。

图 2-131 导入素材

04 将"块溶解效果 01.jpg"文件拖至【时间线】窗口【V1】轨道上，激活【效果控件】面板，调整【缩放】参数，如图 2-132 所示。

图 2-132 设置画面大小

05 将"块溶解效果 02.jpg"文件拖至【时间线】窗口【V2】轨道上，调整【缩放】参数为 37%，如图 2-133 所示。

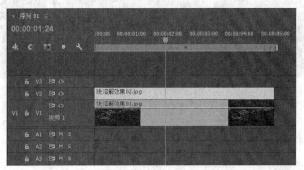

图 2-133　添加素材到时间线

06 确定文件处于选中状态，为素材添加【过渡】选项下的【块溶解】特效，在【效果控件】面板中，在【块溶解】栏中设置【块宽度】为 200，【块高度】为 200，如图 2-134 所示。

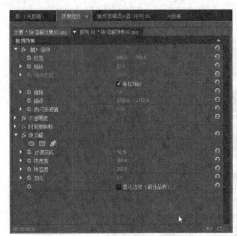

图 2-134　设置【块溶解】特效参数

07 将当前时间设置为 00:00:02:00，激活【过渡完成】左边的【动画关键帧记录】按钮，并将【过渡完成】设置为 0%，如图 2-135 所示。

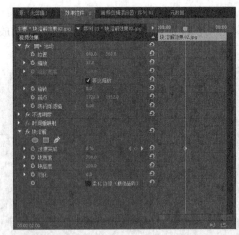

图 2-135　设置关键帧 1

08 将当前时间设置为 00:00:04:00，设置【过渡完成】为 100%，如图 2-136 所示。

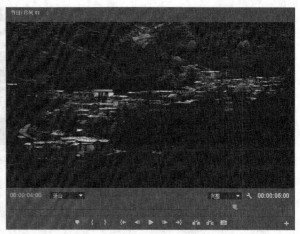

图 2-136　设置关键帧 2

09 保存场景，在【节目监视器】窗口中观看效果。

实例 039　阴影效果

- **实例文件** | 工程/第 2 章/阴影效果 .prproj
- **视频教学** | 视频/第 2 章/阴影效果 .mp4
- **难易程度** | ★★★☆☆
- **学习时间** | 2 分 24 秒
- **实例要点** | 导入分层文件和【投影】特效的应用

本实例的最终效果如图 2-137 所示。

图 2-137　阴影效果

操作步骤

01 运行 Premiere Pro CC，进入欢迎界面，单击【新建项目】按钮，在【新建项目】对话框中选择项目保存的路径，将项目命名为"阴影效果"，单击【确定】按钮。

02 按【Ctrl+N】组合键，弹出【新建序列】对话框，在【序列预设】选项卡下选择【可用预设】栏中的"HDV|HDV 720p25"选项，单击【确定】按钮。

03 进入操作界面，在【项目】窗口中【名称】区域空白处双击，在弹出的对话框中选择随书附带资源中的"素材 | 第 2 章"下的"阴影效果 01.jpg""阴影效果 02.psd"和"阴影效果 03.jpg"素材文件，单击【打开】按钮，弹出【导入分层文件】对话框，如图 2-138 所示。

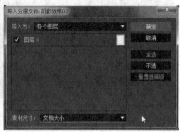

图 2-138　导入分层素材

04 将"阴影效果 01.jpg"文件拖至【时间线】窗口【V1】轨道上，激活【效果控件】面板，调整【运动】组中的【缩放】参数，如图 2-139 所示。

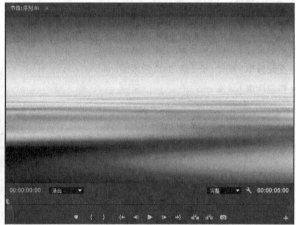

图 2-139　调整画面大小

05 将"阴影效果 01.jpg"文件拖至【时间线】窗口【V2】轨道上，激活【效果控件】面板，在【运动】组中调整【位置】和【缩放】参数，如图 2-140 所示。

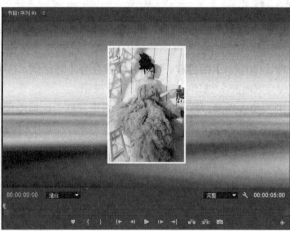

图 2-140　调整画面大小

06 将"阴影效果 02.psd"文件拖至【时间线】窗口【V3】
轨道上，激活【效果控件】面板，在【运动】组中调
整【位置】和【缩放】参数，如图 2-141 所示。

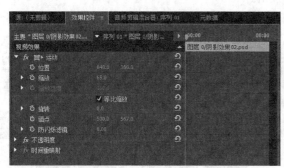

图 2-141　设置画面大小

07 选择"阴影效果 02.psd"，激活【效果】面板，为素材添加【投影】特效，切换到【效果控件】面板，设置【距
离】为 30，【柔和度】为 50，如图 2-142 所示。

图 2-142　设置【投影】特效参数

08 保存场景，在【节目监视器】窗口中观看效果。

实 例 040　3D空间效果

- **实例文件** | 工程/第 2 章/3D 空间效果.prproj
- **视频教学** | 视频/第 2 章/3D 空间效果.mp4
- **难易程度** | ★★★★☆
- **学习时间** | 7 分 34 秒
- **实例要点** | 【网格】、【基本 3D】和【投影】特效的应用

　　本实例的最终效果如图 2-143 所示。

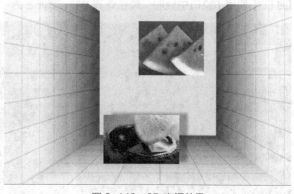

图 2-143　3D 空间效果

━┃ 操作步骤 ┃━

01 运行 Premiere Pro CC，进入欢迎界面，单击【新建项目】按钮，在【新建项目】对话框中选择项目保存的路径，将项目命名为"3D 空间效果"，单击【确定】按钮。

02 按【Ctrl+N】组合键，弹出【新建序列】对话框，在【序列预设】选项卡下选择【可用预设】栏中的"HDV|HDV 720p25"选项，单击【确定】按钮。

03 进入操作界面，在【项目】窗口中【名称】区域空白处双击，在弹出的对话框中选择随书附带资源中的"素材 I 第 2 章"下的"3D 空间效果01.jpg"和"3D 空间效果 02.jpg"素材文件，单击【打开】按钮，如图 2-144 所示。

图 2-144　导入素材

04 在【项目】窗口中【名称】区域右键单击，在弹出的菜单中选择【新建项目】II【颜色遮罩】命令，弹出【新建颜色遮罩】对话框，单击【确定】按钮。弹出【拾色器】对话枢，将颜色设置为灰白色，单击【确定】按钮，在弹出的【选择名称】对话框中将【选择用于新建蒙版的名称】设置为"颜色遮罩 01"，单击【确定】按钮，如图 2-145 所示。

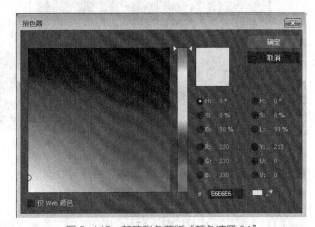

图 2-145　新建彩色蒙版"颜色遮罩 01"

05 在【项目】窗口中复制"颜色遮罩 01"，重命名为"颜色遮罩 02"，拖曳到【V2】轨道中，如图 2-146 所示。

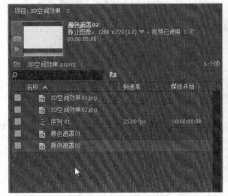

图 2-146　新建彩色蒙版"颜色遮罩 02"

06 选择【V2】轨道中的"颜色遮罩 02"，添加【网格】特效，在【效果控件】面板中设置【网格】特效参数，如图 2-147 所示。

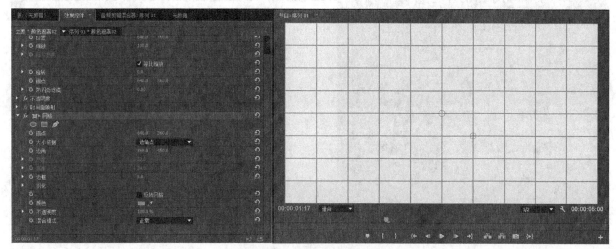

图 2-147　设置【网格】特效参数

07 添加【渐变】特效，在【效果控件】面板中设置特效参数，如图 2-148 所示。

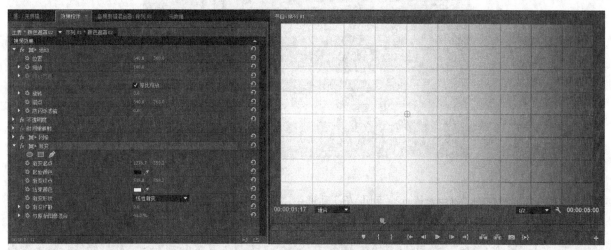

图 2-148　设置【渐变】特效参数

08 添加【基本 3D】特效，在【效果控件】面板中设置特效参数，如图 2-149 所示。

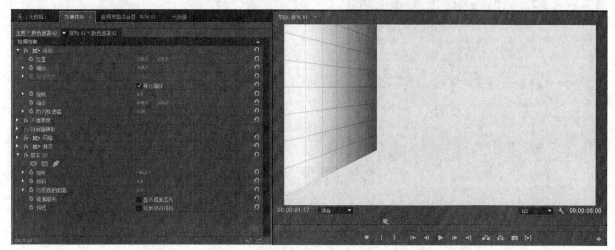

图 2-149　设置特效参数

09 复制"颜色遮罩 02",调整【基本 3D】特效和【位置】参数,如图 2-150 所示。

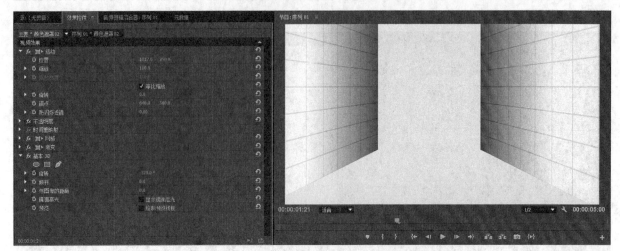

图 2-150　设置【基本 3D】特效和【位置】参数

10 拖曳【V3】轨道中的"颜色遮罩 02"到上面的空白轨道,自动添加【V4】轨道,如图 2-151 所示。

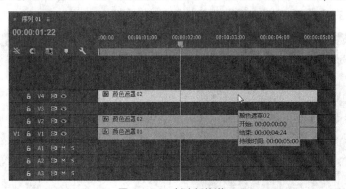

图 2-151　创建新轨道

11 拖曳【V2】轨道中的"颜色遮罩 02"到【V3】轨道中,复制【V3】轨道中的"颜色遮罩 02",粘贴到【V2】轨道中,调整【位置】、【渐变】特效和【基本 3D】特效的参数,如图 2-152 所示。

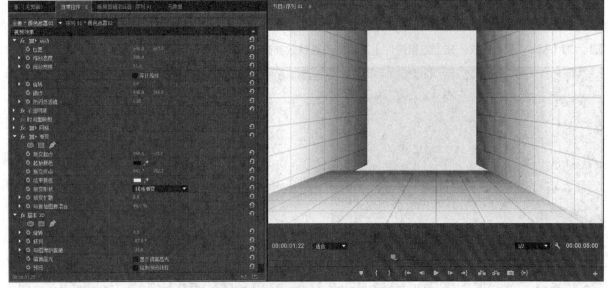

图 2-152　调整【位置】、【渐变】特效和【基本 3D】特效参数

12 调整【V3】轨道和【V4】轨道中"颜色遮罩 02"的【位置】和【基本 3D】的参数,如图 2-153 所示。

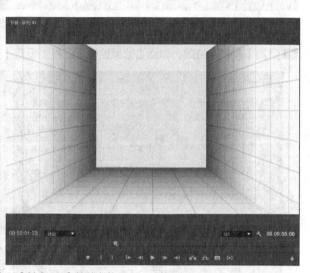

图 2-153　调整【位置】和【基本 3D】特效参数

13 将"3D 空间效果 01.jpg"文件拖至【时间线】窗口的空白轨道中,激活【效果控件】面板,设置相应参数,如图 2-154 所示。

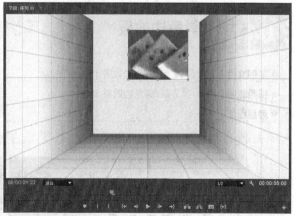

图 2-154　设置【运动】参数

14 将"3D 空间效果 02.jpg"文件拖至【时间线】窗口的空白轨道中,激活【效果控件】面板,设置相应参数,如图 2-155 所示。

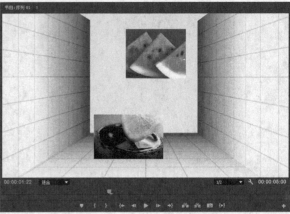

图 2-155　设置【运动】参数

15 添加【投影】特效，激活【效果控件】面板，设置【投影】参数，如图 2-156 所示。

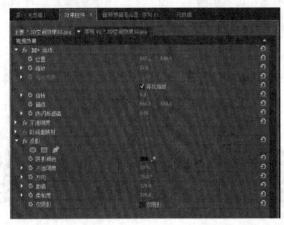

图 2-156　设置【投影】特效参数

16 保存场景，然后在【节目监视器】窗口中观看效果。

实例 041　斜角边效果

● **实例文件** | 工程/第2章/斜角边效果.prproj
● **视频教学** | 视频/第2章/斜角边效果.mp4
● **难易程度** | ★★☆☆☆

● **学习时间** | 2分40秒
● **实例要点** |【斜面Alpha】和【斜角边】特效的应用

本实例的最终效果如图 2-157 所示。

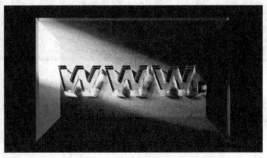

图 2-157　斜角边效果

┫ 操作步骤 ┣

01 运行 Premiere Pro CC，进入欢迎界面，单击【新建项目】按钮，在【新建项目】对话框中选择项目保存的路径，将项目命名为"斜角边效果"，单击【确定】按钮。

02 按【Ctrl+N】组合键，弹出【新建序列】对话框，在【序列预设】选项卡下选择【可用预设】栏中的"HDV | HDV 720p25"选项，单击【确定】按钮。

03 进入操作界面，在【项目】窗口中【名称】区域空白处双击，在弹出的对话框中选择随书附带资源中的"素材 I 第 2 章"下的"斜角边效果 .jpg"素材文件，单击【打开】按钮，如图 2-158 所示。

图 2-158　导入素材

04 将"斜角边效果 .jpg"文件拖至【时间线】窗口【V1】轨道上，激活【效果控件】面板，将【运动】组中的【缩放】设置为 50，如图 2-159 所示。

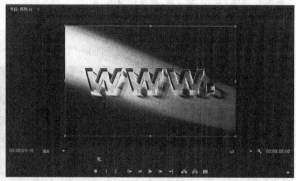

图 2-159　调整素材画面大小

05 激活【效果】面板，为素材添加【斜面 Alpha】特效，切换到【效果控件】面板，在【斜面 Alpha】组中设置【边缘厚度】为 35，【照明角度】为 76°，【光照颜色】为白色，【光照强度】为 0.5，如图 2-160 所示。

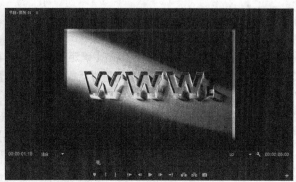

图 2-160　设置【斜面 Alpha】特效参数

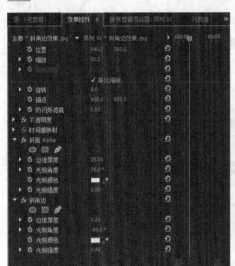

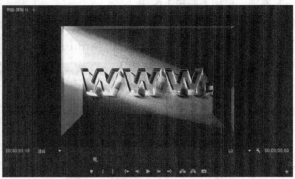

06 添加【斜角边】特效，设置【斜角边】组中【边缘厚度】为0.2，【光照角度】为 -80，【光照颜色】为浅蓝白色，【光照明强度】为 0.4，如图 2-161 所示。

图 2-161　设置【斜角边】特效参数

07 保存场景，在【节目监视器】窗口中观看效果。

实例 042　线条化效果

- **实例文件** | 工程/第2章/线条化效果.prproj
- **视频教学** | 视频/第2章/线条化效果.mp4
- **难易程度** | ★★☆☆☆

- **学习时间** | 2分45秒
- **实例要点** | 【查找边缘】、【快速模糊】和【边缘粗糙】特效的应用

　　本实例的最终效果如图 2-162 所示。

图 2-162　线条化效果

操作步骤

01 运行 Premiere Pro CC，进入欢迎界面，单击【新建项目】按钮，在【新建项目】对话框中选择项目保存的路径，将项目命名为"线条化效果"，单击【确定】按钮。

02 按【Ctrl+N】组合键，弹出【新建序列】对话框，在【序列预设】选项卡下选择【可用预设】栏中的"HDV | HDV 720p25"选项，单击【确定】按钮。

03 进入操作界面，在【项目】窗口中【名称】区域空白处双击，在弹出的对话框中选择随书附带资源中的"素材 | 第 2 章"下的"线条化效果.mp4"素材文件，单击【打开】按钮，如图 2-163 所示。

图 2-163　导入素材

04 将"线条化效果 .mp4"文件拖至【时间线】窗口【V1】轨道上，确定"线条化效果 .mp4"文件处于选中状态，激活【效果控件】面板，将【运动】组中的【缩放】设置为 150，如图 2-164 所示。

图 2-164　调整画面大小

05 添加【查找边缘】特效，如图 2-165 所示。

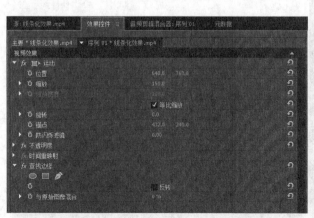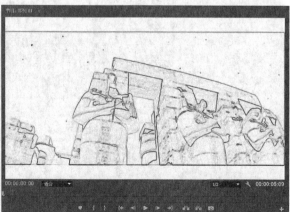

图 2-165　添加【查找边缘】特效

06 添加【黑白】特效，如图 2-166 所示。

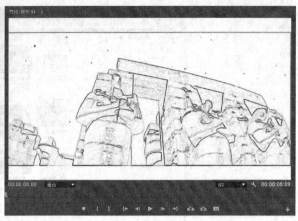

图 2-166　添加【黑白】特效

07 添加【快速模糊】特效到【效果控件】面板中，设置【模糊度】为 2，如图 2-167 所示。

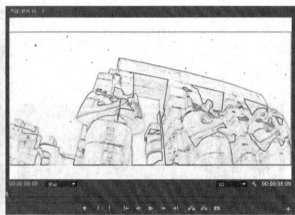

图 2-167　设置【快速模糊】特效参数

08 添加【边缘粗糙】特效并在【效果控件】面板中设置参数，如图 2-168 所示。

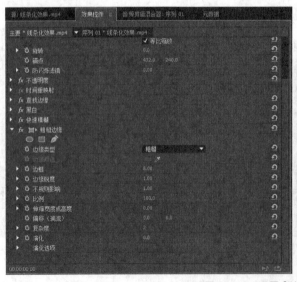

图 2-168　设置【边缘粗糙】特效参数

09 保存场景，在【节目监视器】窗口中观看效果。

应用遮罩

- **实例文件** | 工程/第2章/应用遮罩.prproj
- **视频教学** | 视频/第2章/应用遮罩.mp4
- **难易程度** | ★★★☆☆

- **学习时间** | 4分37秒
- **实例要点** | 蒙版工具和【位置】关键帧的应用

本实例的最终效果如图2-169所示。

图 2-169　应用遮罩效果

┤操作步骤├

01 运行 Premiere Pro CC，进入欢迎界面，单击【新建项目】按钮，在【新建项目】对话框中选择项目保存的路径，将项目命名为"应用遮罩"，单击【确定】按钮。

02 按【Ctrl+N】组合键，弹出【新建序列】对话框，在【序列预设】选项卡下选择【可用预设】栏中的"HDV | HDV 720p25"选项，单击【确定】按钮。

03 进入操作界面，在【项目】窗口中【名称】区域空白处双击，在弹出的对话框中选择随书附带资源中的"素材 | 第2章"下的"应用遮罩01.jpg"和"应用遮罩02.jpg"素材文件，单击【打开】按钮，导入素材，如图2-170所示。

图 2-170　导入素材

04 将"应用遮罩01.jpg"文件拖至【时间线】窗口【V1】轨道上，激活【效果控件】面板，在【运动】组中调整【位置】和【缩放】参数，如图2-171所示。

图 2-171 设置画面位置和大小

05 将"应用遮罩 02.jpg"文件拖至【时间线】窗口【V2】轨道上,激活【效果控件】面板,在【运动】组中设置【位置】和【缩放】参数,如图 2-172 所示。

图 2-172 设置画面位置和大小

06 展开【不透明度】选项组,单击【椭圆蒙版工具】按钮 ,添加椭圆形蒙版,如图 2-173 所示。

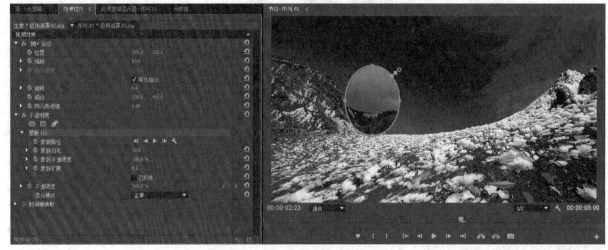

图 2-173 创建蒙版

07 在【节目监视器】窗口中调整蒙版形状,如图 2-174 所示。

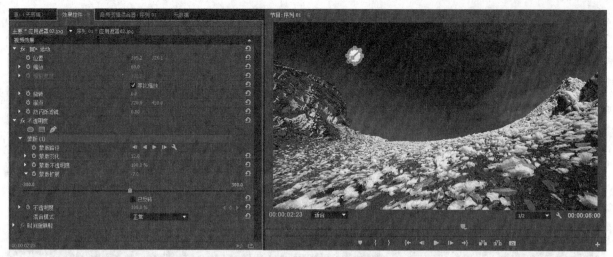

图 2-174　调整蒙版形状和参数

08 选择【混合模式】为【强光】，调整【不透明度】和【位置】参数，如图 2-175 所示。

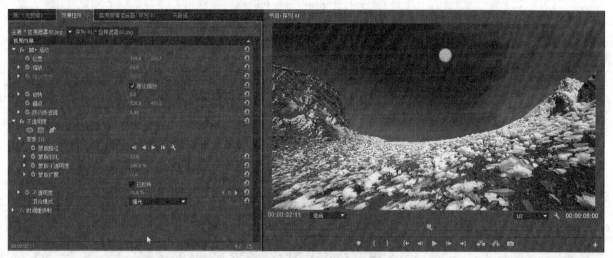

图 2-175　调整【不透明度】和【位置】参数

09 复制【V1】轨道中的素材，粘贴到【V3】轨道中，绘制椭圆形蒙版，如图 2-176 所示。

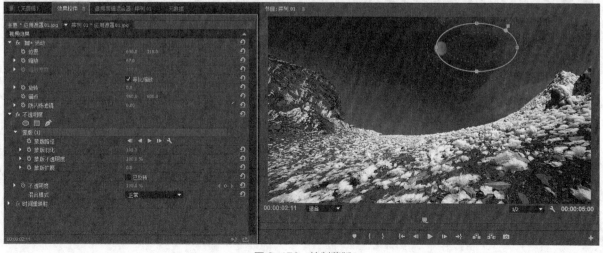

图 2-176　绘制蒙版

10 设置当前时间为 00:00:04:24，选择【V2】轨道上的素材，激活【位置】关键帧，拖曳当前指针到序列的起点，调整【位置】参数，创建月亮从云中出来的动画效果，如图 2-177 所示。

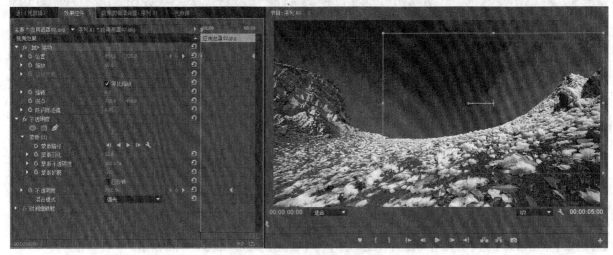

图 2-177　创建【位置】关键帧

11 保存场景，在【节目监视器】窗口中观看效果。

实例 044　视频抠像

- **实例文件** | 工程/第2章/视频抠像.prproj
- **视频教学** | 视频/第2章/视频抠像.mp4
- **难易程度** | ★★★☆☆
- **学习时间** | 3分34秒
- **实例要点** |【超级键】特效和不透明蒙版的应用

本实例的最终效果如图2-178所示。

图 2-178　视频抠像效果

┃ 操作步骤 ┃

01 运行 Premiere Pro CC，进入欢迎界面，单击【新建项目】按钮，在【新建项目】对话框中选择项目保存的路径，将项目命名为"视频抠像"，单击【确定】按钮。

02 按【Ctrl+N】组合键，弹出【新建序列】对话框，在【序列预设】选项卡下选择【可用预设】栏中的"HDV | HDV 720p25"选项，单击【确定】按钮。

03 进入操作界面，在【项目】窗口中【名称】区域空白处双击，在弹出的对话框中选择随书附带资源中的"素材 | 第 2 章"下的"视频抠像 01.jpg"和"视频抠像 02.mov"素材文件，单击【打开】按钮，如图 2-179 所示。

图 2-179　导入素材

04 将"视频抠像 01.jpg"文件拖至【时间线】窗口【V1】轨道中,激活【效果控件】面板,在【运动】组中调整【缩放】参数,如图 2-180 所示。

图 2-180　调整画面大小

05 将"视频抠像 02.mov"文件拖至【时间线】窗口【V2】轨道中,右键单击该文件,在弹出的菜单中选择【缩放为帧大小】命令,如图 2-181 所示。

图 2-181　设置缩放比例

06 为"视频抠像 02.mov"文件添加【超级键】特效，激活【效果控件】面板，单击吸管 ，在【节目监视器】窗口中的蓝色区域单击，如图 2-182 所示。

图 2-182　吸取蓝色背景

07 选择【输出】项为"Alpha 通道"，展开【遮罩生成】组，调整参数，如图 2-183 所示。

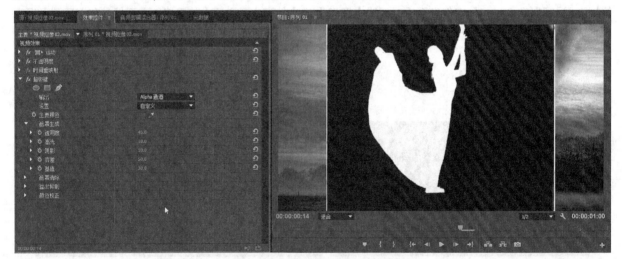

图 2-183　设置【超级键】特效参数

08 展开【遮罩清除】组，设置参数，如图 2-184 所示。

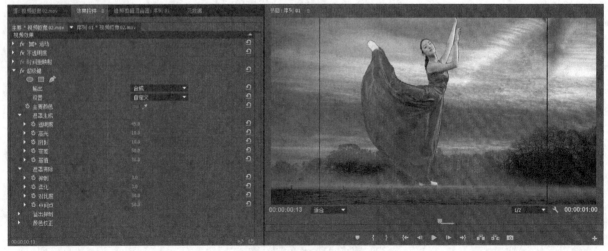

图 2-184　设置特效参数

09 展开【不透明度】组，绘制矩形蒙版，如图 2-185 所示。

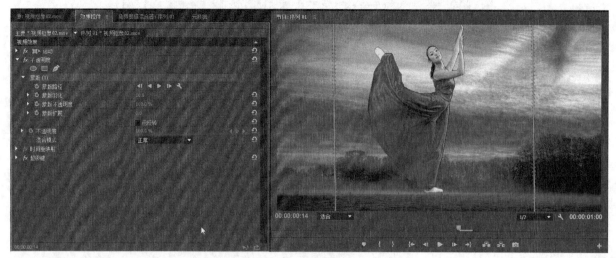

图 2-185　绘制蒙版

10 保存场景文件，在【节目监视器】窗口中观看效果。

实例 045　单色保留效果

- **实例文件｜**工程/第 2 章/单色保留效果.prproj
- **视频教学｜**视频/第 2 章/单色保留效果.mp4
- **难易程度｜**★★★☆☆

- **学习时间｜**2 分 27 秒
- **实例要点｜**【分色】特效的应用

本实例的最终效果如图 2-186 所示。

图 2-186　单色保留效果

┃ 操作步骤 ┃

01 运行 Premiere Pro CC，进入欢迎界面，单击【新建项目】按钮，在【新建项目】对话框中选择项目保存的路径，将项目命名为"单色保留效果"，单击【确定】按钮。

02 按【Ctrl+N】组合键，弹出【新建序列】对话框，在【序列预设】选项卡下选择【可用预设】栏中的"HDV | HDV 720p25"选项，单击【确定】按钮。

03 进入操作界面，在【项目】窗口中【名称】区域空白处双击，在弹出的对话框中选择随书附带资源中的"素材 | 第 2 章"下的"单色保留效果 .mp4"素材文件，单击【打开】按钮，如图 2-187 所示。

图 2-187 导入素材

04 将"单色保留效果 .mp4"文件拖至【时间线】窗口【V1】轨道中，调整【缩放】参数，如图 2-188 所示。

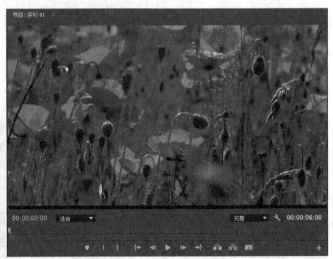

图 2-188 调整画面大小

05 激活【效果】面板，为"单色保留效果 .mp4"文件添加【分色】特效。切换到【效果控件】面板，选择【匹配颜色】为"使用色相"，单击【吸管】按钮，在【节目监视器】窗口中的红花区域单击吸取红色，如图 2-189 所示。

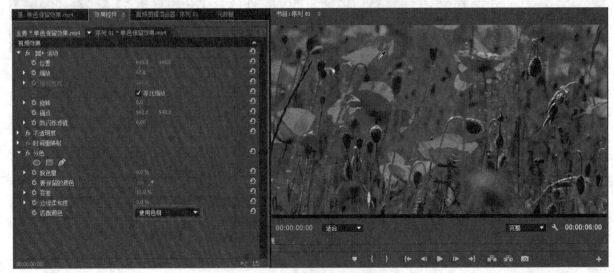

图 2-189 吸取特定颜色

06 设置【分色】组中【脱色量】为100%，【容差】为20%，【边缘柔和度】为5%，如图 2-190 所示。

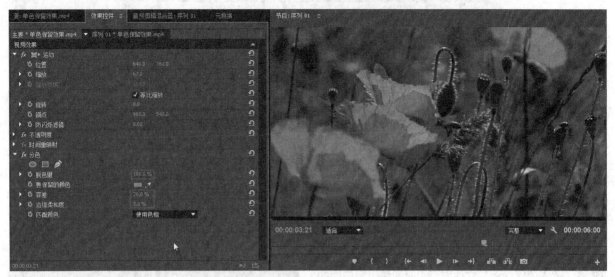

图 2-190 设置【分色】特效参数

07 保存场景，在【节目监视器】窗口中观看效果。

实例 046 辉光效果

- **实例文件** | 工程/第2章/辉光效果.prproj
- **视频教学** | 视频/第2章/辉光效果.mp4
- **难易程度** | ★★★☆☆

- **学习时间** | 5分58秒
- **实例要点** |【Alpha发光】和【颜色平衡(HLS)】特效的应用

本实例的最终效果如图 2-191 所示。

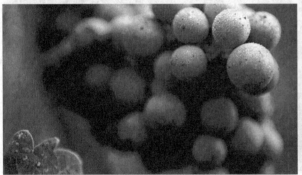 

图 2-191 辉光效果

操作步骤

01 运行 Premiere Pro CC，进入欢迎界面，单击【新建项目】按钮，在【新建项目】对话框中选择项目保存的路径，将项目命名为"辉光效果"，单击【确定】按钮。

02 按【Ctrl+N】组合键，弹出【新建序列】对话框，在【序列预设】选项卡下选择【可用预设】栏中的"HDV | HDV 720p25"选项，单击【确定】按钮。

03 进入操作界面，在【项目】窗口中【名称】区域空白处双击，在弹出的对话框中选择随书附带资源中的"素材|第2章"下的"辉光效果.jpg"素材文件，单击【打开】按钮，如图 2-192 所示。

图 2-192　导入素材

04 将"辉光效果 .jpg"文件拖至【时间线】窗口中的【V1】轨道中，激活【效果控件】面板，设置【运动】组中【缩放】为 68，如图 2-193 所示。

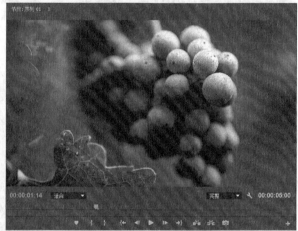

图 2-193　调整画面大小

05 在【项目】窗口中右键单击，在弹出的菜单中选择【新建项目】|【字幕】命令，打开字幕编辑器，创建新的字幕，如图 2-194 所示。

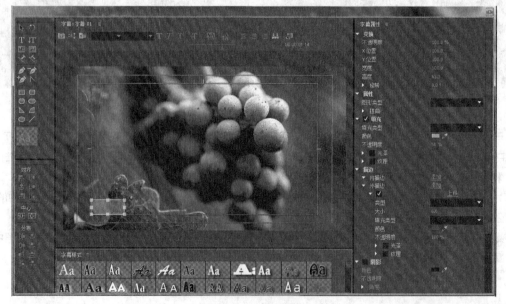

图 2-194　创建字幕

06 关闭字幕编辑器,拖曳"字幕 01"到【V2】轨道中,调整位置,如图 2-195 所示。

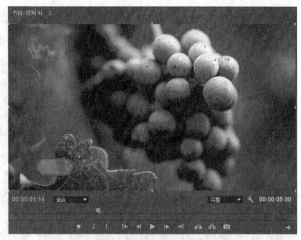

图 2-195　拖曳字幕到时间线

07 在时间线上选择"字幕 01",为其添加【Alpha 发光】特效,在【效果控件】面板中,设置【Alpha 发光】组中【发光】数值为 30,【亮度】值为 200,设置【起始颜色】为浅蓝色,【结束颜色】为白色,勾选【使用结束颜色】复选框,如图 2-196 所示。

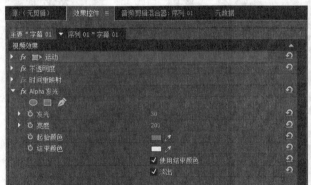

图 2-196　设置【Alpha 发光】特效参数

08 展开【不透明度】组,选择【混合模式】为【滤色】,如图 2-197 所示。

图 2-197　设置【混合模式】

09 复制两次字幕并粘贴到【V3】和【V4】轨道上,分别调整字幕的位置,如图 2-198 所示。

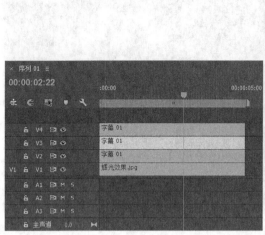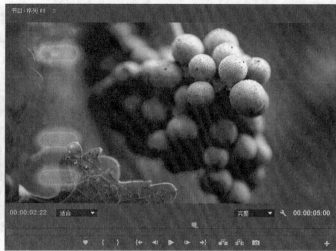

图 2-198　复制字幕并调整位置

10 选择【V2】轨道中的字幕，添加【颜色平衡（HLS）】特效，调整【色相】值为 120°，如图 2-199 所示。

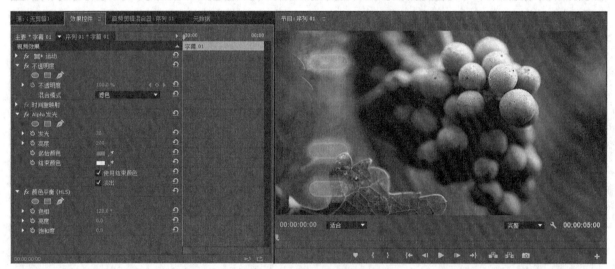

图 2-199　设置特效参数

11 复制【颜色平衡（HLS）】特效，粘贴到【V3】轨道中的"字幕 01"上，调整【色相】数值，如图 2-200 所示。

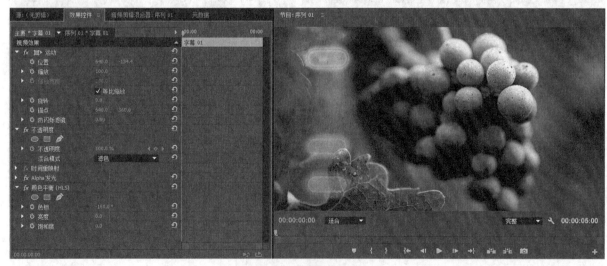

图 2-200　调整特效参数

12 保存场景，在【节目监视器】窗口中观看效果。

实例 047	画面浮雕效果

- **实例文件** | 工程/第2章/画面浮雕效果.prproj
- **视频教学** | 视频/第2章/画面浮雕效果.mp4
- **难易程度** | ★★☆☆☆

- **学习时间** | 2分11秒
- **实例要点** | 【查找边缘】和【浮雕】特效的应用

　　本实例的最终效果如图2-201所示。

图2-201　画面浮雕效果

操作步骤

01 运行 Premiere Pro CC，进入欢迎界面，单击【新建项目】按钮，在【新建项目】对话框中选择项目保存的路径，将项目命名为"画面浮雕效果"，单击【确定】按钮。

02 按【Ctrl+N】组合键，弹出【新建序列】对话框，在【序列预设】选项卡下选择【可用预设】栏中的"HDV | HDV 720p25"选项，单击【确定】按钮。

03 进入操作界面，在【项目】窗口中【名称】区域空白处双击，在弹出的对话框中选择随书附带资源中的"素材 | 第2章"下的"画面浮雕效果.mp4"素材文件，单击【打开】按钮，如图2-202所示。

图2-202　导入素材

04 将"画面浮雕效果 .mp4"文件拖至【时间线】窗口中的【V1】轨道中，在【效果控件】面板中调整【缩放】参数，如图 2-203 所示。

图 2-203　设置素材画面大小

05 为"画面浮雕效果 .mp4"文件添加【查找边缘】特效，如图 2-204 所示。

图 2-204　添加【查找边缘】特效

06 为素材文件添加【浮雕】特效，接受缺省值，如图 2-205 所示。

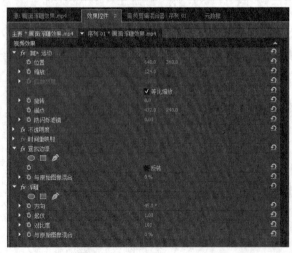
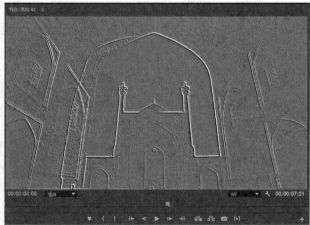

图 2-205　添加【浮雕】特效

07 保存场景，在【节目监视器】窗口中观看效果。

- **实例文件**｜工程/第2章/相机闪光灯.prproj
- **视频教学**｜视频/第2章/相机闪光灯.mp4
- **难易程度**｜★★★☆☆

- **学习时间**｜4分48秒
- **实例要点**｜【裁剪】和【闪光灯】特效的应用

本实例的最终效果如图2-206所示。

图 2-206　相机闪光灯效果

┤操作步骤├

01 运行 Premiere Pro CC，进入欢迎界面，单击【新建项目】按钮，在【新建项目】对话框中选择项目保存的路径，将项目命名为"相机闪光灯效果"，单击【确定】按钮。

02 按【Ctrl+N】组合键，弹出【新建序列】对话框，在【序列预设】选项卡下选择【可用预设】栏中的"HDV | HDV 720p25"选项，单击【确定】按钮。

03 进入操作界面，在【项目】窗口中【名称】区域空白处双击，在弹出的对话框中选择随书附带资源中的"素材｜第 2 章"下的"相机闪光灯 01.jpg""相机闪光灯 02.jpg"和"相机闪光灯 03.jpg"素材文件，单击【打开】按钮，如图 2-207 所示。

图 2-207　导入素材

04 将当前时间设为 00:00:02:00，将"相机闪光灯 01.jpg"文件拖至【时间线】窗口【V1】轨道中并与编辑标准线对齐，如图 2-208 所示。

05 将当前时间设为 00:00:01:15，将"相机闪光灯 02.jpg"文件拖至【时间线】窗口中的【V2】轨道中并与编辑标准线对齐，如图 2-209 所示。

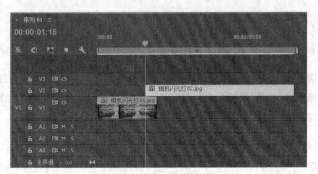

图 2-208　拖曳素材到时间线　　　　　　　　图 2-209　拖曳素材到时间线

06 将当前时间设为 00:00:03:10，拖动素材的尾部与编辑标准线对齐，如图 2-210 所示。

07 将"相机闪光灯 03.jpg"文件拖至【时间线】窗口【V1】轨道中并与"相机闪光灯 01.jpg"首尾相连，将当

前 时 间 设 为
00:00:05:00，拖动
素材的尾部与编辑标
准线对齐，如图
2-211 所示。

图 2-210　调整素材长度　　　　　　　　　　图 2-211　拖曳素材至时间线

08 选择【V2】轨道中的"相机闪光灯 02.jpg"文件，为素材添加【裁剪】特效，将当前时间设为 00:00:01:15，切
换到【效果控件】面板，在【裁剪】组中激活【顶部】
和【底部】的关键帧，如图 2-212 所示。

图 2-212　添加特效

09 将当前时间设为 00:00:02:00，在【裁剪】组中调整【顶
部】和【底部】的数值均为 50%，如图 2-213 所示。

图 2-213　设置特效参数

10 为【V2】轨道中的"相机闪光灯 02.jpg"文件添加【闪光灯】特效。

11 将当前时间设为 00:00:03:00，在【裁剪】组中复制【顶部】和【底部】的第 2 个关键帧并粘贴，如图 2-214 所示。

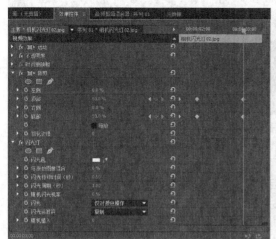

图 2-214　复制关键帧

12 将当前时间设为 00:00:03:10，在【裁剪】组中复制【顶部】和【底部】的第 1 个关键帧并粘贴，如图 2-215 所示。

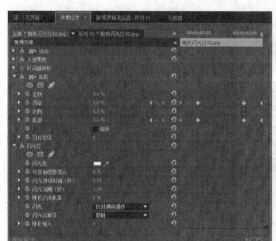

图 2-215　复制关键帧

13 保存场景，在【节目监视器】窗口中观看效果。

实例 049　**画面中添加马赛克**

● **实例文件** | 工程/第2章/画面中添加马赛克.prproj
● **视频教学** | 视频/第2章/画面中添加马赛克.mp4
● **难易程度** | ★★★☆☆

● **学习时间** | 2分18秒
● **实例要点** | 【马赛克】特效和特效蒙版的应用

　　本实例的最终效果如图 2-216 所示。

图 2-216　画面中添加马赛克效果

操作步骤

01 运行 Premiere Pro CC，进入欢迎界面，单击【新建项目】按钮，在【新建项目】对话框中选择项目保存的路径，将项目命名为"画面中添加马赛克"，单击【确定】按钮。

02 按【Ctrl+N】组合键，弹出【新建序列】对话框，在【序列预设】选项卡下选择【可用预设】栏中的"HDV | HDV 720p25"选项，单击【确定】按钮。

03 进入操作界面，在【项目】窗口中【名称】区域空白处双击，在弹出的对话框中选择随书附带资源中的"素材 | 第 2 章"下的"画面中添加马赛克 .mp4"素材文件，单击【打开】按钮，如图 2-217 所示。

图 2-217　导入素材

04 将"画面中添加马赛克 .mp4"文件拖至【时间线】窗口【V1】轨道中，如图 2-218 所示。

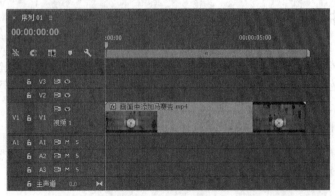

图 2-218　拖入素材

05 选中【V1】轨道中的素材，打开【效果】面板，为选中的素材添加【马赛克】特效，切换到【效果控件】面板，将【马赛克】组中的【水平块】设置为50，【垂直块】设置为40，如图2-219所示。

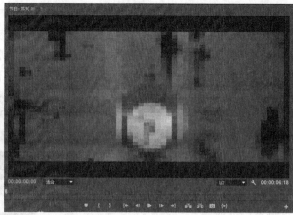

图 2-219　添加【马赛克】特效并设置参数

06 在【效果控件】面板中，选择【马赛克】组中的【椭圆形蒙版工具】，添加椭圆形蒙版，设置【蒙版羽化】和【蒙版扩展】参数，如图2-220所示。

图 2-220　设置【蒙版】参数

07 保存场景，在【节目监视器】窗口中观看效果。

实例 050　重复画面效果

- **实例文件** | 工程/第2章/重复画面效果.prproj
- **视频教学** | 视频/第2章/重复画面效果.mp4
- **难易程度** | ★★☆☆☆
- **学习时间** | 2分
- **实例要点** | 【裁剪】和【复制】特效的应用

本实例的最终效果如图2-221所示。

图 2-221　重复画面效果

┤操作步骤├

01 运行 Premiere Pro CC，进入欢迎界面，单击【新建项目】按钮，在【新建项目】对话框中选择项目保存的路径，将项目命名为"重复画面效果"，单击【确定】按钮。

02 按【Ctrl+N】组合键，弹出【新建序列】对话框，在【序列预设】选项卡下选择【可用预设】栏中的"HDV | HDV 720p25"

选项，单击【确定】
按钮。

03 进入操作界
面，在【项目】
窗口中【名称】
区域空白处双击，
在弹出的对话框
中选择随书附带
资源中的"素材 |
第 2 章"下的"重
复画面效果 .jpg"
素材文件，单击
【打开】按钮，如
图 2-222 所示。

图 2-222　导入素材

04 将"重复画面效果 .jpg"文件拖至【时间线】窗口
【V2】轨道中，激活【效果控件】面板，调整【缩放】
参数，如图 2-223 所示。

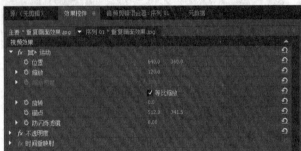

图 2-223　设置素材画面大小

05 为素材添加【裁剪】特效，如图 2-224 所示。

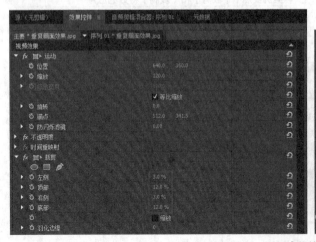

图 2-224　添加【裁剪】特效并设置参数

06 新建一个浅灰色颜色遮罩，拖曳到【V2】轨道中，查看节目预览效果，如图 2-225 所示。

图 2-225 查看节目预览效果

07 在【项目】窗口中拖曳"序列01"到【新建项】图标上，创建新的"序列 02"，如图 2-226 所示。

图 2-226 创建新序列

08 确定该素材文件处于选中状态，为其添加【复制】特效，激活【效果控件】面板，设置【复制】参数，如图 2-227 所示。

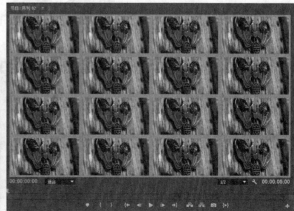

图 2-227 设置【复制】特效参数

09 保存场景，在【节目监视器】窗口中观看效果。

实例 051 光工厂插件

- **实例文件** | 工程/第2章/光工厂插件 .prproj
- **视频教学** | 视频/第2章/光工厂插件 .mp4
- **难易程度** | ★★★☆☆

- **学习时间** | 3分56秒
- **实例要点** | 应用Knoll Light Factory插件、设置光斑源位置关键帧创建光斑动画

本实例的最终效果如图2-228所示。

图 2-228　光工厂插件效果

┫ **操作步骤** ┣

01 运行 Premiere Pro CC，进入欢迎界面，单击【新建项目】按钮，在【新建项目】对话框中选择项目保存的路径，将项目命名为"光工厂插件"，单击【确定】按钮。

02 按【Ctrl+N】组合键，弹出【新建序列】对话框，在【序列预设】选项卡下选择【可用预设】栏中的"HDV | HDV 720p25"选项，单击【确定】按钮。

03 进入操作界面，在【项目】窗口中【名称】区域空白处双击，在弹出的对话框中选择随书附带资源中的"素材 I 第 2 章"下的"光工厂插件 .jpg"素材文件，单击【打开】按钮，如图 2-229 所示。

图 2-229　导入素材

04 将文件拖至【时间线】窗口【V1】轨道中，激活【效果控件】面板，调整【缩放】参数，如图 2-230 所示。

图 2-230　调整画面大小

05 激活【效果】面板，展开并查看光工厂插件【Knoll Light Factory】，
如图 2-231 所示。

图 2-231　查看特效插件

06 为素材添加【Light Factory】特效，如图 2-232 所示。

图 2-232　添加光工厂【Light Factory】特效

07 单击【设置】按钮，进入 Knoll Light Factory Lens Designer（光工厂镜头设计）操作界面，单击左侧的
三角，选择预设光斑，如图 2-233 所示。

图 2-233　选择光斑预设

08 单击【OK】按钮关闭 Knoll Light Factory Lens Designer 界面，在【节目监视器】窗口中调整光斑源位置，如图 2-234 所示。

09 拖曳当前指针到序列的起点，在【效果控件】面板中激活窗口中【Light Source Location】的关键帧，拖曳当前指针到序列的终点，在【节目监视器】窗口中调整【Light Source Location】数值，从而完成光斑动画的创建，如图 2-235 所示。

10 保存场景，在【节目监视器】窗口中观看效果。

图 2-234　调整光斑源位置

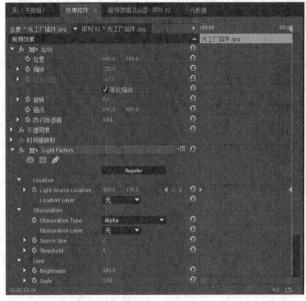

图 2-235　设置光斑源位置关键帧

实例 052　降噪Denoiser

- **实例文件**｜工程/第2章/降噪Denoiser.prproj
- **视频教学**｜视频/第2章/降噪Denoiser.mp4
- **难易程度**｜★★★☆☆
- **学习时间**｜3分11秒
- **实例要点**｜【色阶】和【Denoiser Ⅱ】特效的应用

本实例的最终效果如图2-236所示。

图 2-236　降噪 Denoiser 效果

操作步骤

01 运行 Premiere Pro CC，进入欢迎界面，单击【新建项目】按钮，在【新建项目】对话框中选择项目保存的路径，将项目命名为"降噪 Denoiser"，单击【确定】按钮，如图 2-237 所示。

02 按【Ctrl+N】组合键，弹出【新建序列】对话框，在【序列预设】选项卡下选择【可用预设】栏中的"HDV | HDV 720p25"选项，单击【确定】按钮，如图 2-238 所示。

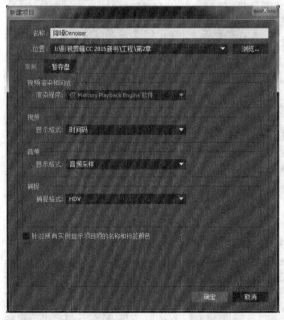

图 2-237　新建项目

图 2-238　选择序列预设

03 进入操作界面，在【项目】窗口中【名称】区域空白处双击，在弹出的对话框中选择随书附带资源中的"素材 | 第 2 章"下的"降噪 Denoiser.mpg"素材文件，单击【打开】按钮，如图 2-239 所示。

04 拖曳素材到时间线窗口中的【V1】轨道上，添加【调整】|【色阶】特效，调整输入点的位置，增加亮度和对比度，如图 2-240 所示。

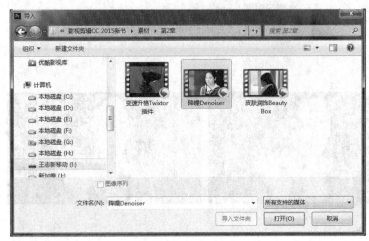

图 2-239　导入素材

图 2-240　设置【色阶】特效参数

05 添加【Red Gaint Denoiser Ⅱ】|【Denoiser Ⅱ】特效，如图 2-241 所示。

图 2-241　设置【Denoiser Ⅱ】特效参数

06 展开【Advanced Settings】组，设置参数，如图 2-242 所示。

图 2-242　设置高级参数

07 保存场景，在【节目监视器】窗口中观看效果。

皮肤润饰Beauty Box

- **实例文件** | 工程/第2章/皮肤润饰Beauty Box.prproj
- **视频教学** | 视频/第2章/皮肤润饰Beauty Box.mp4
- **难易程度** | ★★★★☆
- **学习时间** | 4分05秒
- **实例要点** | 【色阶】和【Beauty Box】特效的应用

本实例的最终效果如图2-243所示。

图 2-243　皮肤润饰 Beauty Box 效果

操作步骤

01 运行 Premiere Pro CC，进入欢迎界面，单击【新建项目】按钮，在【新建项目】对话框中选择项目保存的路径，将项目命名为"皮肤润饰 Beauty Box"，单击【确定】按钮，如图 2-244 所示。

02 按【Ctrl+N】组合键，弹出【新建序列】对话框，在【序列预设】选项卡下选择【可用预设】栏中的"HDV | HDV 720p25"选项，单击【确定】按钮，如图 2-245 所示。

图 2-244　新建项目

图 2-245　新建序列

03 进入操作界面，在【项目】窗口中【名称】区域空白处双击，在弹出的对话框中选择随书附带资源中的"素材 | 第 2 章"下的"皮肤润饰 BeautyBox.mpg"素材文件，单击【打开】按钮，如图 2-246 所示。

04 为该素材添加【调整】|【色阶】特效，调整画面的亮度和对比度，如图 2-247 所示。

图 2-246　导入素材

图 2-247　调整画面色阶

05 添加【Digital Anarchy】|【Beauty Box】特效，如图 2-248 所示。

图 2-248　添加【Beauty Box】特效

06 展开【Mask】组，在【Mode】项选择 "Set Color"，勾选【Show Mask】复选框，在小预览图中拾皮肤的中间色，如图 2-249 所示。

图 2-249　拾取肤色

07 调整选区范围，如图 2-250 所示。

图 2-250　调整选区范围

08 取消勾选【Show Mask】【复选框】，调整【Smoothing Amount】数值为 20，如图 2-251 所示。

图 2-251　设置特效参数

09 展开【Sharpen】组，调整【Amount】数值为 80，如图 2-252 所示。

10 展开【Color Correction】组，勾选【Use Mask】复选框，调整亮度数值，如图2-252所示。

图 2-252　调整特效参数

11 保存场景，在【节目监视器】窗口中观看效果。

实例 054 变速升格Twixtor插件

- **实例文件**丨工程/第2章/变速升格Twixtor插件.prproj
- **视频教学**丨视频/第2章/变速升格Twixtor插件.mp4
- **难易程度**丨★★★☆☆
- **学习时间**丨3分04秒
- **实例要点**丨【Twixtor】特效的应用、设置Speed关键帧

本实例的最终效果如图2-253所示。

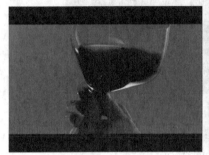

图2-253 变速升格Twixtor插件效果

操作步骤

01 运行Premiere Pro CC，进入欢迎界面，单击【新建项目】按钮，在【新建项目】对话框中选择项目保存的路径，将项目命名为"变速升格Twixtor插件"，如图2-254所示。

02 单击【确定】按钮，关闭对话框进入操作界面，在【项目】窗口中【名称】区域空白处双击，进入操作界面，在【项目】窗口中【名称】区域空白处双击，在弹出的对话框中选择随书附带资源中的"素材丨第2章"下的"变速升格Twixtor插件.avi"素材文件，单击【打开】按钮即可导入素材，如图2-255所示。

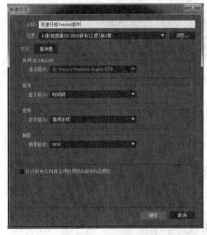

图2-254 新建项目　　　　　　　　　图2-255 导入素材

03 在【项目】窗口中拖曳素材到【新建项】图标上，根据素材尺寸创建序列，素材自动添加到时间线窗口的【V1】轨道上，如图2-256所示。

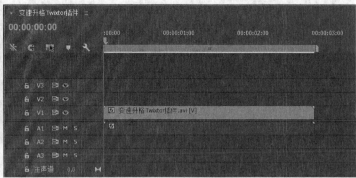

图 2-256　添加素材到时间线

04 拖曳当前指针到 2 秒，按【Ctrl+K】组合键将素材分成两段，将第 2 段素材拖曳到【V2】轨道上，如图 2-257 所示。

图 2-257　分割素材

05 选择第 1 段素材，添加【RE:Vision Plug-ins】|【Twixtor】特效，如图 2-258 所示。

图 2-258　添加【Twixtor】特效

06 确定当前时间线指针在序列的起点，激活【Speed】的关键帧，数值为100%，拖曳当前指针到1秒，调整【Speed】的数值为10%，设置第2个关键帧，如图2-259所示。

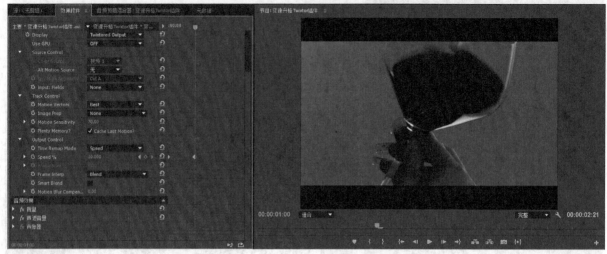

图2-259　设置【Speed】关键帧

07 拖曳该素材的末端到素材终点，双击第2段素材，在【素材监视器】窗口中设置入点为18帧，拖曳第2段素材与第1段素材首尾相连，如图2-260所示。

08 保存场景，在【节目监视器】窗口中观看效果。

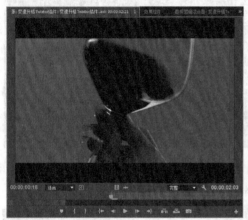

图2-260　设置素材入点

实例 055　HitFilm特效插件

HitFilm插件是FXhome公司推出的一款全新的产品，兼容Mac和Windows操作系统，并支持After Effects、Premiere Pro、FCPX 和 Vegas Pro软件。该产品具有如下特点：

- 支持GPU加速；
- HitFilm插件种类繁多，从特效合成、跟踪到调色；
- 先进的键控 / 抠像技术；
- 各种各样的光效效果；
- 尖端的烟火效果、火灾模拟、雷电等；
- 电影分级和视觉增强功能。

● **实例文件**┃工程/第2章/HitFilm特效插件.prproj
● **视频教学**┃视频/第2章/HitFilm特效插件.mp4
● **难易程度**┃★★★☆☆

● **学习时间**┃3分12秒
● **实例要点**┃【Rain On Glass】特效的应用

本实例的最终效果如图2-261所示。

图 2-261　HitFilm 特效插件效果

┤ **操作步骤** ├

01 运行 Premiere Pro CC，进入欢迎界面，单击【新建项目】按钮，在【新建项目】对话框中选择项目保存的路径，将项目命名为"HitFilm特效插件"，单击【确定】按钮，如图2-262所示。

02 按【Ctrl+N】组合键，弹出【新建序列】对话框，在【序列预设】选项卡下选择【可用预设】栏中的"HDV | HDV 720p25"选项，单击【确定】按钮，如图2-263所示。

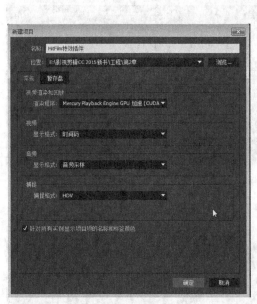

图 2-262　新建项目

图 2-263　新建序列

03 进入操作界面，在【项目】窗口中【名称】区域空白处双击，在弹出的对话框中选择随书附带资源中的"素材┃第2章"下的"HitFilm特效插件.mp4"素材文件，单击【打开】按钮，如图2-264所示。

图 2-264 导入素材

04 激活【效果】面板，展开【HitFilm-Particles & Simulation】特效组，拖曳【Rain On Glass】特效到【V1】的素材上，如图 2-265 所示。

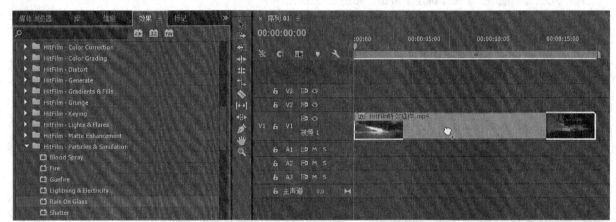

图 2-265 添加【Rain on Glass】特效

05 在【效果控件】面板中设置【Rain On Glass】的参数，如图 2-266 所示。

图 2-266 设置特效参数

06 导入图片素材"HitFilm 特效插件 02.jpg"并拖曳到【V2】轨道上，关闭其可视性，如图 2-267 所示。

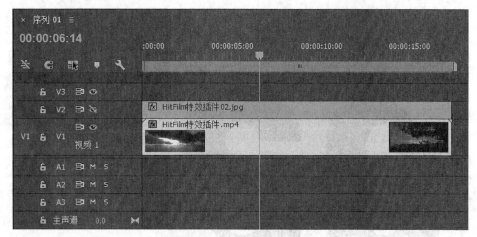

图 2-267　添加素材到时间线

07 选择【V1】轨道上的素材，在【效果控件】面板中展开【Environment Map】选项组，设置【Source】为"视频 2"，如图 2-268 所示。

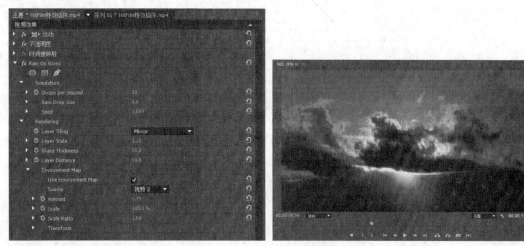

图 2-268　设置特效参数

08 保存场景，在【节目监视器】窗口中观看效果。

第 **03** 章

视频过渡效果

本章实例主要讲解了【效果】面板中的视频过渡效果，通过视频过渡使得不同的场景和镜头能够很顺畅地组接在一起。熟练掌握视频过渡效果的目的不是为了追求眼花缭乱的特技，若一味追求特技效果会破坏视频的整体性。

实例 056 摆入与摆出效果

- **实例文件** | 工程/第3章/摆入与摆出效果.prproj
- **视频教学** | 视频/第3章/摆入与摆出效果.mp4
- **难易程度** | ★★☆☆☆
- **学习时间** | 2分42秒
- **实例要点** | 【翻转】过渡特效的应用

本实例的最终效果如图3-1所示。

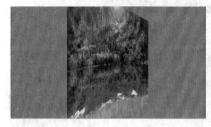

图 3-1　摆入与摆出效果

操作步骤

01 运行 Premiere Pro CC，在欢迎界面中单击【新建项目】按钮，在【新建项目】对话框中选择项目的保存路径，对项目进行命名，单击【确定】按钮。

02 按【Ctrl+N】组合键，弹出【新建序列】对话框，在【序列预设】选项卡下【可用预设】区域中选择"HDV | HDV 720p25"选项，单击【确定】按钮。

03 进入操作界面，在【项目】窗口中【名称】区域空白处双击，在弹出的对话框中选择随书附带资源中的"素材 | 第3章"下的"摆入 01.jpg"和"摆入 02.jpg"素材文件，单击【打开】按钮，如图3-2所示。

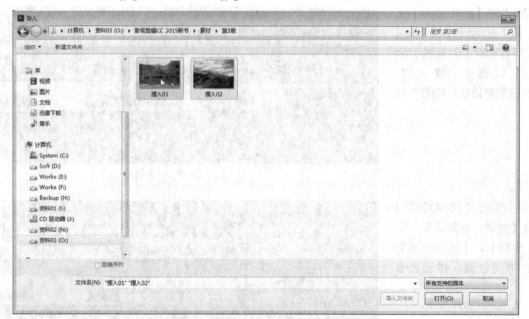

图 3-2 导入文件

04 将导入的素材按顺序拖至【时间线】窗口【V1】轨道中，如图3-3所示。

图 3-3 拖曳素材到时间线

05 选择第 1 段素材，调整【位置】值为（640,290）和【缩放】为 120%，选择第 2 段素材，调整【缩放】为 125%，如图 3-4 所示。

图 3-4 调整画面位置和大小

06 激活【效果】面板,选择【视频过渡】|【3D 运动】|【翻转】效果,将其拖至【时间线】窗口【V1】轨道中"摆入 01. jpg"文件的开始处,如图 3-5 所示。

图 3-5 添加过渡特效 1

07 选择【视频过渡】|【3D 运动】|【翻转】效果,将其拖至【时间线】窗口【V1】轨道中两个素材的中间位置,如图 3-6 所示。

图 3-6 添加过渡特效 2

08 将【翻转】效果拖至【时间线】窗口【V1】轨道中"摆入 02. jpg"文件的结尾处,如图 3-7 所示。

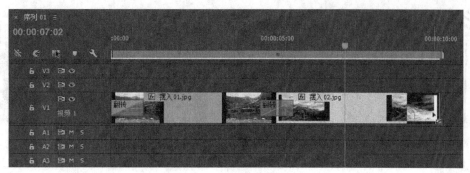

图 3-7　添加过渡特效 3

09 确定两个素材之间的【翻转】效果处于选择状态，激活【效果控件】面板，在【过渡预览】窗口中单击右侧的三角形按钮，如图 3-8 所示。

图 3-8　设置过渡特效的方向

10 保存场景，在【节目监视器】窗口中观看效果。

实例 057　立方体旋转

- **实例文件**｜工程/第3章/立方体旋转.prproj
- **视频教学**｜视频/第3章/立方体旋转.mp4
- **难易程度**｜★★☆☆☆
- **学习时间**｜2分37秒
- **实例要点**｜【立方体旋转】过渡特效的应用

本实例的最终效果如图3-9所示。

图 3-9 立方体旋转效果

| 操作步骤 |

01 运行 Premiere Pro CC，在欢迎界面中单击【新建项目】按钮，在【新建项目】对话框中选择项目的保存路径，对项目进行命名，单击【确定】按钮。

02 按【Ctrl+N】组合键，弹出【新建序列】对话框，在【序列预设】选项卡下【可用预设】区域中选择"HDV | HDV 720p25"选项，对【序列名称】进行设置，单击【确定】按钮。

03 进入操作界面，在【项目】窗口中【名称】区域空白处双击，在弹出的对话框中选择随书附带资源中的"素材 | 第 3 章"下的"旋转 01.jpg"和"旋转 02.jpg"素材文件，单击【打开】按钮，如图 3-10 所示。

图 3-10 导入素材

04 将导入的素材拖至【时间线】窗口【V1】轨道中，如图 3-11 所示。

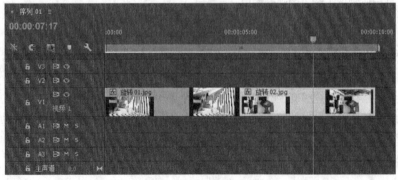

图 3-11 拖曳素材到时间线

05 选中导入的素材文件，在【效果控件】面板中设置【运动】组中的【缩放】为 120，如图 3-12 所示。

 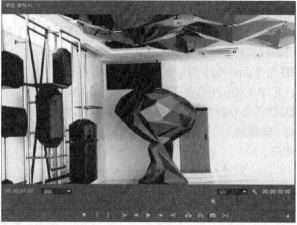

图 3-12　设置画面大小

06 激活【效果】面板，选择【视频过渡】|【3D 运动】|【立方体旋转】效果，分别在第 1 个素材的开始处、两个素材之间和第 2 个素材结尾处添加【立方体旋转】特效，如图 3-13 所示。

07 双击两个素材中间的过渡特效，调整过渡【持续时间】，如图 3-14 所示。

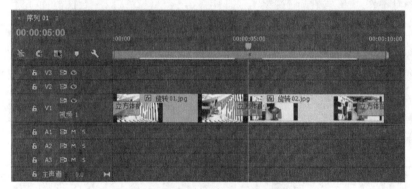

图 3-13　添加【立方体旋转】过渡特效

图 3-14　设置【过渡持续时间】

08 保存场景，在【节目监视器】窗口中观看效果。

实例 058　交叉划像

- **实例文件** | 工程/第3章/交叉划像.prproj
- **视频教学** | 视频/第3章/交叉划像.mp4
- **难易程度** | ★★☆☆☆
- **学习时间** | 2分15秒
- **实例要点** |【交叉划像】过渡特效的应用

本实例的最终效果如图 3-15 所示。

 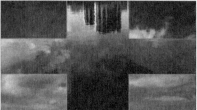 

图 3-15　交叉划像过渡效果

─┃操作步骤┃─────────────────────────────

01 运行 Premiere Pro CC，在欢迎界面中单击【新建项目】按钮，在【新建项目】对话框中选择项目的保存路径，对项目进行命名，单击【确定】按钮。

02 按【Ctrl+N】组合键，弹出【新建序列】对话框，在【序列预设】选项卡下【可用预设】区域中选择"HDV | HDV 720p25"选项，单击【确定】按钮。

03 进入操作界面，在【项目】窗口中【名称】区域空白处双击，在弹出的对话框中选择随书附带资源中的"素材I第3章"下的"交叉划像01.jpg"和"交叉划像02.jpg"素材文件，单击【打开】按钮，如图3-16所示。

图 3-16 导入素材

04 将导入的素材按顺序拖至【时间线】窗口【V1】轨道中，调整【缩放】均为120%，如图3-17所示。

图 3-17 调整素材画面大小

05 选择【效果】面板，选择【视频过渡】|【划像】|【交叉划像】特效，将其拖至【时间线】窗口【V1】轨道中两个素材的中间，如图3-18所示。

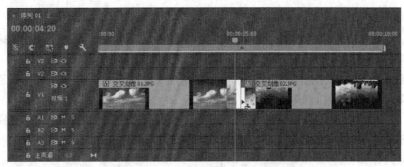

图 3-18 添加【交叉划像】过渡特效

06 双击过渡特效，在【效果控件】面板中设置【边框宽度】和【颜色】等参数，如图 3-19 所示。

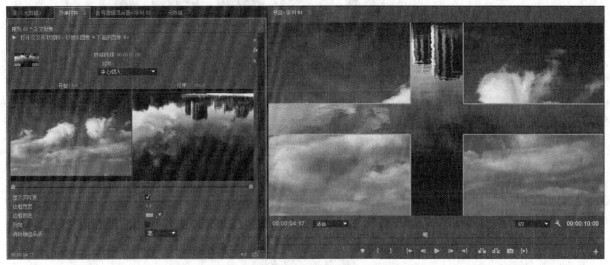

图 3-19 设置【交叉划像】过渡特效参数

07 保存场景，在【节目监视器】窗口中观看效果。

实例 059 菱形划像

- **实例文件** | 工程/第3章/菱形划像.prproj
- **视频教学** | 视频/第3章/菱形划像.mp4
- **难易程度** | ★★★☆☆
- **学习时间** | 2分18秒
- **实例要点** |【菱形划像】过渡特效的应用

本实例的最终效果如图 3-20 所示。

图 3-20 菱形划像过渡效果

┨ 操作步骤 ┠━━━━━━━━━━━━━━━━━━━━━━━━━━━━━━━━━━━

01 运行 Premiere Pro CC，在欢迎界面中单击【新建项目】按钮，在【新建项目】对话框中选择项目的保存路径，对项目进行命名，单击【确定】按钮。

02 按【Ctrl+N】组合键，弹出【新建序列】对话框，在【序列预设】选项卡下【可用预设】区域中选择"HDV | HDV 720p25"选项，单击【确定】按钮。

03 进入操作界面，在【项目】窗口中【名称】区域空白处双击，在弹出的对话框中选择随书附带资源中的"素材 | 第 3 章"下的"菱形划像 01.jpg"和"菱形划像 02.jpg"素材文件，单击【打开】按钮，如图 3-21 所示。

图 3-21　导入素材

04 将导入的素材按顺序拖至【时间线】窗口【V1】轨道中，调整【缩放】参数为 120%，如图 3-22 所示。

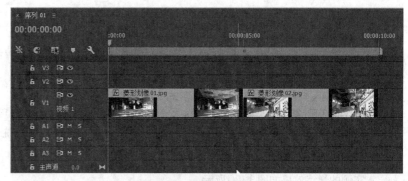

图 3-22　调整素材画面大小

05 激活【效果】面板，选择【视频过渡】|【划像】|【菱形划像】特效，将其拖至【时间线】窗口【V1】轨道两个素材的中间，如图 3-23 所示。

图 3-23　添加【菱形划像】过渡特效

06 双击打开过渡特效，在【效果控件】面板中，设置【边框宽度】和【边框颜色】，如图 3-24 所示。

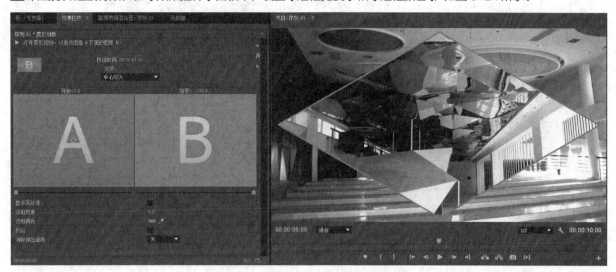

图 3-24　设置【菱形划像】过渡特效参数

07 保存场景，在【节目监视器】窗口中观看效果。

实例 060　时钟式擦除

- **实例文件** | 工程/第3章/时钟式擦除.prproj
- **视频教学** | 视频/第3章/时钟式擦除.mp4
- **难易程度** | ★★★☆☆
- **学习时间** | 2分17秒
- **实例要点** | 【时钟式擦除】过渡特效的应用

本实例的最终效果如图 3-25 所示。

图 3-25　时钟式擦除效果

操作步骤

01 运行 Premiere Pro CC，在欢迎界面中单击【新建项目】按钮，在【新建项目】对话框中选择项目的保存路径，对项目进行命名，单击【确定】按钮。

02 按【Ctrl+N】组合键，弹出【新建序列】对话框，在【序列预设】选项卡下【可用预设】区域中选择"HDV | HDV 720p25"选项，单击【确定】按钮。

03 进入操作界面，在【项目】窗口【名称】区域空白处双击，在弹出的对话框中选择随书附带资源中的"素材 | 第 3 章"下的"时钟式擦除 01.jpg"和"时钟式擦除 02.jpg"素材文件，单击【打开】按钮，如图 3-26 所示。

图 3-26　导入素材

04 将导入的素材按顺序拖至【时间线】窗口【V1】轨道中，在【效果控件】中调整两个素材的【缩放】数值均为120%，如图 3-27 所示。

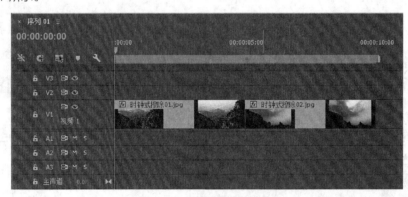

图 3-27　调整素材画面大小

05 激活【效果】面板，选择【视频过渡】|【擦除】|【时钟式擦除】效果，将其拖至【时间线】窗口【V1】轨道中两个素材的中间，如图 3-28 所示。

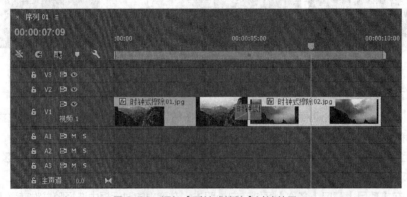

图 3-28　添加【时钟式擦除】过渡效果

06 在【效果控件】面板中调整【时钟式擦除】参数，如图 3-29 所示。

图 3-29　设置【时钟式擦除】过渡特效参数

07 保存场景，在【节目监视器】窗口中观看效果。

实例 061　百叶窗擦除

- **实例文件** | 工程/第3章/百叶窗擦除.prproj
- **视频教学** | 视频/第3章/百叶窗擦除.mp4
- **难易程度** | ★★★☆☆
- **学习时间** | 2分26秒
- **实例要点** |【百叶窗擦除】过渡特效的应用

本实例的最终效果如图3-30所示。

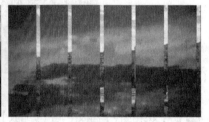

图 3-30　百叶窗擦除效果

┤ 操作步骤 ├

01 运行 Premiere Pro CC，在欢迎界面中单击【新建项目】按钮，在【新建项目】对话框中选择项目的保存路径，对项目进行命名，单击【确定】按钮。

02 按【Ctrl+N】组合键，弹出【新建序列】对话框，在【序列预设】选项卡下【可用预设】区域中选择"HDV |
HDV 720p25"选项，单击【确定】按钮。

03 进入操作界面，在【项目】窗口【名称】区域空白处双击，在弹出的对话框中选择随书附带资源中的"素材 | 第3
章"下的"百叶窗01.jpg"和"百叶窗02.jpg"素材文件，单击【打开】按钮，如图3-31所示。

图 3-31　导入素材

04 将导入的素材按顺序拖至【时间线】窗口【V1】轨道中，如图 3-32 所示。

图 3-32　拖曳素材到时间线

05 在【效果控件】面板中调整【缩放】值为120%。

06 激活【效果】面板，选择【视频过渡】|【擦除】|【百叶窗】效果，将其拖至【时间线】窗口【V1】轨道中两个素材的中间，如图 3-33 所示。

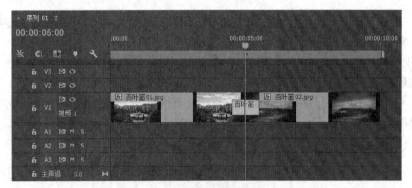

图 3-33　添加过渡特效

07 在【效果控件】面板中调整【百叶窗擦除】参数，如图 3-34 所示。

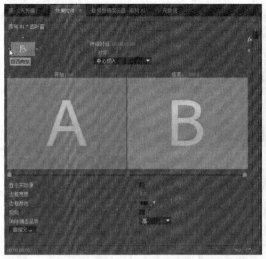

图 3-34 调整【百叶窗擦除】参数

08 单击【自定义】按钮，弹出【百叶窗设置】对话框，设置【带数量】的值，如图 3-35 所示。

09 保存场景，在【节目监视器】窗口中观看效果。

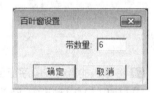

图 3-35 设置百叶窗参数

实例 062 油漆飞溅擦除

- **实例文件**│工程/第3章/油漆飞溅擦除.prproj
- **视频教学**│视频/第3章/油漆飞溅擦除.mp4
- **难易程度**│★★☆☆☆
- **学习时间**│2分
- **实例要点**│【油漆飞溅擦除】过渡特效的应用

本实例的最终效果如图3-36所示。

图 3-36 油漆飞溅擦除效果

│操作步骤│

01 运行 Premiere Pro CC，在欢迎界面中单击【新建项目】按钮，在【新建项目】对话框中选择项目的保存路径，对项目进行命名，单击【确定】按钮。

02 按【Ctrl+N】组合键，弹出【新建序列】对话框，在【序列预设】选项卡下【可用预设】区域中选择"HDV | HDV 720p25"选项，单击【确定】按钮。

03 进入操作界面，在【项目】窗口【名称】区域空白处双击，在弹出的对话框中选择随书附带资源中的"素材│第3章"下的"油漆飞溅01.jpg"和"油漆飞溅02.jpg"素材文件，单击【打开】按钮，如图3-37所示。

图 3-37　导入素材

04 将导入的素材按顺序拖至【时间线】窗口【V1】轨道中,调整【缩放】数值为120%,如图3-38所示。

05 激活【效果】面板,选择【视频过渡】|【擦除】|【油漆飞溅】效果,将其拖至【时间线】窗口【V1】轨道中两个素材的中间。

06 在【效果控件】面板中调整【油漆飞溅擦除】特效参数,如图3-39所示。

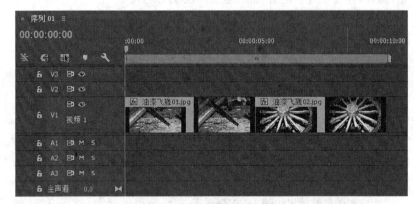

图 3-38　调整素材画面大小

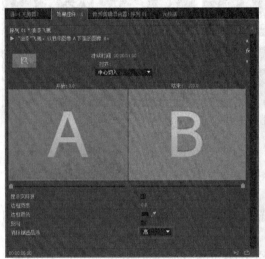

图 3-39　调整【油漆飞溅擦除】特效参数

07 保存场景,在【节目监视器】窗口中观看效果。

风车擦除

● **实例文件** | 工程/第3章/风车擦除.prproj

● **视频教学** | 视频/第3章/风车擦除.mp4

● **难易程度** | ★ ★ ☆ ☆ ☆

● **学习时间** | 2分15秒

● **实例要点** | 【风车擦除】过渡特效的应用

本实例的最终效果如图3-40所示。

图 3-40 风车擦除效果

操作步骤

01 运行 Premiere Pro CC，在欢迎界面中单击【新建项目】按钮，在【新建项目】对话框中选择项目的保存路径，对项目进行命名，单击【确定】按钮。

02 按【Ctrl+N】组合键，弹出【新建序列】对话框，在【序列预设】选项卡下【可用预设】区域中选择"HDV | HDV 720p25"选项，单击【确定】按钮。

03 进入操作界面，在【项目】窗口【名称】区域空白处双击，在弹出的对话框中选择随书附带资源中的"素材 | 第3章"下的"风车01.jpg"和"风车02.jpg"素材文件，单击【打开】按钮，如图3-41所示。

图 3-41 导入素材

04 将导入的素材按顺序拖至【时间线】窗口【V1】轨道中，调整缩放比例，如图3-42所示。

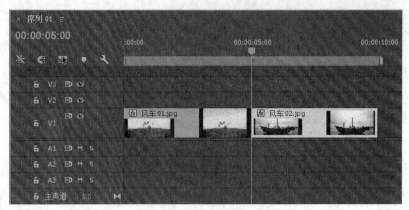

图 3-42　调整素材画面大小

05 激活【效果】面板，选择【视频过渡】I【擦除】I【风车】效果，将其拖至【时间线】窗口【V1】轨道中两个素材的中间，在效果控件面板中调整参数，如图 3-43 所示。

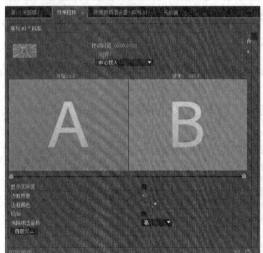

图 3-43　添加过渡特效

06 单击【自定义】按钮，设置风车参数，如图 3-44 所示。

图 3-44　设置风车参数

07 保存场景，在【节目监视器】窗口中观看效果。

实例 064 交叉溶解

- **实例文件** | 工程/第3章/交叉溶解.prproj
- **视频教学** | 视频/第3章/交叉溶解.mp4
- **难易程度** | ★★☆☆☆
- **学习时间** | 1分41秒
- **实例要点** | 【交叉溶解】过渡特效的应用

本实例的最终效果如图3-45所示。

图 3-45 交叉溶解效果

┃ 操作步骤 ┃

01 运行 Premiere Pro CC，在欢迎界面中单击【新建项目】按钮，在【新建项目】对话框中选择项目的保存路径，对项目进行命名，单击【确定】按钮。

02 按【Ctrl+N】组合键，弹出【新建序列】对话框，在【序列预设】选项卡下【可用预设】区域中选择"HDV | HDV 720p25"选项，单击【确定】按钮。

03 进入操作界面，在【项目】窗口【名称】区域空白处双击，在弹出的对话框中选择随书附带资源中的"素材 | 第3章"下的"交叉溶解01.jpg"和"交叉溶解 02.jpg"素材文件，单击【打开】按钮，如图3-46所示。

图 3-46 导入素材

04 将导入的素材按顺序拖至【时间线】窗口【V1】轨道中，调整缩放比例，如图3-47所示。

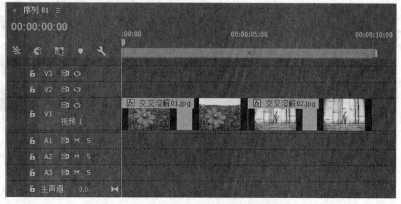

图 3-47 添加素材到时间线

05 激活【效果】面板，选择【视频过渡】|【溶解】|【交叉溶解】效果，将其拖至【时间线】窗口【V1】轨道中第1个素材的开头、两个素材的中间及第2个素材的结尾处，如图3-48所示。

06 保存场景，在【节目监视器】窗口中观看效果。

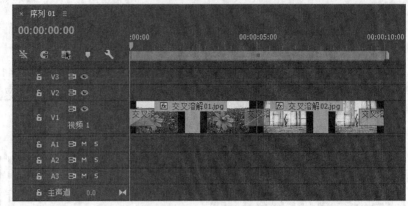

图3-48　添加过渡特效

<table>
<tr><td>实 例
065</td><td>渐隐过渡</td></tr>
</table>

- **实例文件**｜工程/第3章/渐隐过渡.prproj
- **视频教学**｜视频/第3章/渐隐过渡.mp4
- **难易程度**｜★★☆☆☆

- **学习时间**｜2分04秒
- **实例要点**｜【渐隐为黑色】和【渐隐为白色】过渡特效的应用

本实例的最终效果如图3-49所示。

图3-49　渐隐过渡效果

┃ **操作步骤** ┃

01 运行Premiere Pro CC，在欢迎界面中单击【新建项目】按钮，在【新建项目】对话框中选择项目的保存路径，对项目进行命名，单击【确定】按钮。

02 按【Ctrl+N】组合键，弹出【新建序列】对话框，在【序列预设】选项卡下【可用预设】区域中选择"HDV｜HDV 720p25"选项，单击【确定】按钮。

03 进入操作界面，在【项目】窗口【名称】区域空白处双击，在弹出的对话框中选择随书附带资源中的"素材｜第3章"下的"渐隐过渡.mp4"素材文件，单击【打开】按钮，如图3-50所示。

图3-50　导入素材

04 将导入的素材拖至【时间线】窗口【V1】轨道中。

05 激活【效果】面板，选择【视频过渡】|【溶解】|【渐隐为黑色】特效，将其拖至【时间线】窗口【V1】轨道中素材的开头，如图 3-51 所示。

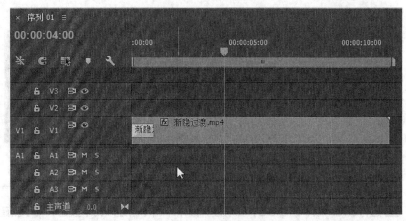

图 3-51 添加过渡特效

06 在【时间线】窗口中拖曳【溶解】特效的尾端延长时间到 00:00:01:15，如图 3-52 所示。

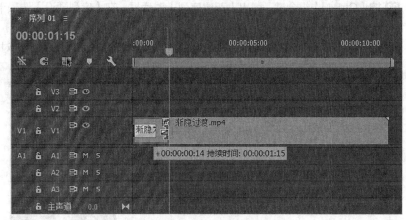

图 3-52 延长过渡时间

07 在【效果】面板中选择【视频过渡】|【溶解】|【渐隐为白色】特效，将其拖至【时间线】窗口【V1】轨道中素材的尾端，如图 3-53 所示。

08 保存场景，在【节目监视器】窗口中观看效果。

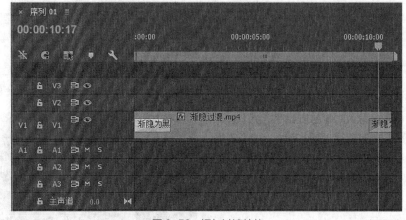

图 3-53 添加过渡特效

实例 066 胶片溶解

- **实例文件** | 工程/第3章/胶片溶解.prproj
- **视频教学** | 视频/第3章/胶片溶解.mp4
- **难易程度** | ★★☆☆☆
- **学习时间** | 1分47秒
- **实例要点** | 【胶片溶解】过渡特效的应用

本实例的最终效果如图3-54所示。

图3-54 胶片溶解效果

操作步骤

01 运行 Premiere Pro CC，在欢迎界面中单击【新建项目】按钮，在【新建项目】对话框中选择项目的保存路径，对项目进行命名，单击【确定】按钮。

02 按【Ctrl+N】组合键，弹出【新建序列】对话框，在【序列预设】选项卡下【可用预设】区域中选择"HDV | HDV 720p25"选项，单击【确定】按钮。

03 进入操作界面，在【项目】窗口中【名称】区域空白处双击，在弹出的对话框中选择随书附带资源中的"素材|第3章"下的"胶片溶解01.jpg"和"胶片溶解02.jpg"素材文件，单击【打开】按钮，如图3-55所示。

图3-55 导入素材

04 将导入的素材按顺序拖至【时间线】窗口【V1】轨道中，在【效果控件】面板中调整【缩放】比例为120%，如图3-56所示。

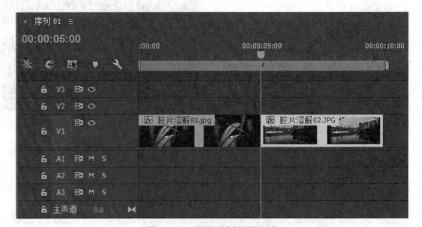

图3-56 调整素材画面大小

05 激活【效果】面板，选择【视频过渡】|【溶解】|【胶片溶解】特效，将其拖至【时间线】窗口【V1】轨道中两个素材中间位置，如图3-57所示。

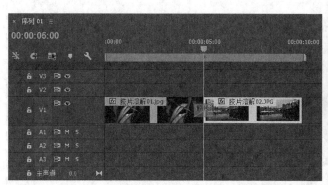

图 3-57　添加过渡特效

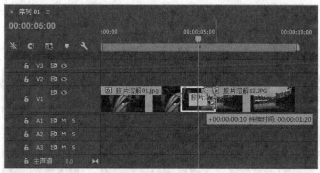

图 3-58　延长过渡时间

06 在【时间线】窗口中，拖曳特效尾端延长时间到 00:00:01:20，如图 3-58 所示。

07 保存场景，在【节目监视器】窗口中观看效果。

实例 067　中心拆分

- **实例文件** | 工程 / 第 3 章 / 中心拆分 .prproj
- **视频教学** | 视频 / 第 3 章 / 中心拆分 .mp4
- **难易程度** | ★ ★ ☆ ☆ ☆
- **学习时间** | 1 分 49 秒
- **实例要点** | 【中心拆分】过渡特效的应用

本实例的最终效果如图 3-59 所示。

图 3-59　中心拆分效果

操作步骤

01 运行 Premiere Pro CC，在欢迎界面中单击【新建项目】按钮，在【新建项目】对话框中选择项目的保存路径，对项目进行命名，单击【确定】按钮。

02 按【Ctrl+N】组合键，弹出【新建序列】对话框，在【序列预设】选项卡下【可用预设】区域中选择 "HDV | HDV 720p25" 选项，单击【确定】按钮。

03 进入操作界面，在【项目】窗口【名称】区域空白处双击，在弹出的对话框中选择随书附带资源中的"素材 I 第 3 章"下的"中心拆分 01.jpg"和"中心拆分 02.jpg"素材文件，单击【打开】按钮，如图 3-60 所示。

图 3-60　导入素材

04 将导入的素材按顺序拖至【时间线】窗口【V1】轨道中，并调整缩放比例为 120%，如图 3-61 所示。

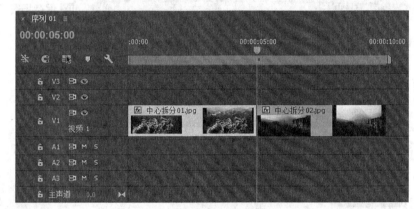

图 3-61　调整素材画面大小

05 激活【效果】面板，选择【视频过渡】I【滑动】I【中心拆分】特效，将其拖至【时间线】窗口【V1】轨道中两个素材的中间，在【效果控件】面板中调整特效参数，如图 3-62 所示。

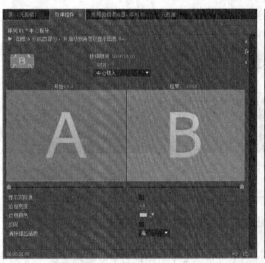

图 3-62　设置特效参数

06 保存场景，在【节目监视器】窗口中观看效果。

实 例 068	交叉缩放

● **实例文件** | 工程/第3章/交叉缩放.prproj

● **视频教学** | 视频/第3章/交叉缩放.mp4

● **难易程度** | ★★☆☆☆

● **学习时间** | 1分50秒

● **实例要点** | 【交叉缩放】过渡特效的应用

本实例的最终效果如图3-63所示。

图 3-63　交叉缩放过渡效果

操作步骤

01 运行 Premiere Pro CC，在欢迎界面中单击【新建项目】按钮，在【新建项目】对话框中选择项目的保存路径，对项目进行命名，单击【确定】按钮。

02 按【Ctrl+N】组合键，弹出【新建序列】对话框，在【序列预设】选项卡下【可用预设】区域中选择"HDV | HDV 720p25"选项，单击【确定】按钮。

03 进入操作界面，在【项目】窗口【名称】区域空白处双击，在弹出的对话框中选择随书附带资源中的"素材 | 第3章"下的"交叉缩放01.jpg"和"交叉缩放02.jpg"素材文件，单击【打开】按钮，如图3-64所示。

图 3-64　导入素材

04 将导入的素材按顺序拖至【时间线】窗口【V1】轨道中，调整缩放比例为120%，如图3-65所示。

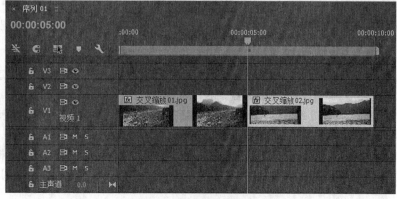

图 3-65　调整素材画面大小

05 激活【效果】面板，选择【视频过渡】|【缩放】|【交叉缩放】效果，将其拖至【时间线】窗口【V1】轨道中两个素材的中间，如图3-66所示。

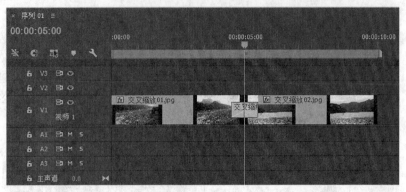

图3-66 添加过渡特效

06 在【时间线】窗口中拖曳特效的首端，延长时间，如图3-67所示。
07 保存场景，在【节目监视器】窗口中观看效果。

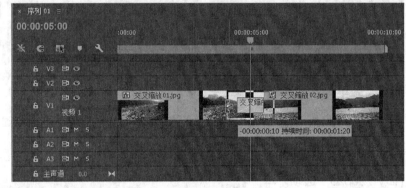

图3-67 延长过渡时间

实例 069 翻页效果

- **实例文件** | 工程/第3章/翻页效果.prproj
- **视频教学** | 视频/第3章/翻页效果.mp4
- **难易程度** | ★★☆☆☆
- **学习时间** | 1分34秒
- **实例要点** | 【翻页】过渡特效的应用

本实例的最终效果如图3-68所示。

图3-68 翻页过渡效果

操作步骤

01 运行Premiere Pro CC，在欢迎界面中单击【新建项目】按钮，在【新建项目】对话框中选择项目的保存路径，对项目进行命名，单击【确定】按钮。
02 按【Ctrl+N】组合键，弹出【新建序列】对话框，在【序列预设】选项卡下【可用预设】区域中选择"HDV | HDV 720p25"选项，单击【确定】按钮。
03 进入操作界面，在【项目】窗口【名称】区域空白处双击，在弹出的对话框中选择随书附带资源中的"素材 | 第3章"下的"翻页效果 01.jpg"和"翻页效果 02.jpg"素材文件，单击【打开】按钮，如图3-69所示。

图 3-69　导入素材

04 将导入的素材按顺序拖至【时间线】窗口【V1】轨道中，如图 3-70 所示。

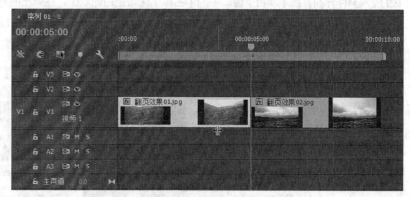

图 3-70　添加素材到时间线

05 激活【效果】面板，选择【视频过渡】|【卷页】|【翻页】效果，将其拖至【时间线】窗口【V1】轨道中两个素材的中间，如图 3-71 所示。

06 保存场景，在【节目监视器】窗口中观看效果。

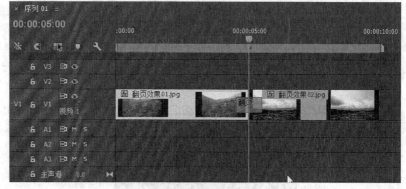

图 3-71　添加过渡特效

实例 070　页面剥落

- **实例文件** | 工程/第3章/页面剥落 .prproj
- **视频教学** | 视频/第3章/页面剥落 .mp4
- **难易程度** | ★★☆☆☆

- **学习时间** | 2分05秒
- **实例要点** | 【页面剥落】过渡特效的应用

本实例的最终效果如图 3-72 所示。

图 3-72　页面剥落过渡效果

操作步骤

01 运行 Premiere Pro CC，在欢迎界面中单击【新建项目】按钮，在【新建项目】对话框中选择项目的保存路径，对项目进行命名，单击【确定】按钮。

02 按【Ctrl+N】组合键，弹出【新建序列】对话框，在【序列预设】选项卡下【可用预设】区域中选择"HDV | HDV 720p25"选项，单击【确定】按钮。

03 进入操作界面，在【项目】窗口中的【名称】区域空白处双击，在弹出的对话框中选择随书附带资源中的"素材 | 第 3 章"下的"页面剥落 01.jpg"和"页面剥落 02.jpg"素材文件，单击【打开】按钮，如图 3-73 所示。

图 3-73　导入素材

04 将导入的素材按顺序拖至【时间线】窗口【V1】轨道中，选中这两个素材，右键单击，在弹出的菜单中取消勾选【缩放为帧大小】命令，如图 3-74 所示。

图 3-74　缩放大小

05 选中素材文件,激活【效果】面板,选择【视频过渡】|【卷页】|【页面剥落】特效,将其拖至【时间线】窗口【V1】轨道中两个素材的中间位置,如图 3-75 所示。

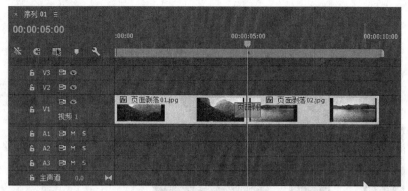

图 3-75　添加过渡特效

06 在【效果控件】面板中设置卷曲方向为【自东南向西北】,如图 3-76 所示。

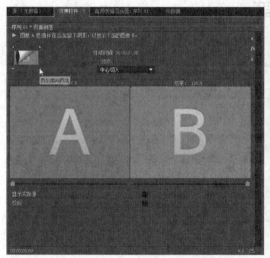

图 3-76　设置过渡效果的方向

07 保存场景,在【节目监视器】窗口中观看效果。

第 **04** 章

静态字幕

本章重点

带阴影效果的字幕　　　带纹理效果的字幕　　　带辉光效果的字幕

字幕排列　　　　　　　在视频中添加字幕　　　颜色渐变的字幕

字幕样式中的英文字幕

本章实例主要讲解了【字幕编辑器】窗口的操作，重点在于如何为背景添加
静态字幕，通过设置填充、描边、阴影等文本属性可以创建渐变色、镂空、
Logo等特殊效果，同时还讲解了字幕样式的运用。

实 例 071 添加字幕

- **实例文件 |** 工程/第4章/添加字幕.prproj
- **视频教学 |** 视频/第4章/添加字幕.mp4
- **难易程度 |** ★★★☆☆
- **学习时间 |** 3分36秒
- **实例要点 |** 应用【字幕编辑器】窗口添加字幕

本实例的最终效果如图4-1所示。

图4-1 添加字幕效果

---| **操作步骤** |---

01 运行 Premiere Pro CC，在欢迎界面中单击【新建项目】按钮，在【新建项目】对话框中选择项目的保存路径，对项目进行命名，单击【确定】按钮。

02 按【Ctrl+N】组合键，弹出【新建序列】对话框，在【序列预设】选项卡下【可用预设】栏中选择"HDV | HDV 720p25"选项，单击【确定】按钮。

03 进入操作界面，在【项目】窗口中【名称】区域空白处双击，在弹出的对话框中选择随书附带资源中的"素材 | 第4章"下的"添加字幕 .jpg"素材文件，单击【打开】按钮，如图4-2所示。

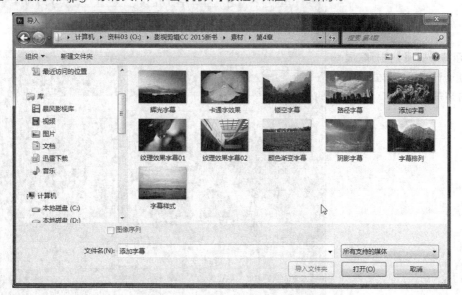

图4-2 导入素材

04 将导入的素材文件拖至【时间线】窗口【V1】轨道中，右键单击，在弹出的菜单中取消勾选【缩放为帧大小】命令，如图4-3所示。

05 按【Ctrl+T】组合键，创建一个新的字幕，在弹出的对话框中采用默认命名，如图 4-4 所示。

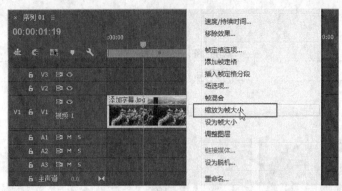

图 4-3　设置画面缩放比例　　　　　　　　　　图 4-4　新建字幕

06 单击【确定】按钮，进入【字幕编辑器】窗口，如图 4-5 所示。

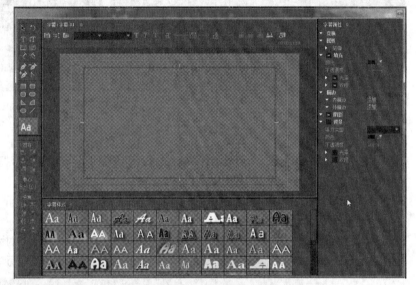

图 4-5　【字幕编辑器】窗口

07 单击【显示背景视频】图标█显示背景，方便设计字幕的样式和颜色，如图 4-6 所示。

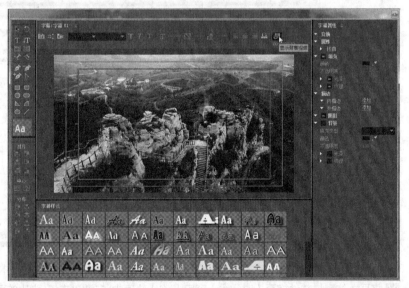

图 4-6　显示背景

08 单击【文本工具】 **T**,直接在【预览】栏中输入文本,选择字体,设置字号和字间距,调整文本的位置,如图 4-7 所示。

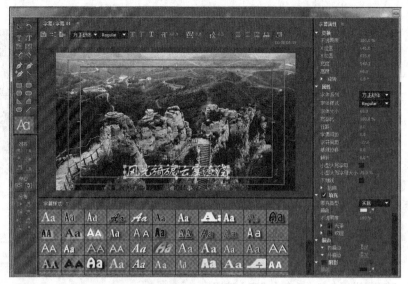

图 4-7 输入并设置文本

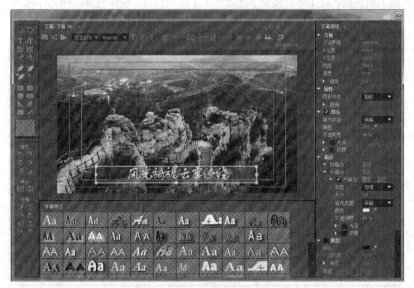

图 4-8 绘制矩形并设置属性

09 选择【矩形工具】 ▬,绘制一个矩形,设置【填充】和【描边】,如图 4-8 所示。

10 关闭【字幕编辑器】窗口,将"字幕 01"拖至【时间线】窗口【V2】轨道中,如图 4-9 所示。

图 4-9 将字幕拖入时间线

提示

如果继续创建后面的字幕与"字幕 01"的属性等相同或相近,可以打开"字幕 01",在编辑器中单击"基于当前字幕新建字幕"命令。

11 此时效果已制作完成,保存场景,然后在【节目监视器】窗口中观看效果。

实例 072 带阴影效果的字幕

● **实例文件** | 工程/第4章/带阴影效果的字幕.prproj
● **视频教学** | 视频/第4章/带阴影效果的字幕.mp4
● **难易程度** | ★★☆☆☆
● **学习时间** | 3分04秒
● **实例要点** | 设置字幕的阴影属性

本实例的最终效果如图4-10所示。

图4-10　字幕阴影效果

操作步骤

01 运行 Premiere Pro CC，在欢迎界面中单击【新建项目】按钮，在【新建项目】对话框中选择项目的保存路径，对项目进行命名，单击【确定】按钮。

02 按【Ctrl+N】组合键，弹出【新建序列】对话框，在【序列预设】选项卡下【可用预设】栏中选择"HDV｜HDV 720p25"选项，单击【确定】按钮。

03 进入操作界面，在【项目】窗口中【名称】区域空白处双击，在弹出的对话框中选择随书附带资源中的"素材｜第4章"下的"阴影字幕.jpg"素材文件，单击【打开】按钮，如图4-11所示。

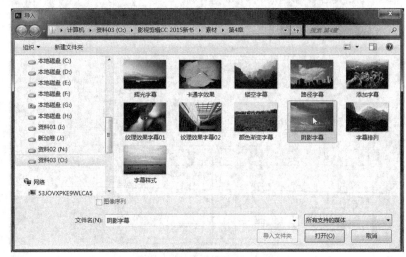

图4-11　导入素材

04 将导入的素材文件拖至【时间线】窗口【V1】轨道中，调整【缩放】为75%，如图4-12所示。

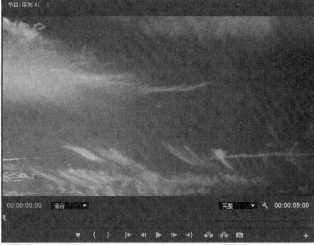

图4-12　调整素材画面大小

05 按【Ctrl+T】组合键，在弹出的对话框中使用默认命名，单击【确定】按钮，进入【字幕编辑器】窗口。选择【字幕工具】栏中的【文字工具】**T**,在【字幕设计】栏中输入"天高云淡",在【字幕属性】|【属性】栏中设置相应参数，如图 4-13 所示。

图 4-13　创建字幕

提示

除了使用快捷键外，还可以选择菜单【文件】|【新建】|【字幕】命令或在【项目】窗口中【名称】区域空白处右键单击并在弹出的菜单中选择【新建分项】|【字幕】命令来打开【字幕编辑器】窗口。

06 在【中心】栏中分别单击【垂直居中】按钮、【水平居中】按钮，将字幕居中对齐，调整【Y 位置】的数值，如图 4-14 所示。

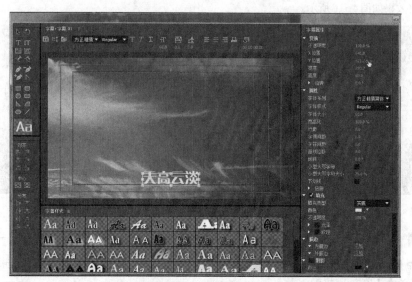

图 4-14　设置字幕位置

07 勾选【阴影】复选框，设置【颜色】为黑色，【不透明度】为 50%，【角度】为 -135.0°，【距离】为 10，【大小】为 0，【扩散】为 30，如图 4-15 所示。

图4-15 设置字幕属性

08 将【字幕编辑器】窗口关闭，将"字幕01"拖至【时间线】窗口中。保存场景，在【节目监视器】窗口中观看效果。

<table><tr><td>实例
073</td><td colspan="2">**沿路径弯曲的字幕**</td></tr></table>

● **实例文件** | 工程/第4章/沿路径弯曲的字幕.prproj ● **学习时间** | 4分32秒

● **视频教学** | 视频/第4章/沿路径弯曲的字幕.mp4 ● **实例要点** |【路径文字工具】的应用

● **难易程度** | ★★★☆☆

本实例的最终效果如图4-16所示。

图4-16 沿路径弯曲的字幕效果

操作步骤

01 运行Premiere Pro CC，在欢迎界面中单击【新建项目】按钮，在【新建项目】对话框中选择项目的保存路径，对项目进行命名，单击【确定】按钮。

02 按【Ctrl+N】组合键，弹出【新建序列】对话框，在【序列预设】选项卡下【可用预设】栏中选择"HDV | HDV 720p25"选项，单击【确定】按钮。

03 进入操作界面，在【项目】窗口中【名称】区域空白处双击，在弹出的对话框中选择随书附带资源中的"素材 | 第4章"下的"路径字幕.jpg"素材文件，单击【打开】按钮，如图4-17所示。

图 4-17　导入素材

04 将导入的素材文件拖至【时间线】窗口【V1】轨道中，调整【缩放】为 70%，如图 4-18 所示。

图 4-18　调整素材画面大小

05 按【Ctrl+T】组合键，在弹出的对话框中使用默认命名，单击【确定】按钮，进入【字幕编辑器】窗口，选择【字幕工具】栏中的【路径文字工具】，在【字幕设计】栏中绘制路径，如图 4-19 所示。

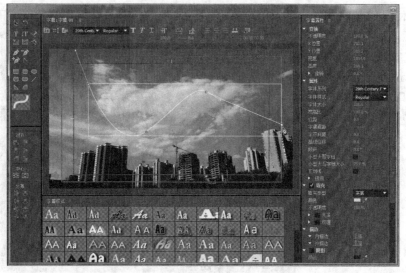

图 4-19　绘制路径

06 使用【路径文字工具】在路径中插入光标，然后输入文字，在【字幕属性】|【属性】栏中设置【字体】为"华文隶书"，在【填充】栏中设置【颜色】为橙色，如图 4-20 所示。

图 4-20　创建路径文字

07 设置字体大小，调整路径形状，如图 4-21 所示。

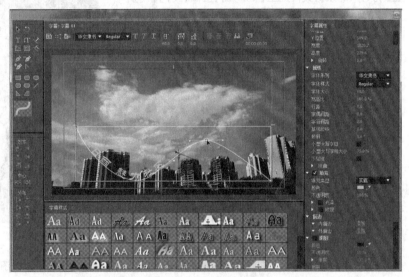

图 4-21　设置字幕属性

08 选择【路径文本工具】，继续添加字符，勾选【阴影】项，如图 4-22 所示。

09 将字幕窗口关闭，将"字幕 01"拖至【时间线】窗口【V2】轨道中。保存场景，在【节目监视器】窗口中观看效果。

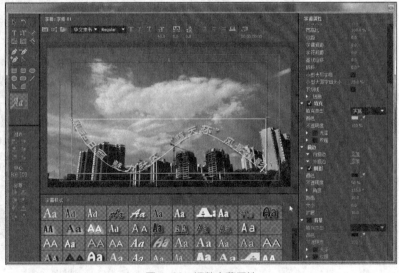

图 4-22　调整字幕属性

实例
074 带辉光效果的字幕

- **实例文件**｜工程/第4章/带辉光效果的字幕.prproj
- **视频教学**｜视频/第4章/带辉光效果的字幕.mp4
- **难易程度**｜★★☆☆☆

- **学习时间**｜3分56秒
- **实例要点**｜创建矩形图形并设置阴影参数

本实例的最终效果如图4-23所示。

图4-23　带辉光的字幕效果

┤操作步骤├

01 运行 Premiere Pro CC，在欢迎界面中单击【新建项目】按钮，在【新建项目】对话框中选择项目的保存路径，对项目进行命名，单击【确定】按钮。

02 按【Ctrl+N】组合键，弹出【新建序列】对话框，在【序列预设】选项卡下【可用预设】栏中选择"HDV | HDV 720p25"选项，单击【确定】按钮。

03 进入操作界面，在【项目】窗口中【名称】区域空白处双击，在弹出的对话框中选择随书附带资源中的"素材 | 第4章"下的"辉光字幕.jpg"素材文件，单击【打开】按钮，如图4-24所示。

图4-24　导入素材

04 将导入的素材文件拖至【时间线】窗口【V1】轨道中，调整【位置】和【缩放】参数，如图4-25所示。

图 4-25　拖入素材并调整相关参数

05 按【Ctrl+T】组合键,在弹出的对话框中使用默认命名,单击【确定】按钮,进入【字幕编辑器】窗口。选择【字幕工具】栏中的【矩形工具】■,在【字幕设计】栏中创建矩形,在【填充】栏中将【填充类型】设置为【实底】,设置【颜色】为橙色,【不透明度】为50%。在【描边】栏中添加一个【外描边】,将【类型】设置为【边缘】,【大小】设置为3,【填充类型】设置为【实底】,设置【颜色】RGB值分别为247、255、209,如图4-26所示。

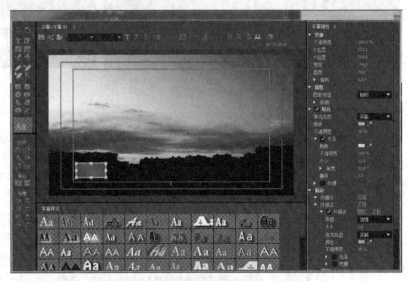

图 4-26　创建矩形

06 勾选【阴影】复选框,设置【颜色】为白色,【不透明度】为50%,【角度】为-226.0°,【距离】为0,【大小】为6,【扩展】为100,如图4-27所示。

图 4-27　设置阴影

07 复制矩形3次,对其进行分布,如图4-28所示。

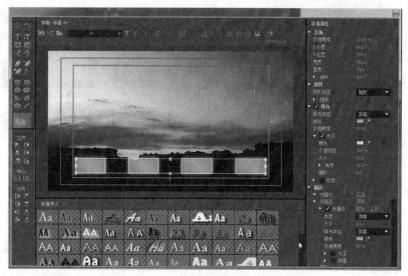

图 4-28　复制并分布矩形

08 将【字幕编辑器】窗口关闭，将"字幕 01"拖至【时间线】窗口【V2】轨道中。保存场景，在【节目监视器】窗口中观看效果。

实例 075　颜色渐变的字幕

- **实例文件**｜工程/第4章/颜色渐变的字幕.prproj
- **视频教学**｜视频/第4章/颜色渐变的字幕.mp4
- **难易程度**｜★★★☆☆
- **学习时间**｜4分28秒
- **实例要点**｜设置字幕填充的渐变颜色

本实例的最终效果如图4-29所示。

图 4-29　颜色渐变字幕效果

操作步骤

01 运行 Premiere Pro CC，在欢迎界面中单击【新建项目】按钮，在【新建项目】对话框中选择项目的保存路径，对项目进行命名，单击【确定】按钮。

02 按【Ctrl+N】组合键，弹出【新建序列】对话框，在【序列预设】选项卡下【可用预设】栏中选择"HDV | HDV 720p25"选项，单击【确定】按钮。

03 进入操作界面，在【项目】窗口中【名称】区域空白处双击，在弹出的对话框中选择随书附带资源中的"素材 | 第 4 章"下的"颜色渐变字幕 .jpg"素材文件，单击【打开】按钮，如图4-30所示。

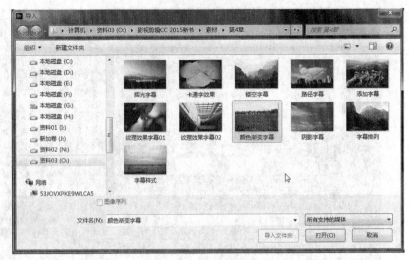

图 4-30　导入素材

04 将导入的素材文件拖至【时间线】窗口【V1】轨道中，调整素材的显示大小，如图 4-31 所示。

05 按【Ctrl+T】组合键，在弹出的对话框中使用默认字幕名称，进入【字幕编辑器】窗口，使用【字幕工具】栏中的【文字工具】 ■ 在【字幕设计】栏中输入字符，调整字体、大小和位置，如图 4-32 所示。

图 4-31　调整素材画面大小

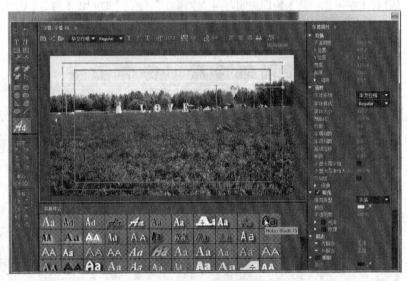

图 4-32　输入并设置文字属性

06 在【填充】栏中将【填充类型】设置为【四色渐变】，设置【颜色】左上角色块为红色，左下角色块为黄色，右下角色块为青色，如图 4-33 所示。

图 4-33　设置填充颜色

07 在【描边】栏中添加一个【外描边】，设置【颜色】为紫色，如图4-34所示。

图 4-34 设置外描边

08 设置完成后关闭【字幕编辑器】窗口，将"字幕01"拖至【时间线】窗口【V2】轨道中，如图4-35所示。
09 此时效果已制作完成，保存场景，然后在【节目监视器】窗口中观看效果。

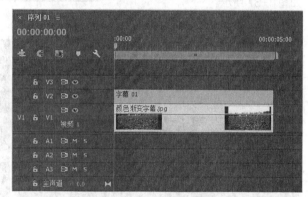

图 4-35 添加字幕到时间线

纹理字幕效果

- **实例文件** ┃ 工程/第4章/纹理字幕效果.prproj
- **视频教学** ┃ 视频/第4章/纹理字幕效果.mp4
- **难易程度** ┃ ★★★☆☆

- **学习时间** ┃ 4分16秒
- **实例要点** ┃ 字幕填充纹理效果的应用

本实例的最终效果如图4-36所示。

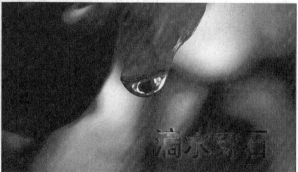

图 4-36 纹理字幕效果

┤ 操作步骤 ├───

01 运行 Premiere Pro CC，在欢迎界面中单击【新建项目】按钮，在【新建项目】对话框中选择项目的保存路径，
对项目进行命名，单击【确定】按钮。

02 按【Ctrl+N】组合键，弹出【新
建序列】对话框，在【序列预设】选
项卡下【可用预设】栏中选择"HDV
| HDV 720p25"选项，单击【确定】
按钮。

03 进入操作界面，在【项目】窗口
中【名称】区域空白处双击，在弹出
的对话框中选择随书附带资源中的
"素材 | 第 4 章"下的"纹理效果字
幕 01.jpg"和"纹理效果字幕 02.
jpg"素材文件，单击【打开】按钮，
如图 4-37 所示。

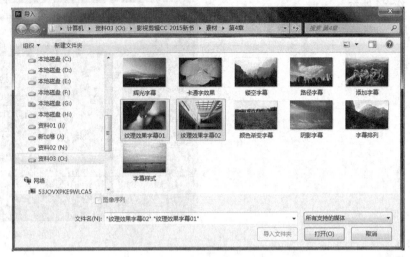

图 4-37　导入素材

04 将导入的"纹理效果字幕 01.jpg"素材文件拖至【时
间线】窗口【V1】轨道中并调整素材【位置】和【缩
放】的数值，如图 4-38 所示。

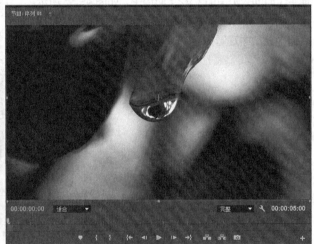

图 4-38　拖入素材并调整相关参数

05 按【Ctrl+T】组合键新建字幕，
在弹出的对话框中使用默认名称，进
入【字幕编辑器】窗口。使用【字
幕工具】栏中的【文本工具】T 在【字
幕设计】栏中输入"滴水穿石"，选
择字体和字号，调整字幕位置，如
图 4-39 所示。

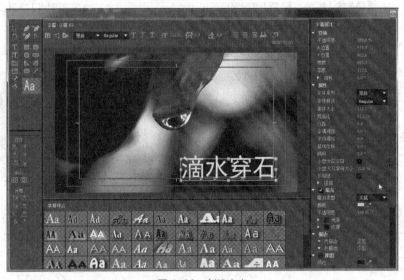

图 4-39　创建文字

06 将【字幕设计】栏中的"滴水穿石"选中,在【字幕属性】栏中,勾选【填充】栏中的【纹理】复选框,单击【纹理】右侧的图标,在弹出的对话框中选择随书附带资源中的"素材\第4章\纹理效果字幕 02.jpg"素材文件,单击【打开】按钮,如图 4-40 所示。

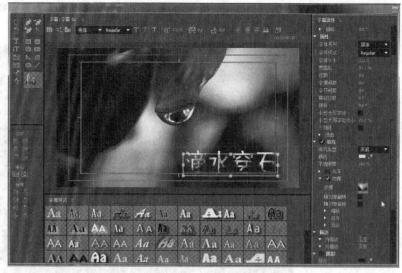

图 4-40　设置字幕纹理

07 添加【外描边】,如图 4-41 所示。

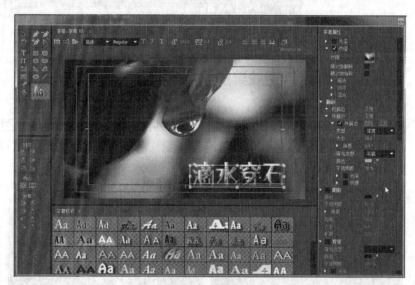

图 4-41　设置【外描边】

08 关闭【字幕编辑器】窗口,将"字幕 01"拖至【时间线】窗口【V2】轨道中,在【效果控件】面板中选择【混合模式】为【叠加】,如图 4-42 所示。

图 4-42　设置【混合模式】

09 在【时间线】窗口上双击"字幕01"，勾选【阴影】复选框，设置参数，如图4-43所示。

10 保存场景，然后在【节目监视器】窗口中观看效果。

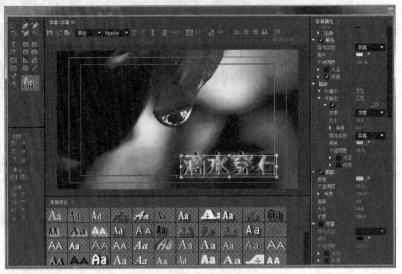

图4-43　设置阴影参数

实例 077　带镂空效果的字幕

- **实例文件** | 工程/第4章/带镂空效果的字幕.prproj
- **视频教学** | 视频/第4章/带镂空效果的字幕.mp4
- **难易程度** | ★★★☆☆
- **学习时间** | 4分26秒
- **实例要点** | 文字【描边】属性的设置

本实例的最终效果如图4-44所示。

图4-44　带镂空效果的字幕效果

┃ 操作步骤 ┃

01 运行Premiere Pro CC，在欢迎界面中单击【新建项目】按钮，在【新建项目】对话框中选择项目的保存路径，对项目进行命名，单击【确定】按钮。

02 按【Ctrl+N】组合键，弹出【新建序列】对话框，在【序列预设】选项卡下【可用预设】栏中选择"HDV | HDV 720p25"选项，单击【确定】按钮。

03 进入操作界面，在【项目】窗口中【名称】区域空白处双击，在弹出的对话框中选择随书附带资源中的"素材 | 第4章"下的"镂空字幕.jpg"素材文件，单击【打开】按钮，如图4-45所示。

图 4-45　导入素材

04 将"镂空字幕.jpg"文件拖至【时间线】窗口【V1】轨道中。按【Ctrl+T】组合键，新建字幕，在弹出的对话框中使用默认命名，进入【字幕编辑器】窗口。选择【文本工具】 在【字幕设计】栏中输入"云蒸霞蔚"，在【字幕属性】|【属性】栏中设置相应参数。单击【中心】栏中的【垂直居中】 、【水平居中】按钮 ，将文字居中对齐，如图 4-46 所示。

图 4-46　设置字幕

05 在【填充】栏中，将【不透明度】设置为 0%，勾选【外描边】复选框，设置参数，如图 4-47 所示。

图 4-47　设置【外描边】参数

06 勾选【内描边】复选框，设置参数，如图4-48所示。

07 关闭【字幕编辑器】窗口，将字幕拖至【时间线】窗口【V2】轨道中。在【效果控件】面板中，设置【位置】的关键帧，创建字幕由左向右的动画，如图4-49所示。

08 此时将设置完成的场景保存，然后在【节目监视器】窗口中观看效果。

图4-48 设置【内描边】参数　　　　　　　　　图4-49 设置【位置】关键帧

实例 078 带LOGO的字幕

实例分析

- **实例文件** | 工程/第4章/带LOGO的字幕.prproj
- **视频教学** | 视频/第4章/带LOGO的字幕.mp4
- **难易程度** | ★★★★☆
- **学习时间** | 4分22秒
- **实例要点** | 指定图形作为与文字一起的LOGO

本实例的最终效果如图4-50所示。

图4-50 带LOGO的字幕效果

操作步骤

01 运行Premiere Pro CC，在欢迎界面中单击【新建项目】按钮，在【新建项目】对话框中选择项目的保存路径，对项目进行命名，单击【确定】按钮。

02 按【Ctrl+N】组合键，弹出【新建序列】对话框，在【序列预设】选项卡下【可用预设】栏中选择"HDV | HDV 720p25"选项，单击【确定】按钮。

03 进入操作界面，在【项目】窗口中【名称】区域空白处双击，在弹出的对话框中选择随书附带资源中的"素材 I 第 4 章"下的" LOGO 角标 01.jpg"素材文件，单击【打开】按钮，如图 4-51 所示。

图 4-51　导入素材

04 将导入的素材文件拖至【时间线】窗口【V1】轨道中，如图 4-52 所示。

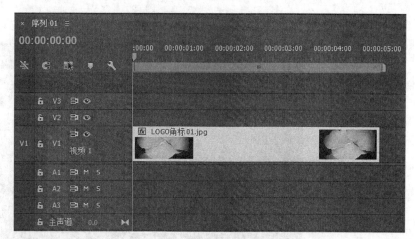

图 4-52　添加素材到时间线

05 按【Ctrl+T】组合键，使用默认名称，进入【字幕编辑器】窗口。使用【矩形工具】绘制矩形，选择【图形类型】选项为【图形】，如图 4-53 所示。

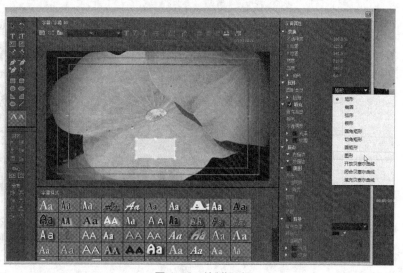

图 4-53　绘制矩形

06 单击图形路径右边的图标，选择"LOGO 角标 02.psd"文件作为 LOGO 图像，如图 4-54 所示。

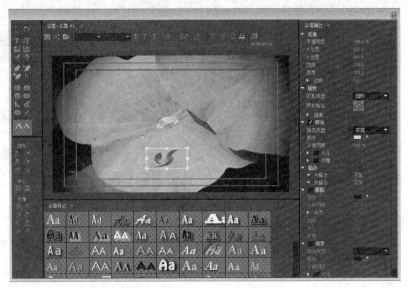

图 4-54　指定 LOGO 图像文件

07 调整矩形【宽度】和【高度】与 LOGO 图像的宽高比例对应，如图 4-55 所示。

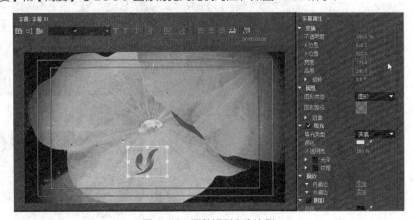

图 4-55　调整矩形宽高比例

08 在【字幕设计】栏拖曳 LOGO 的位置，按【Shift】键等比调整到比较合适的大小，如图 4-56 所示。

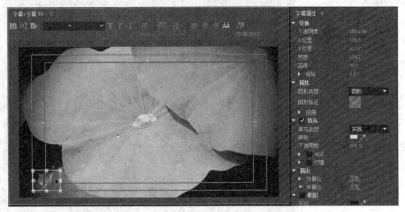

图 4-56　调整 LOGO 的位置和大小

09 选择【文本工具】，输入字符，设置字体、字号和颜色等参数，如图 4-57 所示。

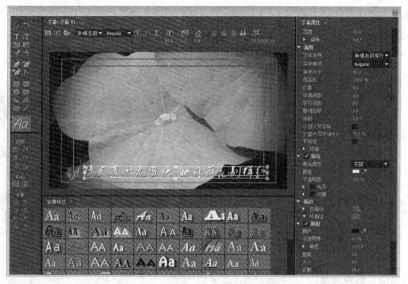

图 4-57　输入文本并设置文本参数

10 关闭【字幕编辑器】窗口，将字幕拖至【时间线】窗口【V2】轨道中。保存场景，然后在【节目监视器】窗口中观看效果。

实例 079　字幕排列

- **实例文件**｜工程/第4章/字幕排列.prproj
- **视频教学**｜视频/第4章/字幕排列.mp4
- **难易程度**｜★★★☆☆

- **学习时间**｜4分35秒
- **实例要点**｜排列字幕、图形的前后顺序及两个单元对齐

本实例的最终效果如图 4-58 所示。

图 4-58　字幕排列效果

操作步骤

01 运行 Premiere Pro CC，在欢迎界面中单击【新建项目】按钮，在【新建项目】对话框中选择项目的保存路径，对项目进行命名，单击【确定】按钮。

02 按【Ctrl+N】组合键，弹出【新建序列】对话框，在【序列预设】选项卡下【可用预设】栏中选择"HDV | HDV 720p25"选项，单击【确定】按钮。

03 进入操作界面，在【项目】窗口中【名称】区域空白处双击，在弹出的对话框中选择随书附带资源中的"素材 | 第4章"下的"字幕排列.jpg"素材文件，单击【打开】按钮，如图 4-59 所示。

04 将导入的素材文件拖至【时间线】窗口【V1】轨道中，取消勾选【缩放为帧大小】命令，如图 4-60 所示。

图 4-59　导入素材

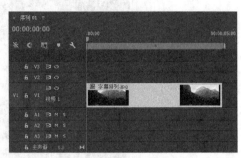

图 4-60　添加素材到时间线

05 按【Ctfl+T】组合键，新建字幕，使用默认命名，进入【字幕编辑器】窗口。使用【文字工具】在【字幕设计】栏中输入字符，在【字幕属性】|【属性】栏中，设置【字体系列】和【字体大小】,勾选【阴影】复选框，调整文字的位置到屏幕底端，如图 4-61 所示。

图 4-61　设置文本属性

06 选择【圆角矩形工具】绘制矩形，设置【填充】和【描边】属性，然后调整位置与文字基本对齐，如图 4-62 所示。

图 4-62　设置矩形属性

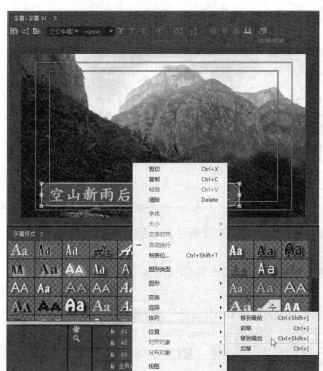

07 由于矩形是在文字之后创建的，目前在文字的上面，需要重新排列矩形和文字的前后顺序，如图4-63 所示。

图 4-63 排列文字与矩形的前后顺序

08 按【Shift】键，单击选择文字和矩形，单击【对齐】栏中的【水平居中】鲁和【垂直居中】按钮匚，再单击【中心】栏中的【水平居中】按钮百，如图 4-64 所示。

09 关闭【字幕编辑器】窗口，将"字幕 01"拖至【时间线】窗口【V2】轨道中，此时效果已制作完成，保存场景，然后在【节目监视器】窗口中观看效果。

图 4-64 对齐字幕与图形

<table>
<tr><td>**实例 080**</td><td>**字幕样式**</td></tr>
</table>

- **实例文件** | 工程/第4章/字幕样式.prproj
- **视频教学** | 视频/第4章/字幕样式.mp4
- **难易程度** | ★★★☆☆
- **学习时间** | 5分35秒
- **实例要点** | 存储并应用字幕样式

本实例的最终效果如图 4-65 所示。

图 4-65　字幕样式效果

┃ 操作步骤 ┃

01 运行 Premiere Pro CC，在欢迎界面中单击【新建项目】按钮，在【新建项目】对话框中选择项目的保存路径，对项目进行命名，单击【确定】按钮。

02 按【Ctrl+N】组合键，弹出【新建序列】对话框，在【序列预设】选项卡下【可用预设】栏中选择"HDV | HDV 720p25"选项，单击【确定】按钮。

03 进入操作界面，在【项目】窗口中【名称】区域空白处双击，在弹出的对话框中选择随书附带资源中的"素材 | 第4章"下的"字幕样式.jpg"素材文件，单击【打开】按钮，如图 4-66 所示。

图 4-66　导入素材

04 将导入的素材文件拖至【时间线】窗口【V1】轨道中，右键单击，在弹出的菜单中取消勾选【缩放为帧大小】命令，如图 4-67 所示。

图 4-67　调整素材画面大小

05 按【Ctrl+T】组合键，采用默认名称，进入字幕编辑窗口。使用【文本工具】T在【字幕设计】栏中单击一下，将【字幕属性】|【属性】栏中的【字体系列】设置为"汉仪书魂体"，【字体大小】设置为72，勾选【阴影】复选框，如图 4-68 所示。

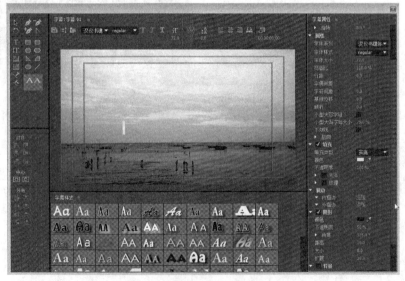

图 4-68　设置文字属性

06 单击【字幕样式】右边的按钮**≡**，选择【新建样式】命令，弹出【新建样式】对话框，重新命名样式，如图 4-69 所示。

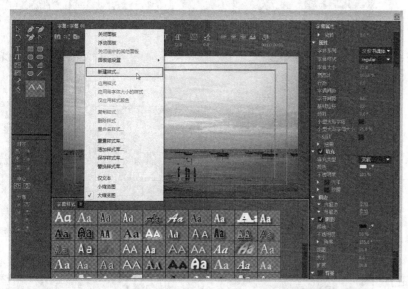

图 4-69　新建样式

07 单击【确定】按钮，在样式库中出现新建的样式"飞云裳 01"，如图 4-70 所示。

08 为了使用方便，可以拖曳自己定制的样式到样式库的前面，如图 4-71 所示。

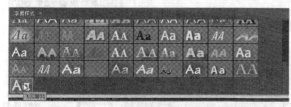

图 4-70　添加新样式

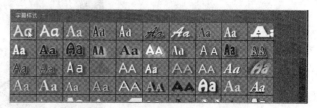

图 4-71　拖曳样式到样式库前面

09 输入字符"天之蓝、梦之蓝，宽广的情怀"，应用样式"飞云裳 01"，如图 4-72 所示。

10 将【字幕编辑器】窗口关闭，将"字幕 01"拖至【时间线】窗口【V2】轨道中，如图 4-73 所示。

图 4-72　应用新样式

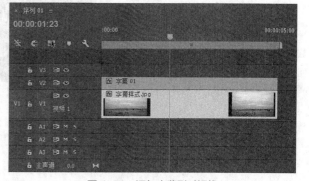

图 4-73　添加字幕到时间线

11 再创建"字幕02"，输入英文字符，选择【样式2】，如图4-74所示。

图4-74　应用样式

12 调整【字体大小】和【字符间距】的数值，如图4-75所示。

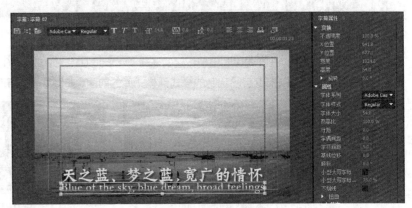

图4-75　调整字幕属性

13 将【字幕编辑器】窗口关闭，将"字幕02"拖至【时间线】窗口【V3】轨道中，如图4-76所示。

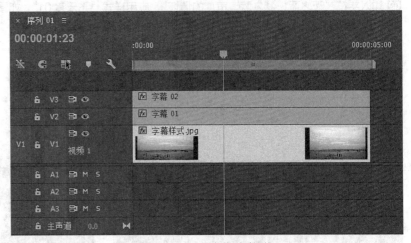

图4-76　添加字幕到时间线

14 保存场景，在【节目监视器】窗口中观看效果。

第 **05** 章

动态字幕

本章主要讲解动态字幕效果的制作方法，其中包括水平滚动、卷展字、手写字、金属字等动态字幕。字幕不仅能传递文字信息，而且还兼有修饰和美化画面的作用，甚至可以凭借动感增加视觉冲击力。

实例 081 水平滚动的字幕

- **实例文件** | 工程/第5章/水平滚动的字幕.prproj
- **视频教学** | 视频/第5章/水平滚动的字幕.mp4
- **难易程度** | ★★★☆☆
- **学习时间** | 5分53秒
- **实例要点** | 选择游动的字幕类型并设置【定时】选项

本实例的最终效果如图5-1所示。

图5-1 水平滚动的字幕效果

操作步骤

01 运行 Premiere Pro CC，在欢迎界面中单击【新建项目】按钮，在【新建项目】对话框中选择项目的保存路径，对项目进行命名，单击【确定】按钮。

02 按【Ctrl+N】组合键，弹出【新建序列】对话框，在【序列预设】选项卡下【可用预设】区域中选择"HDV | HDV 720p25"选项，单击【确定】按钮。

03 进入操作界面，在【项目】窗口中【名称】区域空白处双击，在弹出的对话框中选择随书附带资源中的"素材 | 第5章"下的"水平滚动字幕.jpg"文件，单击【打开】按钮，如图5-2所示。

图5-2 导入素材

04 将导入的素材拖至【时间线】窗口【V1】轨道中，确定素材处于选中状态，右键单击，在弹出的菜单中取消勾选【缩放为帧大小】命令，如图5-3所示。

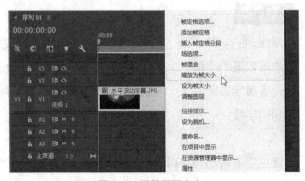

图5-3 调整画面大小

05 按【Ctrl+T】组合键，使用默认命名，单击【确定】按钮，进入【字幕编辑器】窗口，选择【字幕工具】栏中的【区域文字工具】，单击样式"飞云裳01"，在【字幕设计】栏中输入文字，如图5-4所示。

06 在【字幕编辑器】窗口中单击【滚动／游动选项】按钮，弹出【滚动／游动选项】对话框，选择【字幕类型】区域中的【向左游动】单选按钮，如图5-5所示。

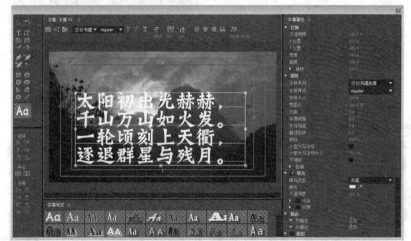

图5-4 输入区域文字　　　　　　　　　　图5-5 【滚动／游动选项】对话框

07 删除每一句末端的空格，将四行文字变成一行，在【字幕设计】栏底端出现了滚动条，如图5-6所示。

08 在【字幕属性】|【属性】区域中设置【字体大小】设置为50，勾选【阴影】复选框，将底部的滚动条拖至最左端并调整文字的位置，如图5-7所示。

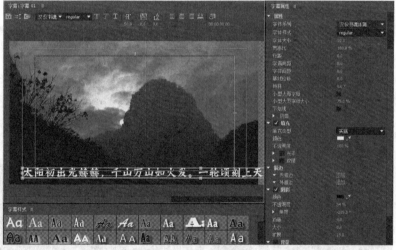

图5-6 字幕滚动条　　　　　　　　　　图5-7 设置字幕属性

09 关闭【字幕编辑器】窗口，将"字幕01"拖至【时间线】窗口【V2】轨道中，拖动当前时间线指针，查看游动字幕的动画效果，如图5-8所示。

图5-8 游动字幕动画效果

10 双击"字幕 01"，打开【字幕编辑器】，选择文字，单击【滚动／游动选项】按钮，设置【定时】选项，如图 5-9 所示。

图 5-9　设置【定时】选项

11 单击【节目监视器】窗口底部的【播放】按钮，查看游动字幕的动画效果，如图 5-10 所示。

图 5-10　查看游动字幕动画效果

12 保存场景，在【节目监视器】窗口中观看效果。

实例 082　垂直滚动的字幕

- **实例文件** | 工程/第5章/垂直滚动的字幕.prproj
- **学习时间** | 7分56秒
- **视频教学** | 视频/第5章/垂直滚动的字幕.mp4
- **实例要点** | 选择滚动的字幕类型并设置【定时】选项
- **难易程度** | ★★★★☆

本实例的最终效果如图 5-11 所示。

图 5-11　垂直滚动的字幕效果

操作步骤

01 运行 Premiere Pro CC，在欢迎界面中单击【新建项目】按钮，在【新建项目】对话框中选择项目的保存路径，对项目进行命名，单击【确定】按钮。

02 按【Ctrl+N】组合键，弹出【新建序列】对话框，在【序列预设】选项卡下【可用预设】区域中选择"HDV | HDV 720p25"选项，单击【确定】按钮。

03 进入操作界面，在【项目】窗口中【名称】区域空白处双击，在弹出的对话框中选择随书附带资源中的"素材|第5章"下的"垂直滚动字幕.jpg"素材文件，单击【打开】按钮，如图 5-12 所示。

图 5-12　导入素材

04 将导入的素材拖至【时间线】窗口【V1】轨道中，调整【位置】和【锚点】参数，如图 5-13 所示。

图 5-13　调整素材【位置】和【锚点】

05 当前时间在序列的起点，激活【缩放宽度】的关键帧，拖曳当前指针到 00:00:01:00,调整【缩放宽度】的数值，创建第 2 个关键帧，如图 5-14 所示。

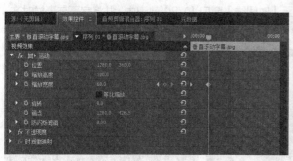

图 5-14　设置关键帧

06 按【Ctrl+T】组合键，使用默认命名,单击【确定】按钮,进入【字幕编辑器】窗口,选择【字幕工具】栏中的【文字工具】▮,选择【样式1】,在【字幕设计】栏中输入文字。在【字幕属性】|【属性】区域中设置【字体大小】为60,【行距】为40,调整文字的位置,如图 5-15 所示。

图 5-15　设置字幕属性

07 在【字幕编辑器】窗口中单击【滚动 / 游动选项】按钮，弹出【滚动 / 游动选项】对话框，选择【字幕类型】区域中的【滚动】单选按钮，勾选【时间（帧）】区域中的【开始于屏幕外】和【结束于屏幕外】复选框，单击【确定】按钮，如图 5-16 所示。

08 单击【确定】按钮，在【字幕设计】栏右侧出现滚动条，如图 5-17 所示。

图 5-16　设置字幕滚动方向　　　　　　　　　　　图 5-17　字幕滚动条

09 设置完成后，关闭【字幕编辑器】窗口，将"字幕 01"拖至【时间线】窗口【V2】轨道中，并将字幕与素材对齐，单击【播放】按钮，查看滚动字幕的动画效果，如图 5-18 所示。

图 5-18　滚动字幕动画效果

10 双击"字幕 01"，打开【字幕编辑器】，继续添加文字，如图 5-19 所示。

11 单击【滚动 / 游动选项】按钮，设置【定时】选项，如图 5-20 所示。

图 5-19　修改字幕内容　　　　　　　　　　　图 5-20　设置【定时】选项

　　为了使最后停留在屏幕中的字符位置合适，需要多次调整字符位置和过卷数值。

12 单击【确定】按钮，关闭【字幕编辑器】，单击【节目监视器】下方的【播放】按钮▶，查看滚动字幕由底部向上运动并停留在屏幕中的动画效果，如图 5-21 所示。

图 5-21　查看滚动字幕动画效果

13 保存场景，单击【节目监视器】窗口中的【播放】按钮观看效果。

实例 083　逐字打出的字幕

- **实例文件** ┃ 工程/第5章/逐字打出的字幕.prproj
- **视频教学** ┃ 视频/第5章/逐字打出的字幕.mp4
- **难易程度** ┃ ★★★☆☆

- **学习时间** ┃ 5分14秒
- **实例要点** ┃ 应用【裁切】特效的关键帧创建逐字打出效果

　　本实例的最终效果如图 5-22 所示。

图 5-22　逐字打出的字幕效果

─┤ 操作步骤 ├─

01 运行 Premiere Pro CC，在欢迎界面中单击【新建项目】按钮，在【新建项目】对话框中选择项目的保存路径，对项目进行命名，单击【确定】按钮。

02 按【Ctrl+N】组合键，弹出【新建序列】对话框，在【序列预设】选项卡下【可用预设】区域中选择"HDV | HDV 720p25"选项，单击【确定】按钮。

03 进入操作界面，在【项目】窗口中【名称】区域空白处双击，在弹出的对话框中选择随书附带资源中的"素材 I 第 5 章"下的"逐字打出字幕 .jpg"素材文件，单击【打开】按钮，如图 5-23 所示。

图 5-23　导入素材

04 将导入的素材文件拖至【时间线】窗口【V1】轨道中，在【效果控件】面板中调整素材的【缩放】，如图 5-24 所示。

图 5-24　调整素材画面大小

05 按【Ctrl+T】组合键，使用默认字幕名称，进入【字幕编辑器】窗口，使用【字幕工具】栏中的【文字工具】T 在【字幕设计】栏中输入字符，在【字幕属性】栏中设置相应参数，如图 5-25 所示。

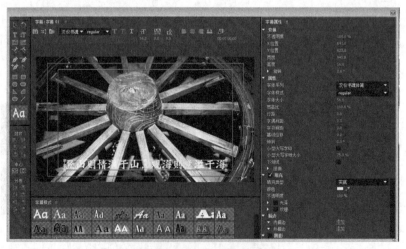

图 5-25　输入并设置文字属性

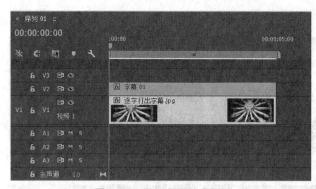

图 5-26　添加字幕到时间线

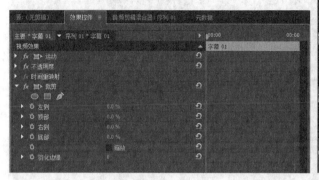

图 5-27　添加特效

06 关闭【字幕编辑器】窗口，将"字幕 01"拖至【时间线】窗口【V2】轨道中，并调整其与【V1】对齐，如图 5-26 所示。

07 为"字幕 01"添加【裁剪】特效，如图 5-27 所示。

08 确定当前时间为 00:00:00:00,激活【效果控件】面板，设置【裁剪】组中的【右侧】为 90%，并单击其左侧的【切换动画】按钮，如图 5-28 所示。

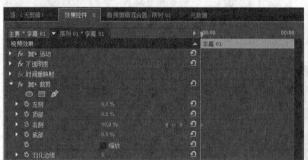

图 5-28　添加关键帧 1

09 设置当前时间为 00:00:02:00,在【效果控件】面板中，设置【裁剪】组中的【右侧】为 10%，如图 5-29 所示。

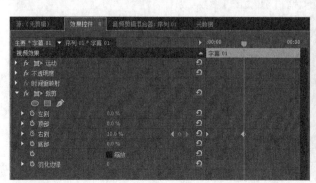

图 5-29　添加关键帧 2

10 单击【节目监视器】窗口【播放】按钮▶，查看字幕动画效果，如图5-30所示。

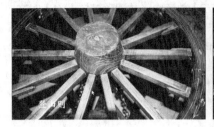

图5-30　字幕动画效果

11 绘制一个矩形，调整顺序将矩形排列到最后，调整【填充】和【描边】参数，如图5-31所示。

图5-31　设置矩形参数

12 关闭"字幕01"，在【效果控件】面板中将【裁剪】组中的【羽化边缘】设置为40，如图5-32所示。

13 保存场景，在【节目监视器】窗口中单击【播放】按钮观看效果。

图5-32　设置裁剪【羽化边缘】参数

实例 084　文字飞行入画

- **实例文件** | 工程/第5章/文字飞行入画.prproj
- **视频教学** | 视频/第5章/文字飞行入画.mp4
- **难易程度** | ★★★★☆

- **学习时间** | 5分03秒
- **实例要点** | 设置字幕位置和旋转的关键帧

　　本实例的最终效果如图5-33所示。

图 5-33　文字飞行入画效果

操作步骤

01 运行 Premiere Pro CC，在欢迎界面中单击【新建项目】按钮，在【新建项目】对话框中选择项目的保存路径，对项目进行命名，单击【确定】按钮。

02 按【Ctrl+N】组合键，弹出【新建序列】对话框，在【序列预设】选项卡下【可用预设】区域中选择"HDV | HDV 720p25"选项，单击【确定】按钮。

03 进入操作界面，在【项目】窗口中【名称】区域空白处双击，在弹出的对话框中选择随书附带资源中的"素材 | 第 5 章"下的"文字飞行入画效果 .jpg"素材文件，单击【打开】按钮，如图 5-34 所示。

图 5-34　导入素材

04 将导入的素材文件拖至【时间线】窗口【V1】轨道中，确定素材文件处于选中状态，右键单击，在弹出的菜单中取消勾选【缩放为帧大小】命令，如图 5-35 所示。

图 5-35　调整素材画面大小

05 按【Ctrl+T】组合键，使用默认字幕名称，进入【字幕编辑器】窗口，使用【字幕工具】栏中的【输入工具】在【字幕设计】栏中输入文字。在【字幕属性】栏中设置字体、字号和阴影等参数，如图 5-36 所示。

06 单击【字幕编辑器】窗口中的【基于当前字幕新建】按钮，新建"字幕 02"，字体和"字幕 01"相同，如图

图 5-36　输入并设置文字属性

5-37 所示。

图 5-37　新建 "字幕 02"

07 关闭 "字幕 01"，并拖曳该字幕到时间线上【V2】轨道上，确定当前之间为 00:00:01:00，在【效果控件】面板中设置【位置】和【旋转】的关键帧，如图 5-38 所示。

图 5-38　设置关键帧 1

08 确定当前时间为起点，调整【位置】和【旋转】的数值，如图 5-39 所示。

图 5-39　设置关键帧 2

09 单击【播放】按钮▶，查看字幕动画效果，如图 5-40 所示。

图 5-40 字幕动画效果

10 在 00:00:02:10 设置【不透明度】关键帧，其数值为 100%，00:00:03:00 时【不透明度】关键帧数值为 0。

11 拖曳 "字幕 02" 到【V3】轨道中，如图 5-41 所示。

12 选择 "字幕 01"，按【Ctrl+C】组合键，选择 "字幕 02"，选择菜单【编辑】|【粘贴属性】命令，弹出【粘贴属性】对话框，如图 5-42 所示。

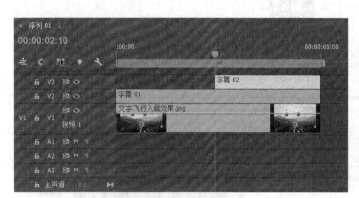

图 5-41 添加字幕到时间线

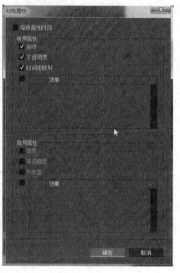

图 5-42 【粘贴属性】对话框

13 单击【确定】按钮关闭对话框。保存场景，在【节目监视器】窗口中观看效果。

实例 085 带卷展效果的字幕

- **实例文件**｜工程/第5章/带卷展效果的字幕.prproj
- **视频教学**｜视频/第5章/带卷展效果的字幕.mp4
- **难易程度**｜★★★☆☆
- **学习时间**｜6分56秒
- **实例要点**｜应用【BCC Page Turn】特效

本实例的最终效果如图 5-43 所示。

图 5-43 卷展效果字幕

┥操作步骤┝

01 运行 Premiere Pro CC，在欢迎界面中单击【新建项目】按钮，在【新建项目】对话框中选择项目的保存路径，对项目进行命名，单击【确定】按钮。

02 按【Ctrl+N】组合键，弹出【新建序列】对话框，在【序列预设】选项卡下【可用预设】区域中选择"HDV | HDV 720p25"选项，单击【确定】按钮。

03 进入操作界面，在【项目】窗口中【名称】区域空白处双击，在弹出的对话框中选择随书附带资源中的"素材 | 第5章"下的"卷展效果字幕 .jpg"素材文件，单击【打开】按钮，如图 5-44 所示。

图 5-44　导入素材

04 将导入的"卷展效果字幕 .jpg"文件拖至【时间线】窗口中的【V1】轨道中，右键单击，在弹出的菜单中取消勾选【缩放为帧大小】命令，如图 5-45 所示。

图 5-45　调整画面大小

05 按【Ctrl+T】组合键，创建新的字幕，选择【矩形工具】 ，绘制一个矩形，调整【填充】、【光泽】和【描边】参数，如图 5-46 所示。

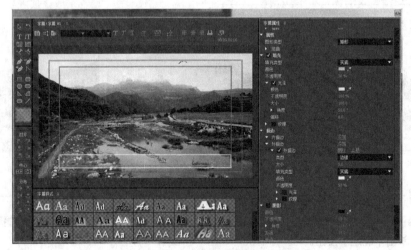

图 5-46　设置矩形参数

06 选择【文字工具】**T**，输入字符，设置字体、字号和阴影参数，如图 5-47 所示。

07 关闭【字幕编辑器】，将"字幕 01"拖曳到【时间线】窗口的【V2】轨道中，添加【BCC Page Turn】特效，如图 5-48 所示。

图 5-47 设置文字属性

图 5-48 添加【BCC Page Turn】特效

08 将当前时时间设置为 00:00:02:00，调整【Birection】为 45.0°，激活【offset】的关键帧，设置数值为 0，如图 5-49 所示。

图 5-49 设置关键帧 1

09 拖曳当前指针到序列的起点，调整【Offset】的数值为 85，创建第 2 个关键帧，如图 5-50 所示。

图 5-50　设置关键帧 2

10 单击【播放】按钮▶，查看字幕动画效果，如图 5-51 所示。

图 5-51　字幕动画效果

11 保存场景，在【节目监视器】窗口中观看效果。

实例 086　沿路径运动的字幕

- **实例文件** | 工程/第5章/沿路径运动的字幕.prproj
- **视频教学** | 视频/第5章/沿路径运动的字幕.mp4
- **难易程度** | ★★★★☆
- **学习时间** | 8分40秒
- **实例要点** | 设置单个字符运动和复制属性

本实例的最终效果如图5-52所示。

图 5-52　沿路径运动的字幕效果

操作步骤

01 运行 Premiere Pro CC，在欢迎界面中单击【新建项目】按钮，在【新建项目】对话框中选择项目的保存路径，对项目进行命名，单击【确定】按钮。

02 按【Ctrl+N】组合键，弹出【新建序列】对话框，在【序列预设】选项卡下【可用预设】区域中选择"HDV | HDV 720p25"选项，单击【确定】按钮。

03 进入操作界面，在【项目】窗口中【名称】区域空白处双击，在弹出的对话框中选择随书附带资源中的"素材 | 第 5 章"下的"路径运动字幕 .jpg"素材文件，单击【打开】按钮，如图 5-53 所示。

图 5-53 导入素材

04 将导入的素材文件拖至【时间线】窗口【V1】轨道上并右键单击素材文件，在弹出的菜单中取消勾选【缩放为帧大小】命令，如图 5-54 所示。

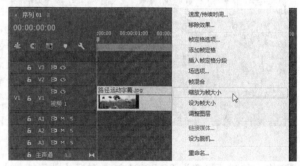

图 5-54 调整素材画面大小

05 按【Ctrl+T】组合键，使用默认名称，进入【字幕编辑器】窗口，使用【文字工具】██在【字幕设计】栏中输入"乱"并将其选中，在【字幕属性】栏中设置相应参数，单击【中心】栏的【垂直居中】██和【水平居中】按钮██，如图 5-55 所示。

图 5-55 设置文字属性

06 单击【基于当前字幕新建字幕】按钮 ，创建"字幕02"，如图5-56所示。

07 用同样的方法创建其他5个字幕，如图5-57所示。

图 5-56　新建字幕

图 5-57　创建多个字幕

08 设置完成后关闭【字幕编辑器】窗口，将"字幕01"拖至【时间线】窗口【V2】轨道中，确定"字幕01"处于选中状态，激活【效果控件】面板，拖曳当前指针到起点，在【运动】组中设置【位置】关键帧，如图5-58所示。

图 5-58　设置关键帧

09 将当前时间设置为 00:00:01:00，激活【效果控件】面板，在【节目监视器】窗口中调整字幕的位置，如图5-59所示。

图 5-59　调整字幕位置

10 将当前时间设置为 00:00:02:00,在【节目监视器】窗口中调整字幕的位置,如图 5-60 所示。

图 5-60　调整字幕位置

11 将当前时间设置为 00:00:03:00,在【节目监视器】窗口中调整字幕的位置,如图 5-61 所示。

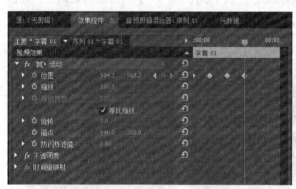

图 5-61　调整字幕位置

12 在【节目监视器】窗口中调整字幕的运动路径,如图 5-62 所示。

图 5-62　调整运动路径

13 设置【旋转】的关键帧,使文字在沿路径移动时与路径保持垂直,如图 5-63 所示。

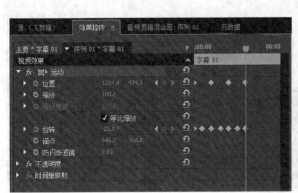

图 5-63　设置关键帧

14 将当前时间设置为 00:00:00:06，将"字幕 02"拖至【时间线】窗口的【V3】轨道中，起点与当前指针对齐，如图 5-64 所示。

15 选择"字幕 01"，按【Ctrl+C】组合键，然后选择"字幕 02"，按【Ctrl+Alt +V】组合键粘贴属性，如图 5-65 所示。

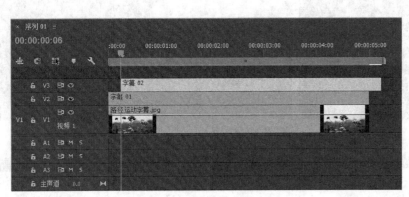

图 5-64　添加字幕到时间线　　　　　　　　　　　图 5-65　粘贴属性

16 单击【播放】按钮 ▶，查看文字沿路径移动的动画效果，如图 5-66 所示。

图 5-66　文字移动效果

17 前后间隔 6 帧，将其他 5 个字幕也添加到视频轨道上，如图 5-67 所示。

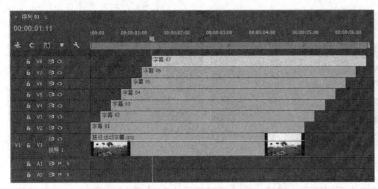

图 5-67　添加字幕到时间线

18 在【时间线】窗口中设置入点和出点，如图 5-68 所示。

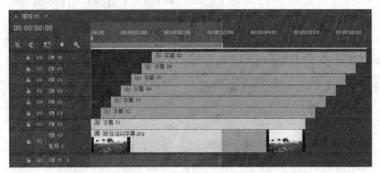

图 5-68　设置入点和出点

19 单击【播放】按钮▶，查看字幕的动画效果，如图 5-69 所示。

图 5-69　查看字幕的动画效果

20 保存场景，在【节目监视器】窗口中观看效果。

实 例 087　**立体旋转的字幕**

- **实例文件**｜工程/第5章/立体旋转的字幕.prproj
- **视频教学**｜视频/第5章/立体旋转的字幕.mp4
- **难易程度**｜★★★☆☆
- **学习时间**｜3分06秒
- **实例要点**｜【基本3D】特效的应用

　　本实例的最终效果如图 5-70 所示。

图 5-70　立体旋转的字幕效果

┃操作步骤┃

01 运行 Premiere Pro CC，在欢迎界面中单击【新建项目】按钮，在【新建项目】对话框中选择项目的保存路径，对项目进行命名，单击【确定】按钮。

02 按【Ctrl+N】组合键，弹出【新建序列】对话框，在【序列预设】选项卡下【可用预设】区域中选择"HDV | HDV 720p25"选项，单击【确定】按钮。

03 进入操作界面，在【项目】窗口中【名称】区域空白处双击，在弹出的对话框中选择随书附带资源中的"素材 | 第 5 章"下的"立体旋转字幕 .jpg"素材文件，单击【打开】按钮，如图 5-71 所示。

图 5-71　导入素材

04 将导入的素材文件拖至【时间线】窗口【V1】轨道上并右键单击素材文件，在弹出的菜单中取消勾选【缩放为帧大小】命令，如图 5-72 所示。

图 5-72　调整素材画面大小

05 按【Ctrl+T】组合键，使用默认字幕名称，进入【字幕编辑器】窗口，使用【字幕工具】栏中的【文字工具】 输入文字，并把文字移到合适的位置，在【字幕属性】栏中设置【字体系列】、【字体大小】和【描边】参数，如图 5-73 所示。

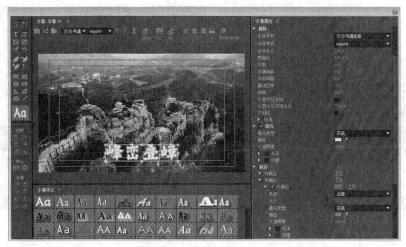

图 5-73　设置字幕属性

06 设置完成后，关闭【字幕编辑器】窗口，将"字幕 01"拖至【时间线】窗口【V2】轨道中，并将其结尾处与其他文件的结尾处对齐，为"字幕 01"添加【基本 3D】特效，如图 5-74 所示。

图 5-74　拖入素材并添加特效

07 在【时间线】窗口中选中"字幕 01"，确定当前时间为 00:00:00:00，激活【效果控件】面板，设置【基本 3D】效果参数，将【旋转】设置为 90° 并单击其左侧的【切换动画】按钮，如图 5-75 所示。

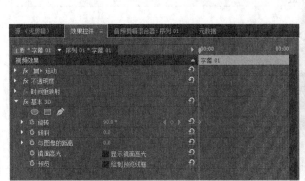

图 5-75　设置关键帧 1

08 将时间改为 00:00:03:00，切换到【效果控件】面板，设置【基本 3D】参数，将【旋转】值设为 −360°（当输入 −360 时，数值栏显示 -1X），如图 5-76 所示。

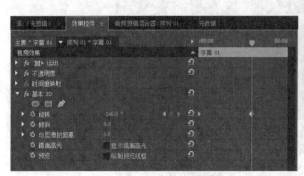 

图 5-76　设置关键帧 2

09 设置【不透明度】在 0 和 20 帧处的关键帧，数值分别为 0 和 100%，如图 5-77 所示。

10 保存场景，在【节目监视器】窗口中观看效果。

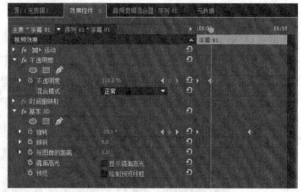

图 5-77　设置【不透明度】关键帧

实例 088　水面上浮动的字幕

● **实例文件** | 工程/第5章/水面上浮动的字幕.prproj

● **视频教学** | 视频/第5章/水面上浮动的字幕.mp4

● **难易程度** | ★★★☆☆

● **学习时间** | 3分46秒

● **实例要点** |【波形变形】、【基本3D】特效和【混合模式】的应用

本实例的最终效果如图 5-78 所示。

图 5-78　水面上浮动的字幕效果

操作步骤

01 运行 Premiere Pro CC，在欢迎界面中单击【新建项目】按钮，在【新建项目】对话框中选择项目的保存路径，对项目进行命名，单击【确定】按钮。

02 按【Ctrl+N】组合键，弹出【新建序列】对话框，在【序列预设】选项卡下【可用预设】区域中选择"HDV | HDV 720p25"选项，单击【确定】按钮。

03 进入操作界面，在【项目】窗口中【名称】区域空白处双击，在弹出的对话框中选择随书附带资源中的"素材 | 第 5 章"下的"水面浮动字幕 .jpg"素材文件，单击【打开】按钮，如图 5-79 所示。

图 5-79　导入素材

04 将导入的"水面浮动字幕 .jpg"文件拖至【时间线】窗口【V1】轨道中，右键单击素材文件，在弹出的菜单中选择【缩放为帧大小】命令，如图 5-80 所示。

图 5-80　调整素材画面大小

05 按【Ctrl+T】组合键，使用默认字幕名称，进入【字幕编辑器】窗口，使用【字幕工具】栏中的【文字工具】🅣 在【字幕设计】栏中输入文字。在【字幕属性】|【属性】栏中设置【字体系列】、【字体大小】，如图 5-81 所示。

图 5-81　设置字幕

06 将"字幕 01"拖至【时间线】窗口【V2】轨道中，并将其结尾处与其他文件的结尾处对齐，为"字幕 01"添加【波形变形】特效，激活【效果控件】面板，设置【波形变形】特效的参数，如图 5-82 所示。

图 5-82　设置【波形变形】特效参数

07 添加【基本 3D】特效，设置效果参数，如图 5-83 所示。

图 5-83　设置【基本 3D】特效参数

08 在【效果控件】面板中调整【位置】、【缩放】、【不透明度】和【混合模式】，如图 5-84 所示。

图 5-84　调整【运动】组和【不透明度】组参数

09 双击"字幕 01",打开【字幕编辑器】,勾选【阴影】复选框,设置阴影参数,如图 5-85 所示。

10 关闭【字幕编辑器】,保存场景,在【节目监视器】窗口中观看效果。

图 5-85 设置阴影参数

实例 089 流光金属字效果

- **实例文件**┃工程/第5章/流光金属字效果.prproj
- **视频教学**┃视频/第5章/流光金属字效果.mp4
- **难易程度**┃★★★★☆
- **学习时间**┃6分16秒
- **实例要点**┃【BCC Extruded Text】和【RGB曲线】特效的应用

本实例的最终效果如图 5-86 所示。

图 5-86 流光金属字效果

┃ 操作步骤 ┃

01 运行 Premiere Pro CC,在欢迎界面中单击【新建项目】按钮,在【新建项目】对话框中选择项目的保存路径,对项目进行命名,单击【确定】按钮。

02 按【Ctrl+N】组合键,弹出【新建序列】对话框,在【序列预设】选项卡下【可用预设】区域中选择"HDV | HDV 720p25"选项,单击【确定】按钮。

03 进入操作界面,在【项目】窗口中【名称】区域空白处双击,在弹出的对话框中选择随书附带资源中的"素材 | 第 5 章"下的"流光金属字效果 .jpg"素材文件,单击【打开】按钮,如图 5-87 所示。

图 5-87 导入素材

04 将导入的"流光金属字效果.jpg"文件拖至【时间线】窗口【V1】轨道中，在【效果控件】面板中调整【缩放】的数值，如图 5-88 所示。

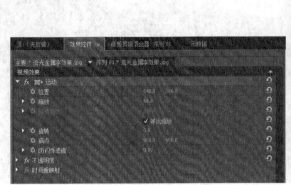

图 5-88　调整素材画面大小

05 新建一个颜色遮罩，拖至【时间线】窗口【V2】轨道中，并将其结尾处与其他文件的结尾处对齐，添加【BCC 10 3D Objects】|【BCC Extruded Text】特效，如图 5-89 所示。

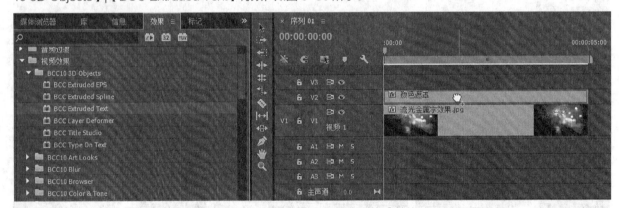

图 5-89　添加【BCC Extruded Text】特效

06 打开【Boris 编辑器】，输入字符，如图 5-90 所示。

图 5-90　输入字符

07 在【效果控件】面板中调整【EXTRUSION】组的参数，如图 5-91 所示。

图 5-91 设置特效参数 1

08 在【效果控件】面板中调整【MATERIAL】组的数值，如图 5-92 所示。

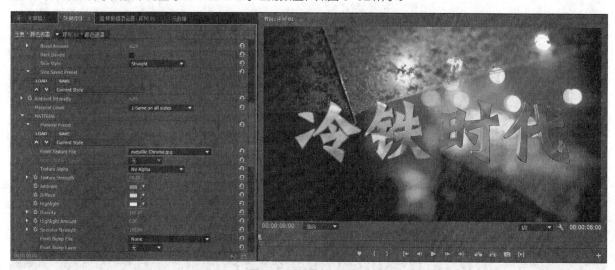

图 5-92 设置特效参数 2

09 调整【TRANSFORMATIONS】组的数值，如图 5-93 所示。

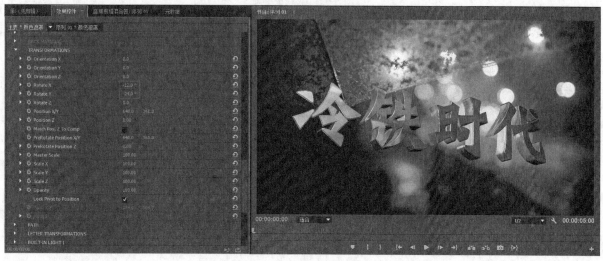

图 5-93 设置特效参数 3

10 添加【RGB 曲线】特效，调整曲线，提高亮度和对比度，如图 5-94 所示。

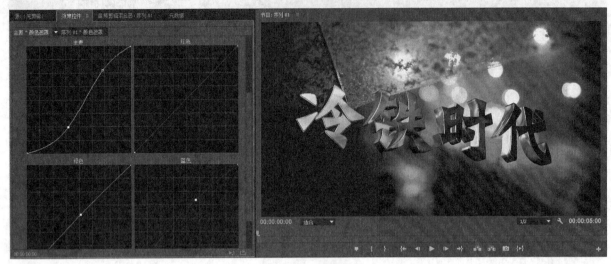

图 5-94 调整曲线

11 在【效果控件】面板中【MATERIAL】组中选择【Reflection】为 "chrome"，设置【Shift X】的关键帧，如图 5-95 所示。

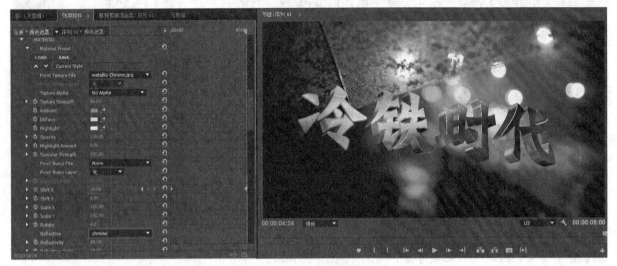

图 5-95 设置关键帧

12 保存场景，在【节目监视器】窗口中观看效果。

实例 090 手写字效果

- **实例文件** | 工程/第5章/手写字效果.prproj
- **视频教学** | 视频/第5章/手写字效果.mp4
- **难易程度** | ★★★★☆
- **学习时间** | 13分20秒
- **实例要点** | 创建文字的自由蒙版动画

　　本实例的最终效果如图 5-96 所示。

图 5-96　手写字效果

| 操作步骤 |

01 运行 Premiere Pro CC，在欢迎界面中单击【新建项目】按钮，在【新建项目】对话框中选择项目的保存路径，对项目进行命名，单击【确定】按钮。

02 按【Ctrl+N】组合键，弹出【新建序列】对话框，在【序列预设】选项卡下【可用预设】区域中选择"HDV | HDV 720p25"选项，单击【确定】按钮。

03 进入操作界面，在【项目】窗口中【名称】区域空白处双击，在弹出的对话框中选择随书附带资源中的"素材 | 第 5 章"下的"手写字效果 .jpg"素材文件，单击【打开】按钮，如图 5-97 所示。

图 5-97　导入素材

04 将导入的素材文件拖至【时间线】窗口【V1】轨道中并右键单击该文件，调整【缩放】数值为 120%，如图 5-98 所示。

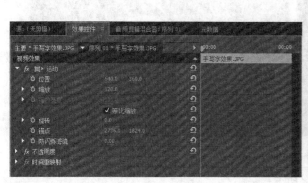

图 5-98　调整素材画面大小

05 按【Ctrl+T】组合键，使用默认命名，进入【字幕编辑器】窗口，使用【文字工具】在【字幕设计栏】中输入"云"。在【字幕属性】栏中设置【字体系列】、【字体大小】和【位置】，如图5-99所示。

图5-99　设置【字幕属性】

06 设置完成后，关闭【字幕编辑器】窗口，将"字幕01"拖至【时间线】窗口的【V1】轨道中。激活【效果控件】面板，展开【不透明度】组，选择【钢笔工具】绘制一个自由蒙版，如图5-100所示。

图5-100　绘制自由蒙版1

07 选择【钢笔工具】绘制第2个自由蒙版，如图5-101所示。

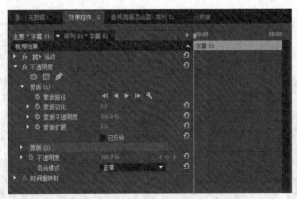

图5-101　绘制自由蒙版2

08 选择【钢笔工具】绘制第3个自由蒙版，如图5-102所示。

图 5-102　绘制自由蒙版 3

09 选择【钢笔工具】 绘制第 3 个自由蒙版，如图 5-103 所示。

图 5-103　绘制自由蒙版 4

10 在【效果控件】面板中分别设置蒙版（1）、蒙版（2）、蒙版（3）和蒙版（4）的蒙版路径的关键帧，如图 5-104 所示。

图 5-104　设置蒙版关键帧 1

11 拖曳当前指针到序列的起点，在【节目监视器】窗口中调整蒙版（1）的位置和形状，如图 5-105 所示。

图 5-105 设置蒙版关键帧 2

12 拖曳当前指针到 00:00:00:24，在【节目监视器】窗口中调整蒙版（2）的位置和形状，如图 5-106 所示。

图 5-106 设置蒙版关键帧 3

13 拖曳当前指针到 00:00:02:00，在【节目监视器】窗口中调整蒙版（3）的位置和形状，如图 5-107 所示。

图 5-107 设置蒙版关键帧 4

14 拖曳当前指针到 00:00:02:13，在【节目监视器】窗口中调整蒙版（3）的位置和形状，如图 5-108 所示。

图 5-108　设置蒙版关键帧 5

15 拖曳当前指针到 00:00:03:00，在【节目监视器】窗口中调整蒙版（4）的位置和形状，如图 5-109 所示。

图 5-109　设置蒙版关键帧 6

16 在【效果控件】面板中设置蒙版（3）和蒙版（4）的【蒙版不透明度】关键帧分别在 00:00:01:24 和 00:00:02:00、00:00:02:24 和 00:00:03:00，如图 5-110 所示。

图 5-110　设置蒙版关键帧 7

17 拖曳当前指针，查看笔画的动画效果，发现缺陷进行修整，如图 5-111 所示。

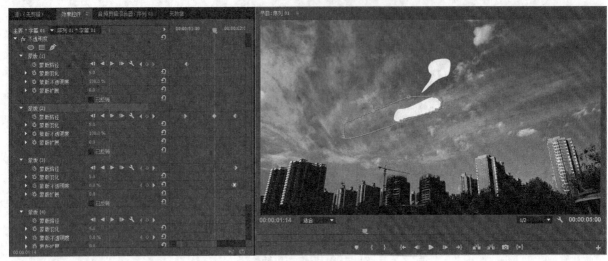

图 5-111　查看笔画动画效果

18 此时"云"的笔画已经制作完成，保存场景，在【节目监视器】窗口中观看效果

实 例
091 时间码字幕

● **实例文件** | 工程/第5章/时间码字幕.prproj　　　　● **学习时间** | 2分07秒

● **视频教学** | 视频/第5章/时间码字幕.mp4　　　　● **实例要点** | 【时间码】特效的应用

● **难易程度** | ★★★☆☆

　本实例的最终效果如图5-112所示。

图 5-112　时间码字幕效果

操作步骤

01 运行 Premiere Pro CC，在欢迎界面中单击【新建项目】按钮，在【新建项目】对话框中选择项目的保存路径，对项目进行命名，单击【确定】按钮。

02 按【Ctrl+N】组合键，弹出【新建序列】对话框，在【序列预设】选项卡下【可用预设】区域中选择"HDV | HDV 720p25"选项，单击【确定】按钮。

03 进入操作界面，在【项目】窗口中【名称】区域空白处双击，在弹出的对话框中选择随书附带资源中的"素材 | 第5章"下的"时间码字幕.jpg"素材文件，单击【打开】按钮，如图 5-113 所示。

04 将导入的素材文件拖至【时间线】窗口【V1】轨道中，右键单击该文件，在弹出的菜单中取消勾选【缩放到帧大小】命令，如图 5-114 所示。

图 5-113　导入素材　　　　　　　　　　　　　　　　　　图 5-114　添加素材并设置大小

05 新建一个颜色遮罩，拖至【V2】轨道上，为素材添加【视频】|【时间码】特效，如图 5-115 所示。

图 5-115　添加特效

06 切换到【效果控件】面板，对【时间码】特效参数进行设置，如图 5-116 所示。

图 5-116　设置【时间码】特效参数

07 设置该图层的【混合模式】为【滤色】，保存场景，在【节目监视器】窗口中观看效果。

实 例
092 连拍唱词字幕

- **实例文件 |** 工程/第5章/连拍唱词字幕.prproj
- **视频教学 |** 视频/第5章/连拍唱词字幕.mp4
- **难易程度 |** ★★★★★

- **学习时间 |** 5分05秒
- **实例要点 |** 雷特连拍唱词字幕插件的应用

本实例的最终效果如图5-117所示。

图5-117 连拍唱词字幕效果

操作步骤

01 运行 Premiere Pro CC，在欢迎界面中单击【新建项目】按钮，在【新建项目】对话框中选择项目的保存路径，对项目进行命名，单击【确定】按钮。

02 按【Ctrl+N】组合键，弹出【新建序列】对话框，在【序列预设】选项卡下【可用预设】区域中选择"HDV | HDV 720p25"选项，单击【确定】按钮。

03 进入操作界面，在【项目】窗口中【名称】区域空白处双击，在弹出的对话框中选择随书附带资源中的"素材 | 第5章"下的"连拍唱词字幕.jpg"素材文件，单击【打开】按钮，如图5-118所示。

04 将导入的图像素材拖至【时间线】窗口【V1】轨道中，然后右键单击素材文件，在弹出的菜单中取消勾选【缩放为帧大小】命令，如图5-119所示。

图5-118 导入素材

图5-119 调整素材画面大小

05 在【项目】窗口空白处右键单击，在弹出的菜单中选择【新建项目】|【VisTitle LE】命令，如图5-120所示。

 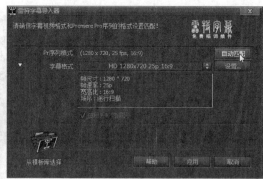

图 5-120　选择【VisTitle LE】命令

06 单击【从模板库选择】按钮，打开模板库，如图 5-121 所示。

07 单击【确定】按钮，在【项目】窗口中出现新建的字幕，如图 5-122 所示。

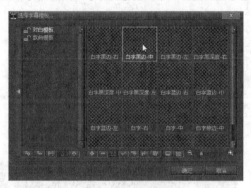 

图 5-121　选择模板　　　　　　　　　　图 5-122　新建字幕

08 导入"连拍唱词字幕 01.wav"并拖至【A1】轨道上，展开音频波形，如图 5-123 所示。

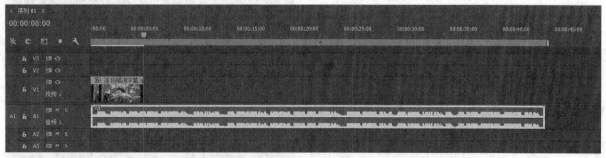

图 5-123　添加音频到时间线

09 拖曳字幕到【V2】轨道上，延长背景和字幕的长度与音频结尾对齐，如图 5-124 所示。

图 5-124　延长视频素材

当为很长的影片添加字幕时往往用连拍唱词的插件，这里只是用 30 秒来讲解一下使用方法。

10 双击打开【唱词编辑器】，如图 5-125 所示。

11 单击【打开单行文本文件】按钮，选择"连拍唱词字幕 .txt"文件，单击【打开】按钮，如图 5-126 所示。

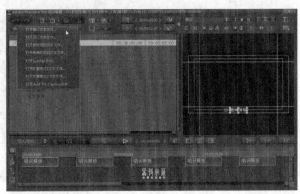

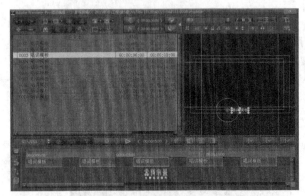

图 5-125　唱词编辑器

图 5-126　选择唱词文本

12 在弹出对话框中单击【是】按钮，将文本导入【唱词编辑器】中，如图 5-127 所示。

图 5-127　导入唱词文本

13 选择第一行文字，在右侧设置文本属性，单击右下角的【全部应用】按钮，如图 5-128 所示。

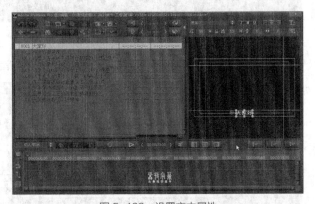

图 5-128　设置文本属性

14 在 Premiere 时间线上拖曳当前指针到序列的起点，单击【唱词编辑器】底部的【录制】按钮，就开始连拍唱词了。根据声音每读一句字幕就按一下空格键，将记录入点和出点，如图 5-129 所示。

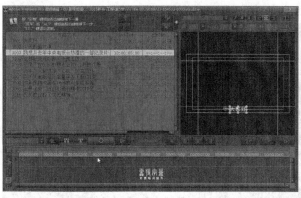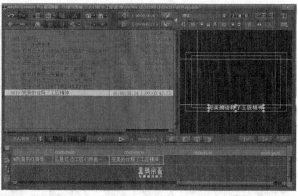

图 5-129　录制连拍唱词

15 在 Premiere 时间线上拖曳当前指针到序列的起点，单击【播放】按钮 ▶️，通过监听声音来查看字幕的入点和出点的误差，并进行调整，如图 5-130 所示。

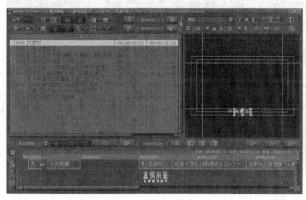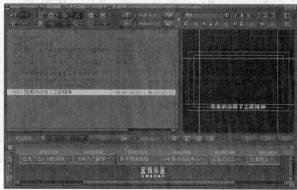

图 5-130　调整字幕出入点

16 关闭【唱词编辑器】，选择【V2】轨道上的字幕，在【效果控件】面板中调整【位置】和【缩放】的数值，如图 5-131 所示。

图 5-131　调整字幕位置和大小

17 添加【透视】|【投影】特效，设置参数，如图5-132所示。

图 5-132　设置【投影】特效参数

18 保存场景，在【节目监视器】窗口中观看效果。

第

06

章

音频编辑

为视频插入背景音乐　　调节关键帧上的音量　　声音的淡入与淡出
调节音频的速度　　　　使用调音台调节音轨　　录制音频文件

本章主要讲解了音频素材的基本编辑方法，例如读者可以为视频插入背景音
乐，还可以通过关键帧来调整音量等。

实例 093　为视频插入背景音乐

- **实例文件**｜工程/第6章/为视频插入背景音乐.prproj
- **视频教学**｜视频/第6章/为视频插入背景音乐.mp4
- **难易程度**｜★★★☆☆
- **学习时间**｜2分40秒
- **实例要点**｜调整音频级别、添加过渡特效和链接视音频

操作步骤

01 运行 Premiere Pro CC，在欢迎界面中单击【新建项目】按钮,在【新建项目】对话框中选择项目的保存路径，对项目进行命名，单击【确定】按钮。

02 按【Ctrl+N】组合键，弹出【新建序列】对话框，在【序列预设】选项卡下【可用预设】区域中选择"HDV | HDV 720p25"选项，单击【确定】按钮，如图6-1所示。

图6-1　新建序列

03 进入操作界面，在【项目】窗口中【名称】区域空白处双击，在弹出的对话框中选择随书附带资源中的"素材 | 第6章"下的"为视频插入背景音乐01.wav"和"为视频插入背景音乐.mp4"素材文件,单击【打开】按钮，如图6-2所示。

图6-2　导入素材

04 将"为视频插入背景音乐 .mp4"文件拖至【时间线】窗口【V1】轨道中，调整【缩放】的数值为105%，如图 6-3 所示。

图 6-3　调整画面大小

05 将"为视频插入背景音乐 01.wav"文件拖至【时间线】窗口【A1】轨道中，展开音频波形，单击【播放】按钮▶，监听音频的节奏和音量大小，如图 6-4 所示。

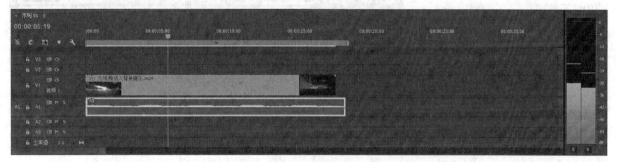

图 6-4　音频波形

06 在【效果控件】面板中调整音量级别，如图 6-5 所示。

图 6-5　调整音量级别

07 调整音频素材的长度与视频末端对齐，如图 6-6 所示。

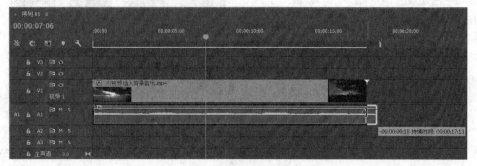

图 6-6　调整音频素材长度

08 分别为音频的开始处和结尾处添加【恒定功率】过渡特效，如图6-7所示。

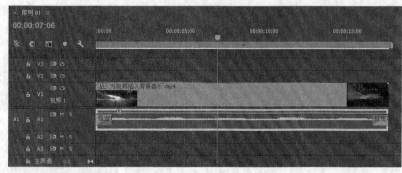

图6-7 添加过渡特效

09 按【Shift】键选择【V1】轨道和【A1】轨道上的素材，右键单击，在弹出的菜单中选择【链接】命令，如图6-8所示。

10 保存场景，在【节目监视器】窗口中查看效果。

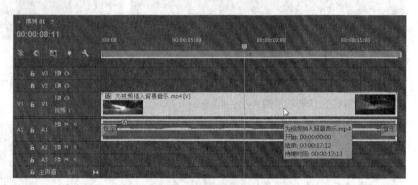

图6-8 链接素材

实例 094 视音频轨道分离

- **实例文件** | 工程/第6章/视音频轨道分离.prproj
- **视频教学** | 视频/第6章/视音频轨道分离.mp4
- **难易程度** | ★★★☆☆
- **学习时间** | 2分41秒
- **实例要点** | 应用【取消链接】命令将视音频轨道分离

┤操作步骤├

01 运行 Premiere Pro CC，在欢迎界面中单击【新建项目】按钮，在【新建项目】对话框中选择项目的保存路径，对项目进行命名，单击【确定】按钮。

02 按【Ctrl+N】组合键，弹出【新建序列】对话框，在【序列预设】选项卡下【可用预设】区域中选择"HDV | HDV 720p25"选项，单击【确定】按钮。

03 进入操作界面，在【项目】窗口中【名称】区域空白处双击，在弹出的对话框中选择随书附带资源中的"素材 | 第6章"下的"视音频轨道分离.mp4"素材文件，单击【打开】按钮，如图6-9所示。

图6-9 导入素材

04 将视音频素材拖至【时间线】窗口【V1】和【A1】轨道中，如图6-10所示。

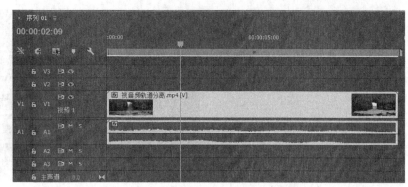

图 6-10　将视音频素材添加到时间线

05 右键单击，在弹出的菜单中选择【取消链接】命令，将视频和音频分离开，如图6-11所示。

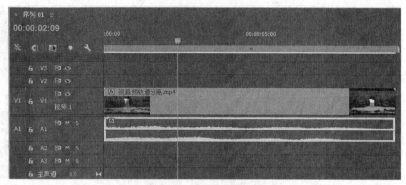

图 6-11　分离视音频

06 拖曳当前指针到 00:00:02:00，选择【比例拉伸工具】拖曳视频的前端与当前指针对齐，如图6-12所示。

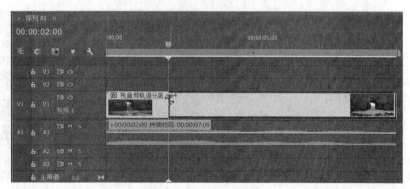

图 6-12　拉伸视频素材

07 新建一个字幕，输入字符并设置文字属性，如图6-13所示。

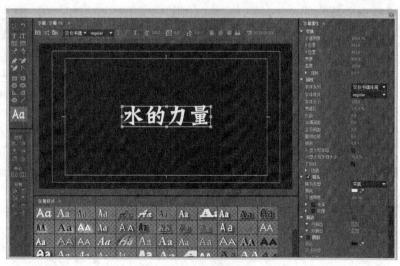

图 6-13　新建字幕

08 拖曳当前指针到 00:00:02:12，拖曳字幕到【V1】轨道上，填补该轨道前面 2 秒的空白，如图 6-14 所示。

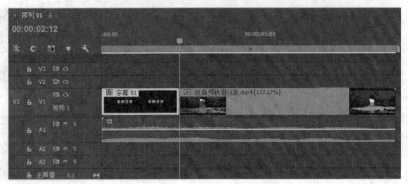

图 6-14　添加字幕到时间线

09 在字幕和视频素材之间添加一个【交叉溶解】过渡特效，如图 6-15 所示。

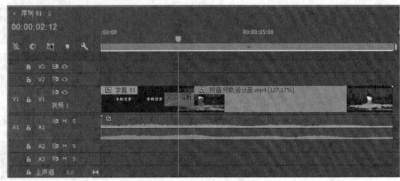

图 6-15　添加过渡特效

10 在视频素材的末端添加【交叉溶解】特效，在音频素材结尾处添加【恒定功率】过渡特效，如图 6-16 所示。
11 保存场景，在【节目监视器】窗口中查看效果。

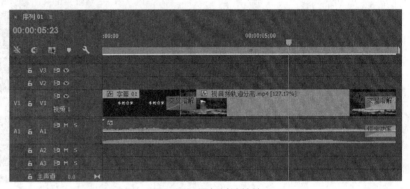

图 6-16　添加过渡特效

实例 095　调节音量关键帧

- **实例文件** | 工程/第6章/调节音量关键帧.prproj
- **视频教学** | 视频/第6章/调节音量关键帧.mp4
- **难易程度** | ★★★☆☆
- **学习时间** | 3分44秒
- **实例要点** | 在时间线上调节音量关键帧

操作步骤

01 运行 Premiere Pro CC，在欢迎界面中单击【新建项目】按钮，在【新建项目】对话框中选择项目的保存路径，对项目进行命名，单击【确定】按钮。
02 按【Ctrl+N】组合键，弹出【新建序列】对话框，在【序列预设】选项卡下【可用预设】区域中选择"HDV | HDV 720p25"选项，单击【确定】按钮。

03 进入操作界面,在【项目】窗口
中【名称】区域空白处双击,在弹出
的对话框中选择随书附带资源中的
"素材I第 6 章"下的"调节音量关
键帧 .mp3"素材文件,单击【打开】
按钮,如图 6-17 所示。

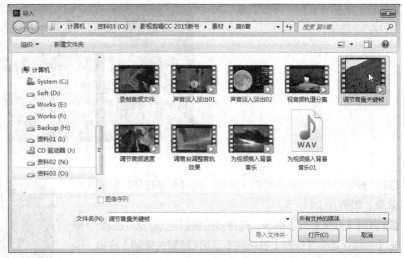

图 6-17　导入素材

04 将导入的视音频素材拖至【时间
线】窗口相应的轨道中,设置缩放比
例为 124%,展开音频波形,如图
6-18 所示。

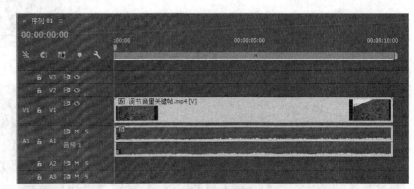

图 6-18　添加素材到时间线

05 设置当前时间为 00:00:01:00,
选择【钢笔工具】,在【时间线】
窗口音频轨道中单击,添加关键帧,
如图 6-19 所示。

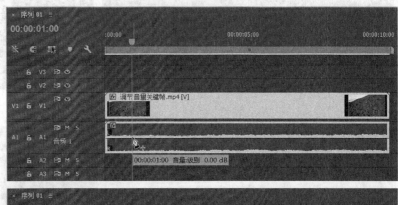

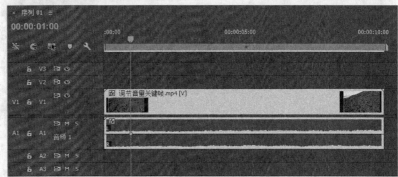

图 6-19　添加关键帧 1

06 向上拖曳关键帧，调高音量，如图 6-20 所示。

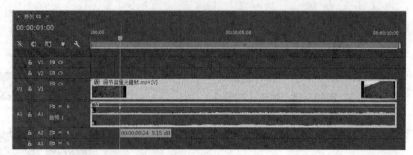

图 6-20 调整关键帧

07 在音频的开始处单击并向下拖曳，这样就创建了音频淡入的效果，如图 6-21 所示。

08 激活【效果控件】面板，拖曳当前指针到 00:00:09:05，单击【音量】组中【级别】右边的【添加/移除关键帧】按钮，添加第 3 个关键帧，如图 6-22 所示。

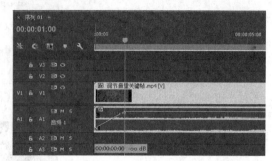

图 6-21 添加关键帧 2

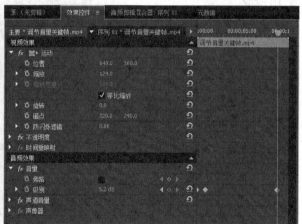

图 6-22 添加关键帧 3

09 拖曳当前指针到 00:00:10:10，调整【级别】的数值，添加第 4 个关键帧，如图 6-23 所示。

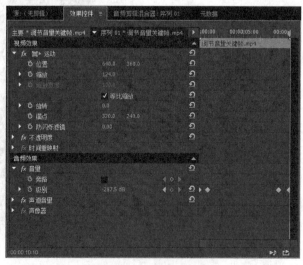

图 6-23 添加关键帧 4

10 查看【时间线】窗口中音频的淡入淡出，如图 6-24 所示。

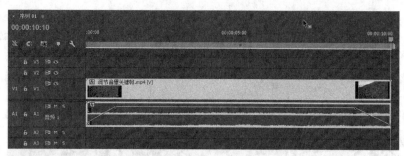

图 6-24 音频淡入淡出

11 按【Ctrl】键，在【时间线】窗口中鼠标指针靠近音量关键帧时，变成角标指针，单击关键帧，调整运动曲线句柄，改变曲线插值方式，如图 6-25 所示。

12 保存场景，在【节目监视器】窗口中查看效果。

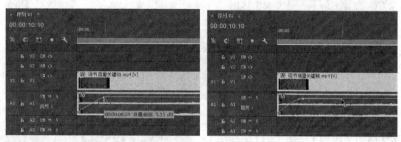

图 6-25 调节音量关键帧

实例 096 调节音频的速度

- **实例文件**┃工程/第6章/调节音频的速度.prproj
- **视频教学**┃视频/第6章/调节音频的速度.mp4
- **难易程度**┃★★★☆☆
- **学习时间**┃3分10秒
- **实例要点**┃调整素材长度和速率曲线

┃ 操作步骤 ┃

01 运行 Premiere Pro CC，在欢迎界面中单击【新建项目】按钮，在【新建项目】对话框中选择项目的保存路径，对项目进行命名，单击【确定】按钮。

02 按【Ctrl+N】组合键，弹出【新建序列】对话框，在【序列预设】选项卡下【可用预设】区域中选择"HDV｜HDV 720p25"选项，单击【确定】按钮。

03 进入操作界面，在【项目】窗口中【名称】区域空白处双击，在弹出的对话框中选择随书附带资源中的"素材｜第6章"下的"调节音频速度.mp4"素材文件，单击【打开】按钮，如图 6-26 所示。

图 6-26 导入素材

04 将导入的视音频素材拖至【时间线】窗口的轨道中，设置缩放比例为 105%，展开音频波形，如图 6-27 所示。

05 右键单击，在弹出的菜单中选择【取消链接】命令。选择音频素材，右键单击，在弹出的菜单中选择【速度 / 持续时间】命令，在弹出的对话框中设置持续时间的数值，如图 6-28 所示。

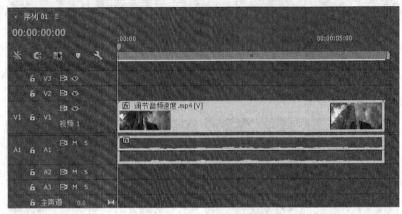

图 6-27 添加素材到时间线

图 6-28 调整音频素材持续时间

06 单击【确定】按钮，在【时间线】窗口中音频素材延长到 7 秒，如图 6-29 所示。

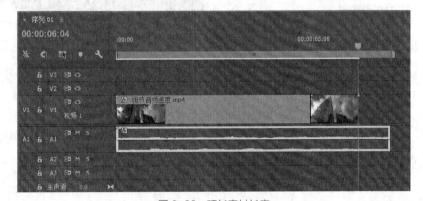

图 6-29 延长素材长度

07 拖曳当前指针到 00:00:04:00，选择视频素材，在【效果控件】面板中展开【时间重映射】组，添加【速度】的关键帧，调整速率曲线，如图 6-30 所示。

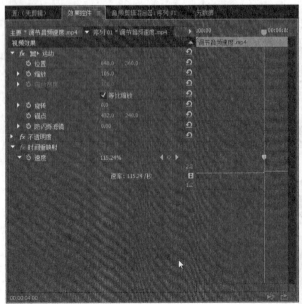
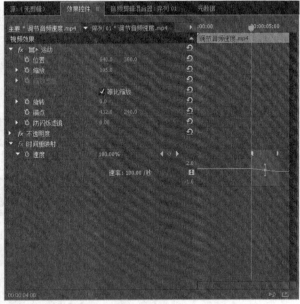

图 6-30 调整速率曲线

08 查看【时间线】窗口中音频和视频速度的变化，如图 6-31 所示。

09 保存场景，在【节目监视器】窗口中查看效果。

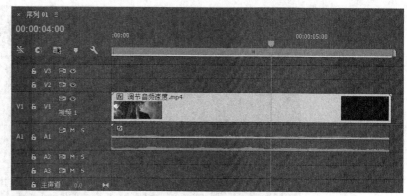

图 6-31　查看素材变化

实 例
097　声音的淡入淡出

- **实例文件**｜工程/第6章/声音的淡入淡出.prproj
- **视频教学**｜视频/第6章/声音的淡入淡出.mp4
- **难易程度**｜★★★☆☆

- **学习时间**｜3分59秒
- **实例要点**｜应用【恒定功率】过渡特效和添加关键帧创建淡入淡出

操作步骤

01 运行 Premiere Pro CC，在欢迎界面中单击【新建项目】按钮，在【新建项目】对话框中选择项目的保存路径，对项目进行命名，单击【确定】按钮。

02 按【Ctrl+N】组合键，弹出【新建序列】对话框，在【序列预设】选项卡下【可用预设】区域中选择"HDV | HDV 720p25"选项，单击【确定】按钮。

03 进入操作界面，在【项目】窗口中【名称】区域空白处双击，在弹出的对话框中选择随书附带资源中的"素材 | 第 6 章"下的"声音淡入淡出 01.mp4"和"声音淡入淡出 02.mp4"素材文件，单击【打开】按钮，如图 6-32 所示。

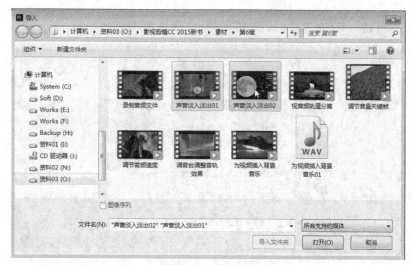

图 6-32　导入素材

04 将导入的素材"声音淡入淡出 01.mp4"拖至【时间线】窗口【V1】轨道中，确定当前时间为 00:00:05:20，如图 6-33 所示。

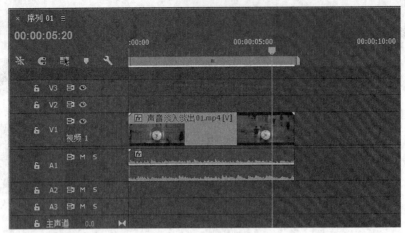

图 6-33　添加素材到时间线

05 拖曳素材文件"声音淡入淡出 02.mp4"到【V1】上，对齐当前指针，如图 6-34 所示。

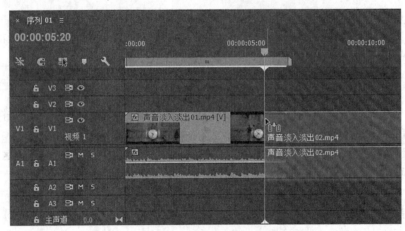

图 6-34　添加素材到时间线

06 选择【波纹编辑工具】 ，向右拖曳第 2 段素材的首端，如图 6-35 所示。

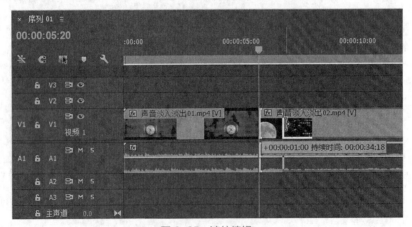

图 6-35　波纹编辑

07 添加【恒定功率】过渡特效到两段素材的中间，如图 6-36 所示。

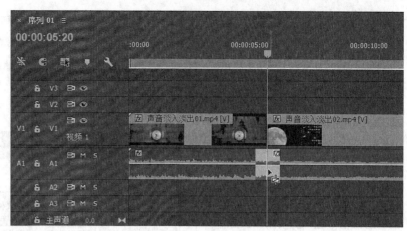

图 6-36　添加过渡特效

08 拖曳【恒定功率】过渡特效到第
1 段音频的首端，创建淡入效果，如
图 6-37 所示。

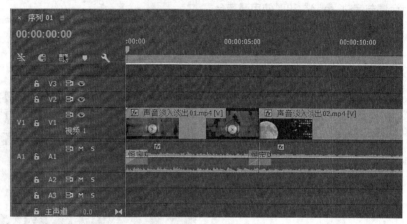

图 6-37　添加过渡特效

09 在第 2 段音频的尾端，选择【钢笔工具】添加两个关键帧，创建淡出效果，如图 6-38 所示。

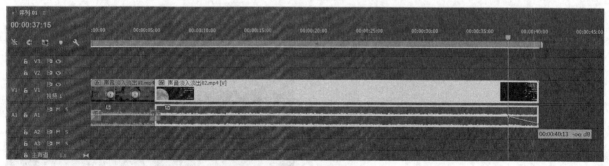

图 6-38　添加关键帧

10 保存场景，在【节目监视器】窗口中查看效果。

实例 098　使用调音台调节音轨

- **实例文件** | 工程/第6章/使用调音台调节音轨.prproj
- **视频教学** | 视频/第6章/使用调音台调节音轨.mp4
- **难易程度** | ★★★★☆
- **学习时间** | 4分44秒
- **实例要点** | 使用调音台调节音轨并记录关键帧

━┃ 操作步骤 ┃━

01 运行 Premiere Pro CC，在欢迎界面中单击【新建项目】按钮，在【新建项目】对话框中选择项目的保存路径，

对项目进行命名，单击【确定】按钮。

02 按【Ctrl+N】组合键，弹出【新建序列】对话框，在【序列预设】选项卡下【可用预设】区域中选择"HDV | HDV 720p25"选项，单击【确定】按钮。

03 进入操作界面，在【项目】窗口中【名称】区域空白处双击，在弹出的对话框中选择随书附带资源中的"素材 I 第 6 章"下的"使用调音台调节音轨 .mp4"和"使用调音台调节音轨 02.mp3"素材文件，单击【打开】按钮，如图 6-39 所示。

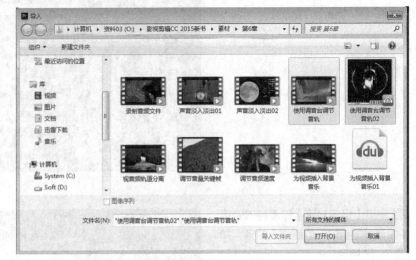

图 6-39 导入素材

04 将导入的"使用调音台调节音频 .mp4"文件拖至【时间线】窗口的【V1】和【A1】轨道中，展开音频波形，如图 6-40 所示。

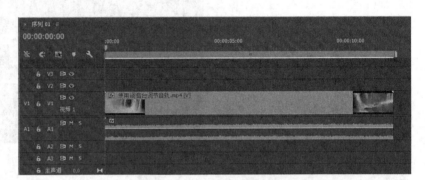

图 6-40 拖入音频素材

05 在【项目】窗口中双击音频文件"使用调音台调节音轨 02.mp3"，在【素材监视器】窗口中打开，设置入点和出点，如图 6-41 所示。

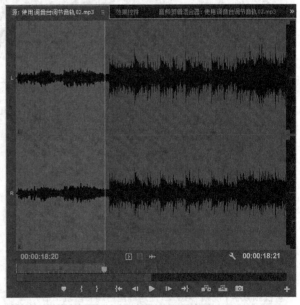

图 6-41 设置入点和出点

06 从【素材监视器】窗口中拖曳音频素材到【A2】轨道上，如图 6-42 所示。

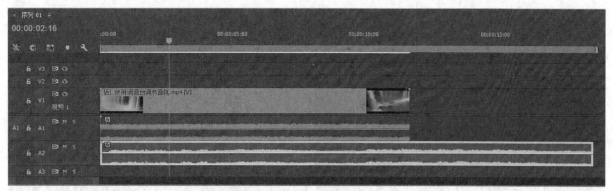

图 6-42　添加音频素材到时间线

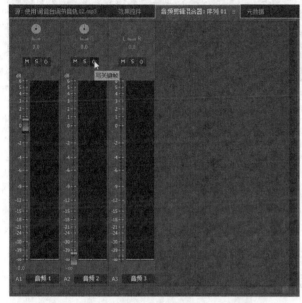

图 6-43　调整音轨

07 激活【音频剪辑混合器】，将【A2】轨上的音量滑块拖至最低端，单击【写关键帧】按钮，如图 6-43 所示。

08 确定当前时间为序列的起点，按空格键开始播放，向上推音量滑块，会在【时间线】窗口中看到音量的运动曲线，创建了【A2】轨道音乐淡入的效果，如图 6-44 所示。

图 6-44　创建音轨关键帧

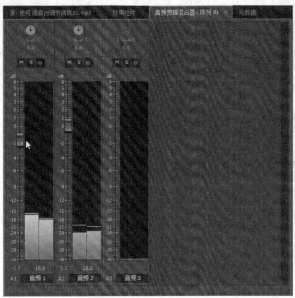

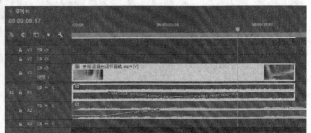

09 将当前时间重新回到序列的起点，单击【A1】轨道的【写关键帧】按钮，按空格键开始播放，推音量滑块创建该音轨在中间部分渐弱渐强的变化，如图 6-45 所示。

10 保存场景，在【节目监视器】窗口中查看效果。

图 6-45　创建音轨关键帧

实例 099　录制音频文件

● **实例文件** ┃ 工程/第6章/录制音频文件.prproj
● **视频教学** ┃ 视频/第6章/录制音频文件.mp4
● **难易程度** ┃ ★★★★☆
● **学习时间** ┃ 4分35秒
● **实例要点** ┃ 应用【音频混合器】录制音频

操作步骤

01 运行 Premiere Pro CC，在欢迎界面中单击【新建项目】按钮，在【新建项目】对话框中选择项目的保存路径，对项目进行命名，单击【确定】按钮。

02 按【Ctrl+N】组合键，弹出【新建序列】对话框，在【序列预设】选项卡下【可用预设】区域中选择 "HDV | HDV 720p25" 选项，单击【确定】按钮。

03 进入操作界面，在【项目】窗口中【名称】区域空白处双击，在弹出的对话框中选择随书附带资源中的 "素材 | 第6章" 下的 "录制音频文件.mp4" 素材文件，单击【打开】按钮，如图 6-46 所示。

图 6-46　导入素材

04 拖曳素材到【时间线】窗口中，展开音频波形，如图 6-47 所示。

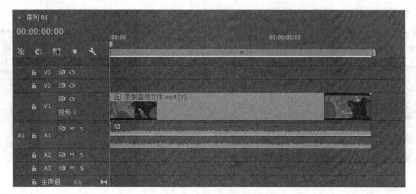

图 6-47　添加音频到时间线

05 拖曳当前指针到序列的起点，激活【音轨混合器】面板，单击【启用轨道以进行录制】按钮，并单击面板底部的【录制】◎ 按钮准备开始录制声音，如图 6-48 所示。

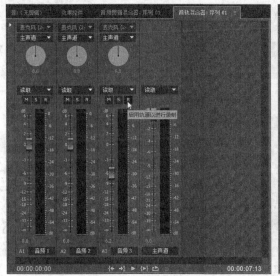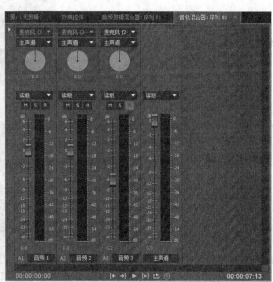

图 6-48　准备录制声音

06 按空格键开始播放时间线，录制声音，如图 6-49 所示。

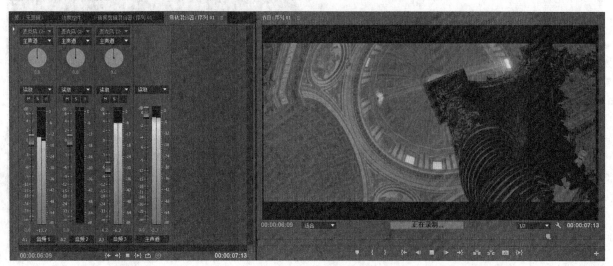

图 6-49　录制声音

07 单击【停止】▣按钮停止录制，在【时间线】窗口的【A3】轨道添加了音频素材，同时录制的声音会保存到【项目】窗口中，如图6-50所示。

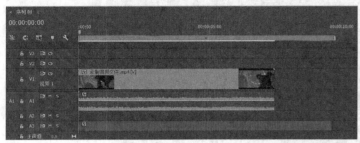

图6-50　添加音频素材

08 展开轨道查看音频波形，如图6-51所示。

09 在【时间线】窗口中对音频素材进行修剪，如图6-52所示。

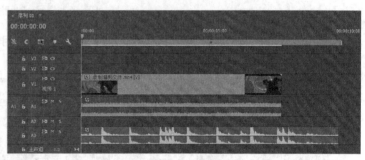

图6-51　查看音频波形

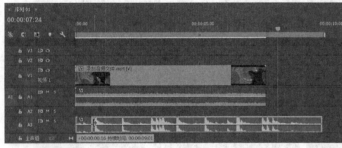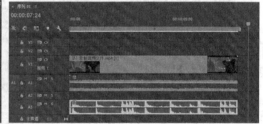

图6-52　修剪音频素材

10 在【音轨混合器】中调整【A3】轨道的音量，如图6-53所示。

11 保存场景，在【节目监视器】窗口中监听效果。

图6-53　调整音轨音量

第 **07** 章

音频特效

在Premiere Pro CC中可以为音频添加特效，通过为普通的音频素材添加音频特效，可以制作出特殊的声音效果，如山谷回声效果、室内混响效果、超重低音效果等。音频特效分为3组，分别是单声道、立体声、5.1声道，本章主要对常用的音频特效进行介绍。

实 例
100 均衡器优化高低音

● **实例文件** | 工程/第7章/均衡器优化高低音.prproj   ● **学习时间** | 2分36秒

● **视频教学** | 视频/第7章/均衡器优化高低音.mp4   ● **实例要点** | 【EQ】特效的应用

● **难易程度** | ★★★☆☆

—| **操作步骤** |—

01 运行 Premiere Pro CC，在欢迎界面中单击【新建项目】按钮，在【新建项目】对话框中选择项目的保存路径，对项目进行命名，单击【确定】按钮。

02 按【Ctrl+N】组合键，弹出【新建序列】对话框，在【序列预设】选项卡下【可用预设】区域中选择 "HDV | HDV 720p25" 选项，单击【确定】按钮，如图 7-1 所示。

03 进入操作界面，在【项目】窗口中【名称】栏空白处双击，在弹出的对话框中选择随书附带资源中的 "素材 | 第7章" 下的 "均衡器优化高低音 .mp4" 素材文件，单击【打开】按钮，如图 7-2 所示。

图 7-1 新建序列   图 7-2 导入素材

04 将 "均衡器优化高低音 .mp4" 文件拖至【时间线】窗口的【V1】和【A1】轨道中，如图 7-3 所示。

05 为音频轨道添加【EQ】特效，如图 7-4 所示。

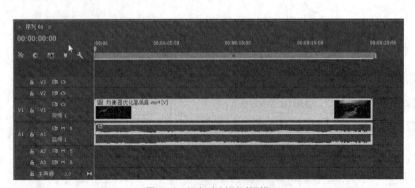

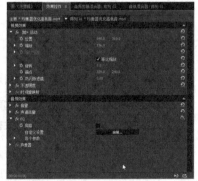

图 7-3 添加素材到时间线   图 7-4 添加【EQ】特效

06 激活【效果控件】面板，单击展开【EQ】组中的【自定义设置】右边的【编辑】按钮，弹出【剪辑效果编辑器】面板，如图 7-5 所示。

07 分别勾选【Mid1】、【Mid2】、【Mid3】和【High】复选框，然后调整相应的参数，如图 7-6 所示。

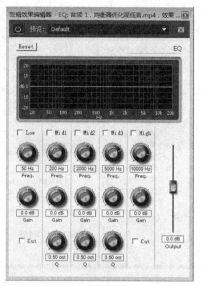

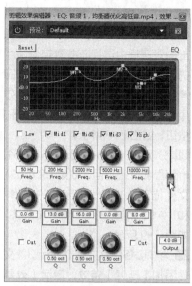

图 7-5　剪辑效果编辑器　　　　　　　　图 7-6　设置特效参数

08 关闭【剪辑效果编辑器】，单击【播放】按钮▶监听音乐的效果，根据需要可以继续调整。

> **提示**
>
> 除了自定义设置参数外，也可以选择预设特效（比如选择一个重低音效果），如图 7-7 所示。

09 保存场景，在【节目监视器】窗口中欣赏制作完的效果。

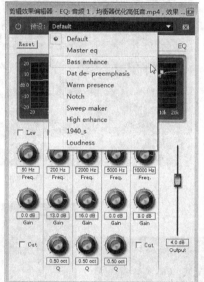

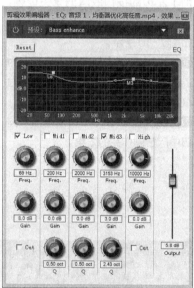

图 7-7　选择预设特效

实例 101　山谷回声效果

- **实例文件**｜工程/第7章/山谷回声效果.prproj
- **视频教学**｜视频/第7章/山谷回声效果.mp4
- **难易程度**｜★★★☆☆
- **学习时间**｜2分40秒
- **实例要点**｜【延迟】特效的应用

┤操作步骤├

01 运行 Premiere Pro CC，在欢迎界面中单击【新建项目】按钮，在【新建项目】对话框中选择项目的保存路径，对项目进行命名，单击【确定】按钮。

02 按【Ctrl+N】组合键，弹出【新建序列】对话框，在【序列预设】选项卡下【可用预设】区域中选择"HDV | HDV 720p25"选项，单击【确定】按钮。

03 进入操作界面，在【项目】窗口中【名称】区域空白处双击，在弹出的对话框中选择随书附带资源中的"素材 | 第 7 章"下的"山谷回声效果 01.mp4"和"山谷回声效果 02.mp3"素材文件，单击【打开】按钮，如图 7-8 所示。

04 分别将"山谷回声效果 01.mp4"和"山谷回声效果 02.mp3"文件拖至【时间线】窗口的【V1】和【A1】轨道中，并且尾端对齐，如图 7-9 所示。

05 为"山谷回声效果 02.mp3"文件添加【延迟】特效，激活【效果空间】面板，单击【音量】组中【级别】左边的按钮取消记录关键帧，调整【级别】数值为 6，提高音量，如图 7-10 所示。

06 设置【延迟】组中的【延迟】为 2 秒，【反馈】为 35%，【混合】为 40%，如图 7-11 所示。

07 保存场景，在【节目监视器】窗口中欣赏制作完的效果。

图 7-8　导入素材

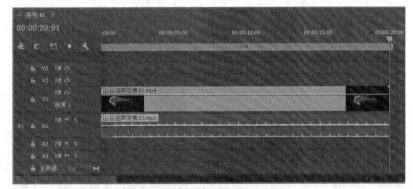

图 7-9　添加音频素材到时间线

图 7-10　调整音量级别

图 7-11　调整【延迟】特效参数

实例 102　消除嗡嗡电流声

- **实例文件** | 工程/第 7 章/消除嗡嗡电流声.prproj
- **视频教学** | 视频/第 7 章/消除嗡嗡电流声.mp4
- **难易程度** | ★★★★☆
- **学习时间** | 2 分 18 秒
- **实例要点** | 【DeNoiser】和【高通】特效的应用

操作步骤

01 运行 Premiere Pro CC，在欢迎界面中单击【新建项目】按钮，在【新建项目】对话框中选择项目的保存路径，对项目进行命名，单击【确定】按钮。

02 按【Ctrl+N】组合键，弹出【新建序列】对话框，在【序列预设】选项卡下【可用预设】区域中选择"HDV | HDV 720p25"选项，单击【确定】按钮。

03 进入操作界面，在【项目】窗口中【名称】区域空白处双击，在弹出的对话框中选择随书附带资源中的"素材 I 第 7 章"下的"消除嗡嗡的电流声 .wav"素材文件，单击【打开】按钮，如图 7-12 所示。

图 7-12　导入素材

04 将导入的"消除嗡嗡的电流声 .wav"文件拖至【时间线】窗口【A1】轨道中，展开音频波形，如图 7-13 所示。

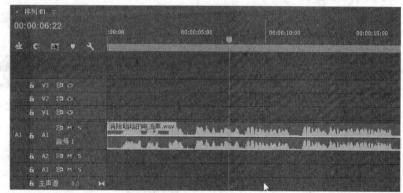

图 7-13　添加音频素材至时间线

05 为"消除嗡嗡的电流声 .wav"文件添加【DeNoiser】特效，如图 7-14 所示。

06 激活【效果控件】面板，在【DeNoiser】组中单击【自定义设置】右边的【编辑】按钮，弹出【剪辑效果编辑器】对话框，如图 7-15 所示。

07 调整【Reduction】为 –20dB，【Offset】为 10dB，勾选【Freeze】复选框，如图 7-16 所示。

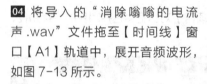

图 7-14　添加【DeNoiser】特效

图 7-15　剪辑效果编辑器

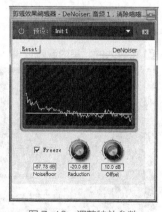

图 7-16　调整特效参数

08 添加【高通】特效，并设置参数，如图 7-17 所示。

09 保存场景，在【节目监视器】窗口中欣赏制作完的效果。

图 7-17　添加特效并设置参数

实例 103　室内混响效果

- **实例文件** | 工程/第7章/室内混响效果.prproj
- **视频教学** | 视频/第7章/室内混响效果.mp4
- **难易程度** | ★★★☆☆
- **学习时间** | 2分07秒
- **实例要点** | 应用【Reverb】特效并选择合适的预设

|操作步骤|

01 运行 Premiere Pro CC，在欢迎界面中单击【新建项目】按钮，在【新建项目】对话框中选择项目的保存路径，对项目进行命名，单击【确定】按钮。

02 按【Ctrl+N】组合键，弹出【新建序列】对话框，在【序列预设】选项卡下【可用预设】区域中选择"HDV | HDV 720p25"选项，单击【确定】按钮。

03 进入操作界面，在【项目】窗口中【名称】区域空白处双击，在弹出的对话框中选择随书附带资源中的"素材 | 第 7 章"下的"室内混响效果 .wav"素材文件，单击【打开】按钮，如图 7-18 所示。

图 7-18　导入素材

04 将导入的"室内混响效果 .wav"素材文件拖至【时间线】窗口【A1】轨道中，如图 7-19 所示。

05 确定"室内混响效果 .wav"文件处于选中状态，为其添加【Reverb】特效，如图 7-20 所示。

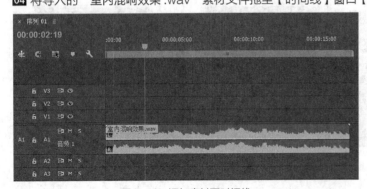

图 7-19　添加素材至时间线

图 7-20　添加【Reverb】特效

06 激活【效果控件】面板，单击【Reverb】组中【自定义设置】右边的【编辑】按钮，弹出【剪辑效果编辑器】面板，如图 7-21 所示。

07 选择预设特效，如图 7-22 所示。

08 调整【个别参数】中的参数，如图 7-23 所示。

09 保存场景，在【节目监视器】窗口中欣赏制作完的效果。

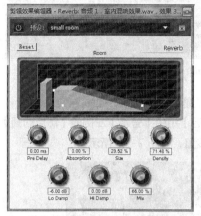

图 7-21　剪辑效果编辑器

图 7-22　选择预设特效

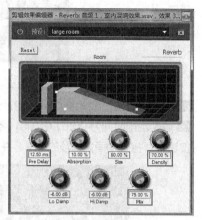

图 7-23　设置特效参数

实例 104　为自己歌声增加伴唱

- **实例文件**｜工程/第7章/为自己歌声增加伴唱.prproj
- **视频教学**｜视频/第7章/为自己歌声增加伴唱.mp4
- **难易程度**｜★★★☆☆
- **学习时间**｜5分18秒
- **实例要点**｜【多功能延迟】特效的应用

┫ 操作步骤 ┣

01 运行 Premiere Pro CC，在欢迎界面中单击【新建项目】按钮，在【新建项目】对话框中选择项目的保存路径，对项目进行命名，单击【确定】按钮。

02 按【Ctrl+N】组合键，弹出【新建序列】对话框，在【序列预设】选项卡下【可用预设】区域中选择"HDV | HDV 720p25"选项，单击【确定】按钮。

03 进入操作界面，在【项目】窗口中【名称】区域空白处双击，在弹出的对话框中选择随书附带资源中的"素材 | 第 7 章"下的"为自己歌声增加伴唱 01.mp3"和"为自己歌声增加伴唱 02.mp3"素材文件，单击【打开】按钮，如图 7-24 所示。

图 7-24　导入素材

04 将导入的素材文件拖至【时间线】窗口【A1】和【A2】轨道中，唱词和伴奏对齐，如图 7-25 所示。

图 7-25　添加素材到时间线

05 确定"为自己歌声增加伴唱 02.mp3"文件处于选中状态，为其添加【多功能延迟】特效，如图 7-26 所示。

06 确定当前时间为 00:01:07:00，激活【效果控件】面板，单击【多功能延迟】组中【旁路】左侧的【切换动画】按钮，打开动画关键帧的记录，并勾选其右侧的复选框，然后对参数进行设置，如图 7-27 所示。

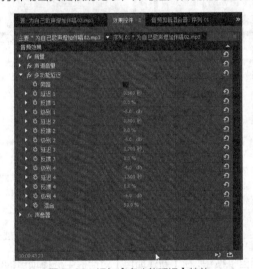

图 7-26　添加【多功能延迟】特效

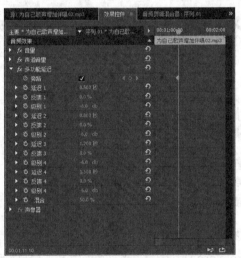

图 7-27　设置关键帧 1

07 设置当前时间为 00:01:11:15，然后取消勾选【多功能延迟】组中【旁路】右侧的复选框，如图 7-28 所示。

08 设置当前时间为 00:01:27:20，勾选【多功能延迟】组中【旁路】右侧的复选框，如图 7-29 所示。

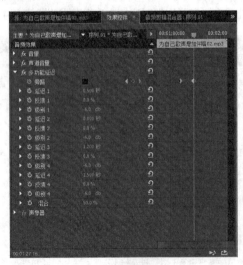

图 7-28　设置关键帧 2

图 7-29　设置关键帧 3

09 保存场景，然后在【节目监视器】窗口中欣赏效果。

实 例 105　左右声道渐变转化

- **实例文件** | 工程/第7章/左右声道渐变转化.prproj
- **视频教学** | 视频/第7章/左右声道渐变转化.mp4
- **难易程度** | ★★★☆☆
- **学习时间** | 2分32秒
- **实例要点** | 【声道音量】特效的应用

操作步骤

01 运行 Premiere Pro CC，在欢迎界面中单击【新建项目】按钮，在【新建项目】对话框中选择项目的保存路径，对项目进行命名，单击【确定】按钮。

02 按【Ctrl+N】组合键，弹出【新建序列】对话框，在【序列预设】选项卡下【可用预设】区域中选择"HDV | HDV 720p25"选项，单击【确定】按钮。

03 进入操作界面，在【项目】窗口中【名称】区域空白处双击，在弹出的对话框中选择随书附带资源中的"素材 I 第 7 章"下的"左右声道渐变转化.mp3"素材文件，单击【打开】按钮，如图 7-30 所示。

图 7-30　导入素材

04 将"左右声道渐变转化.mp3"文件拖至【时间线】窗口【A1】轨道中，如图 7-31 所示。

05 确定当前时间为 00:00:00:00，为"左右声道渐变转化.mp3"文件添加【声道音量】特效，如图 7-32 所示。

图 7-31　添加音频素材到时间线

图 7-32　添加【声道音量】特效

06 确定当前时间为 00:00:00:00，激活【效果控件】面板，在【声道音量】组中设置【左】为 0dB，【右】设置为 -4dB，分别单击它们左侧的【切换动画】按钮 ，如图 7-33 所示。

07 设置当前时间为 00:00:10:00，在【声道音量】组中设置【左】、【右】的值分别为 -4dB、0dB，如图 7-34 所示。

08 保存场景，然后在【节目监视器】窗口中欣赏效果。

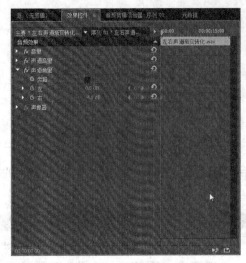

图 7-33　设置关键帧 1

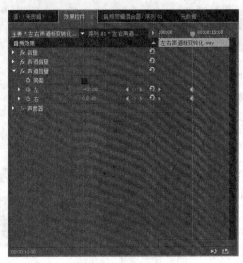

图 7-34　设置关键帧 2

实例 106　高低音转换

- **实例文件** | 工程/第7章/高低音转换.prproj
- **视频教学** | 视频/第7章/高低音转换.mp4
- **难易程度** | ★★★☆☆
- **学习时间** | 2分05秒
- **实例要点** | 【Dynamics】特效的应用

操作步骤

01 运行 Premiere Pro CC，在欢迎界面中单击【新建项目】按钮，在【新建项目】对话框中选择项目的保存路径，对项目进行命名，单击【确定】按钮。

02 按【Ctrl+N】组合键，弹出【新建序列】对话框，在【序列预设】选项卡下【可用预设】区域中选择"HDV | HDV 720p25"选项，单击【确定】按钮。

03 进入操作界面，在【项目】窗口中【名称】区域空白处双击，在弹出的对话框中选择随书附带资源中的"素材 | 第7章"下的"高低音转换.mp3"素材文件，单击【打开】按钮，如图 7-35 所示。

图 7-35　导入素材

04 将"高低音转换.mp3"文件拖至【时间线】窗口【A1】轨道中，如图 7-36 所示。

05 确定当前时间在序列的起点，选中音频轨道，为素材添加【Dynamics】特效，激活【效果控件】面板，单击【自定义设置】右边的【编辑】按钮，弹出【剪辑效果编辑器】面板，如图 7-37 所示。

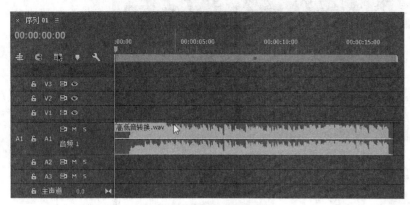

图 7-36 添加素材到时间线

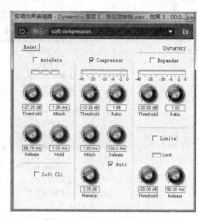

图 7-37 剪辑效果编辑器

06 选择预设特效,相应参数自动发生改变,如图 7-38 所示。

07 播放节目,监听音频效果,如图 7-39 所示。

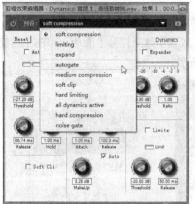

图 7-38 设置特效参数

图 7-39 监听音频效果

08 保存场景,然后在【节目监视器】窗口中欣赏效果。

实例 107 制作奇异音调效果

- **实例文件** | 工程/第7章/制作奇异音调效果.prproj
- **视频教学** | 视频/第7章/制作奇异音调效果.mp4
- **难易程度** | ★★★☆☆
- **学习时间** | 2分45秒
- **实例要点** | 【PitchShifter】特效的应用

操作步骤

01 运行 Premiere Pro CC,在欢迎界面中单击【新建项目】按钮,在【新建项目】对话框中选择项目的保存路径,对项目进行命名,单击【确定】按钮。

02 按【Ctrl+N】组合键,弹出【新建序列】对话框,在【序列预设】选项卡下【可用预设】区域中选择"HDV | HDV 720p25"选项,单击【确定】按钮。

03 进入操作界面,在【项目】窗口中【名称】区域空白处双击,在弹出的对话框中选择随书附带资源中的"素材 | 第7章"下的"制作奇异音调效果.mp3"素材文件,单击【打开】按钮,如图 7-40 所示。

图 7-40　导入素材

04 将"制作奇异音调效果 .mp3"文件拖至【时间线】窗口【A1】轨道中，如图 7-41 所示。

05 确定当前时间为 00:00:00:00，为音频文件添加【PitchShifter】特效，激活【效果控件】面板，单击【自定义设置】右边的【编辑】按钮，弹出【剪辑效果编辑器】面板，如图 7-42 所示。

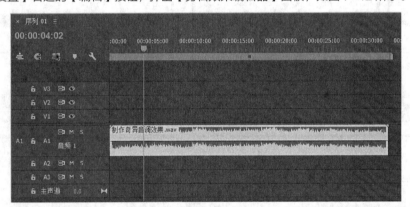

图 7-41　添加音频素材到时间线

图 7-42　剪辑效果编辑器

06 在 00:00:09:00 设置【旁路】关键帧，00:00:10:00 取消勾选【旁路】复选框，00:00:21:00 勾选【旁路】复选框，如图 7-43 所示。

07 保存场景，然后在【节目监视器】窗口中欣赏效果。

图 7-43　设置关键帧

实例 108 普通音乐中交响乐效果

- **实例文件** | 工程/第7章/普通音乐中交响乐效果 .prproj
- **视频教学** | 视频/第7章/普通音乐中交响乐效果 .mp4
- **难易程度** | ★★★★☆
- **学习时间** | 2分38秒
- **实例要点** | 【Multi band Compressor（多频段压缩器(旧版))】特效的应用

操作步骤

01 运行 Premiere Pro CC，在欢迎界面中单击【新建项目】按钮，在【新建项目】对话框中选择项目的保存路径，对项目进行命名，单击【确定】按钮。

02 按【Ctrl+N】组合键，弹出【新建序列】对话框，在【序列预设】选项卡下【可用预设】区域中选择"HDV | HDV 720p25"选项，单击【确定】按钮。

03 进入操作界面，在【项目】窗口中【名称】区域空白处双击，在弹出的对话框中选择随书附带资源中的"素材 | 第7章"下的"普通音乐中交响乐效果 .mp3"素材文件，单击【打开】按钮，如图7-44所示。

图 7-44 导入素材

04 将"普通音乐中交响乐效果 .mp3"文件拖曳至【时间线】窗口【A1】轨道中，如图 7-45 所示。

05 为音频文件添加【Multi band Compressor（多频段压缩器（旧版）)】特效，激活【效果控件】面板，单击【自定义设置】右边的【编辑】按钮，弹出【剪辑效果编辑器】面板，如图 7-46 所示。

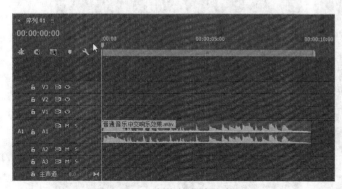

图 7-45 添加音频素材到时间线

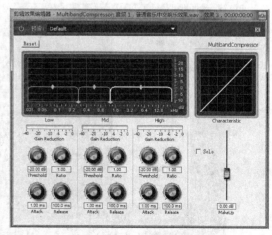

图 7-46 剪辑效果编辑器

06 选择合适的预设特效，如图 7-47 所示。

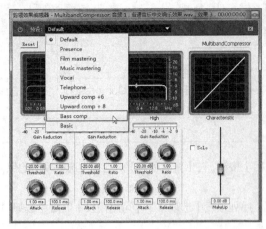
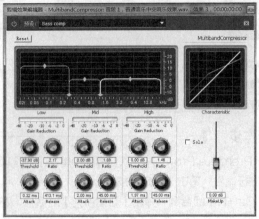

图 7-47　选择预设特效

07 播放节目，监听音乐效果，可以随时调整相应参数，如图 7-48 所示。

08 新版的【多频段压缩（限）器】界面有很大的改变，如图 7-49 所示。

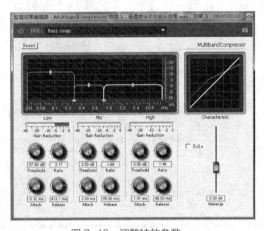
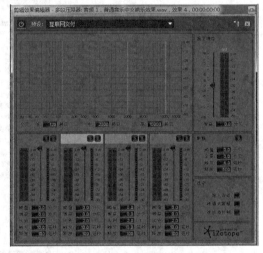

图 7-48　调整特效参数　　　　　　　　　　　图 7-49　新版界面

09 新版界面有更丰富的预设特效可以选择，如图 7-50 所示。

10 播放节目，监听音乐效果，调整相应参数，如图 7-51 所示。

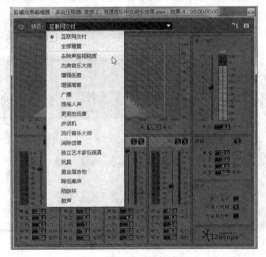
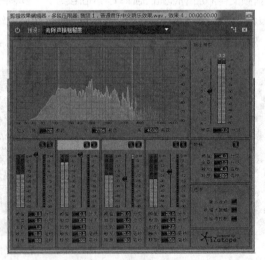

图 7-50　预设特效选项　　　　　　　　　　　图 7-51　调整参数

11 保存场景，然后在【节目监视器】窗口中欣赏效果。

实例 109　超重低音效果

- **实例文件** | 工程/第7章/超重低音效果.prproj
- **视频教学** | 视频/第7章/超重低音效果.mp4
- **难易程度** | ★★★☆☆
- **学习时间** | 3分20秒
- **实例要点** | 【低通】和【低音】特效的应用

操作步骤

01 运行 Premiere Pro CC，在欢迎界面中单击【新建项目】按钮，在【新建项目】对话框中选择项目的保存路径，对项目进行命名，单击【确定】按钮。

02 按【Ctrl+N】组合键，弹出【新建序列】对话框，在【序列预设】选项卡下【可用预设】区域中选择"HDV | HDV 720p25"选项，单击【确定】按钮。

03 进入操作界面，在【项目】窗口中【名称】区域空白处双击，在弹出的对话框中选择随书附带资源中的"素材 | 第 7 章"下的"超重低音效果 .mp3"素材文件，单击【打开】按钮，如图 7-52 所示。

图 7-52　导入素材

04 将"超重低音效果 .mp3"文件拖至【时间线】窗口【A1】轨道中，如图 7-53 所示。

05 播放节目监听音频过高，如图 7-54 所示。

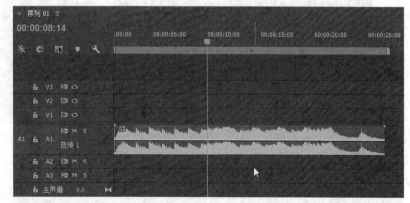

图 7-53　添加音频素材到时间线

图 7-54　监听声音

06 在【效果控件】面板中降低【级别】为 -4dB，添加【低通】特效，如图 7-55 所示。

07 添加【低音】特效，激活【效果控件】面板，设置【提升】为 6dB，调整【级别】和【低通】参数，如图 7-56 所示。

图 7-55　添加特效

图 7-56　调整特效参数

08 设置当前时间为 00:00:07:20，设置【提升】的关键帧，拖曳当前指针到 00:00:11:12 调整【提升】值为 8dB，如图 7-57 所示。

09 拖曳当前指针到 00:00:16:08，单击【添加 / 移除关键帧】按钮 ■，添加关键帧，拖曳当前指针到 00:00:17:08，调整【提升】数值为 4dB，如图 7-58 所示。

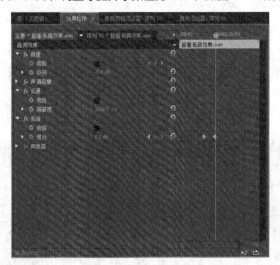

图 7-57　设置关键帧 1

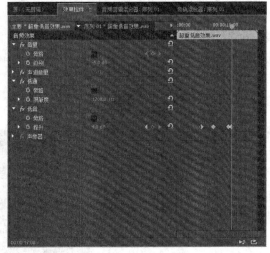

图 7-58　设置关键帧 2

10 保存场景，然后在【节目监视器】窗口中欣赏效果。

实例 110　左右声道各自为主

- **实例文件**｜工程/第7章/左右声道各自为主.prproj
- **学习时间**｜2分56秒
- **视频教学**｜视频/第7章/左右声道各自为主.mp4
- **实例要点**｜应用【音频剪辑混合器】单独控制左右声道
- **难易程度**｜★★★★☆

┫ 操作步骤 ┣

01 运行 Premiere Pro CC，在欢迎界面中单击【新建项目】按钮，在【新建项目】对话框中选择项目的保存路径，对项目进行命名，单击【确定】按钮。

02 按【Ctrl+N】组合键，弹出【新建序列】对话框，在【序列预设】选项卡下【可用预设】区域中选择"HDV |

HDV 720p25"选项,单击【确定】
按钮。

03 进入操作界面,在【项目】窗口
【名称】区域空白处双击,在弹出的
对话框中选择随书附带资源中的"素
材 I 第 7 章"下的"左右声道各自
为主 01.mp3"和"左右声道各自
为主 02.mp3"素材文件,单击【打
开】按钮,如图 7-59 所示。

图 7-59　导入素材

04 分别将"左右声道各自为主
01.mp3"和"左右声道各自为主
02.mp3"拖至【时间线】窗口【A1】
和【A2】轨道中,如图 7-60 所示。

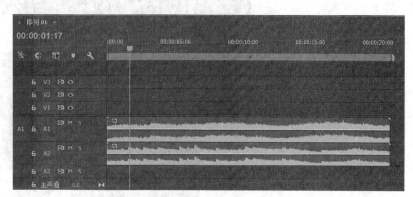

图 7-60　添加音频素材到时间线

05 激活【音频剪辑混合器】面板,设置【A1】轨道为 -00,【A2】轨道为 0,如图 7-61 所示。

06 按空格键开始播放节目,从 00:00:02:15 开始慢慢向上推动【A1】轨道的音量滑块,大概到 00:00:07:15 结束,
如图 7-62 所示。

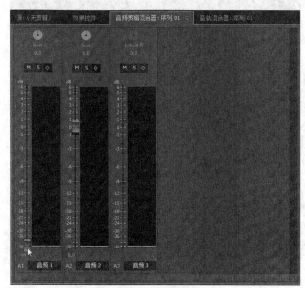

图 7-61　设置调音台

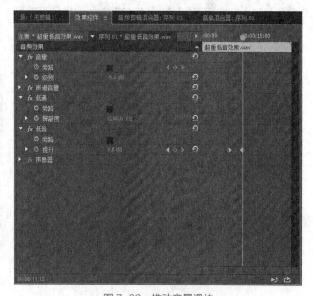

图 7-62　推动音量滑块

07 从 00:00:08:18 开始向下拖曳【A2】的音量滑块,大概到 00:00:14:00 结束,如图 7-63 所示。

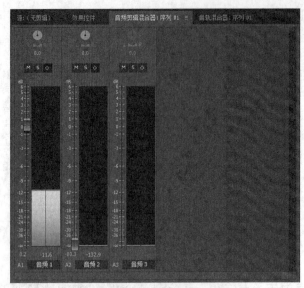

图 7-63　拖曳音量滑块

08 播放节目完毕，记录了音频音量
的关键帧，如图 7-64 所示。

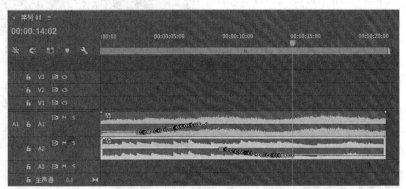

图 7-64　查看关键帧

09 调整【A1】和【A2】轨道顶部的左右声道偏移值，
使得【A1】在左声道，【A2】在右声道，这样监听节目
时左右声道的内容和音量是各不相同的，如图 7-65
所示。

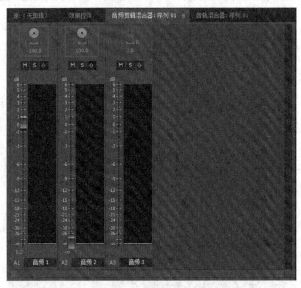

图 7-65　调整声道偏移

10 保存场景，然后在【节目监视器】窗口中欣赏效果。

第 **08** 章

影视特效

本章重点

多画面电视墙　　　　镜头快慢播放效果　　　　视频的条纹拖尾效果

动态幻影效果　　　　电视放映效果　　　　　　画面瞄准镜效果

电视片段倒计时效果　　视频画中画　　　　　　视频片段倒放效果

节目中断的电视荧屏效果　　动态网格球效果　　　带相框的画面

动态柱状图　　　动态圆饼图　　　宽荧屏电影效果　　　立体电影空间

本章实例主要是综合应用Premiere Pro CC中的视频特效创建视觉效果，包括对素材速度的处理、多画面组合效果、立体空间效果等，还包括柱状图和圆饼图等利用字幕特技创造的动态效果，可以制作出拍摄不到的特技效果。

实例 111 多画面电视墙

- **实例文件** | 工程/第8章/多画面电视墙.prproj
- **视频教学** | 视频/第8章/多画面电视墙.mp4
- **难易程度** | ★★★☆☆
- **学习时间** | 11分25秒
- **实例要点** | 【复制】、【棋盘】和【网格】特效的应用

本实例的最终效果如图8-1所示。

图 8-1　多画面电视墙效果

┃ 操作步骤 ┃

01 运行 Premiere Pro CC，在欢迎界面中单击【新建项目】按钮，在【新建项目】对话框中选择项目的保存路径，对项目进行命名，单击【确定】按钮。

02 按【Ctrl+N】组合键，弹出【新建序列】对话框，在【序列预设】选项卡下【可用预设】栏中选择"HDV | HDV 720p25"选项，单击【确定】按钮，如图8-2所示。

图 8-2　新建序列

03 进入操作界面，在【项目】窗口中【名称】栏空白处双击，在弹出的对话框中选择随书附带资源中的"素材 | 第8章"下的"多画面电视墙01.jpg"~"多画面电视墙09.jpg"素材文件，单击【打开】按钮，如图8-3所示。

图 8-3　导入素材

04 将"多画面电视墙 01.jpg"文件拖至【时间线】窗口【V1】轨道中,为其添加【风格化】|【复制】特效,设置【复制】组中的【计数】为 3,如图 8-4 所示。

图 8-4　添加素材至时间线并添加特效

05 添加【棋盘】特效,在【效果控件】面板中,设置【棋盘】组中【大小依据】为"宽度和高度滑块",选择【混合模式】为【模板 Alpha】,如图 8-5 所示。

图 8-5　设置特效参数

06 拖曳素材"多画面电视墙 02.jpg"到【V2】轨道上,复制并粘贴【复制】和【棋盘】特效,调整【棋盘】参数,如图 8-6 所示。

图 8-6　复制特效

07 拖曳素材"多画面电视墙 03.jpg"到【V3】轨道上,复制并粘贴【复制】特效,在【效果控件】面板中展开【不透明度】栏,选择【矩形工具】██绘制矩形遮罩,如图 8-7 所示。

08 拖曳素材"多画面电视墙 04.jpg"到【V4】轨道上,复制并粘贴【复制】特效,在【效果控件】面板中展开【不透明度】栏,选择【矩形工具】■绘制矩形遮罩,如图 8-8 所示。

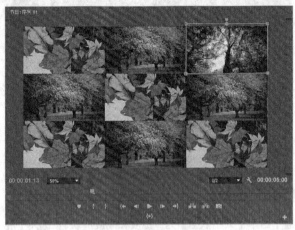

图 8-7　绘制矩形遮罩　　　　　　　　　　　图 8-8　绘制矩形遮罩

09 用上面的方法添加素材并绘制矩形遮罩,组成多画面电视墙,如图 8-9 所示。

图 8-9　组成电视墙

10 新建一个黑色图层,放置于顶层的视频轨道上,添加【网格】特效,如图 8-10 所示。

图 8-10　设置特效参数

11 添加【斜面 Alpha】特效,如图 8-11 所示。

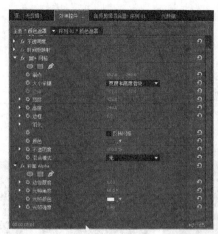

图 8-11　添加特效

12 右键单击【V7】轨道的名称栏，在弹出的菜单中选择【添加单个轨道】命令，导入"多画面电视墙10.mp4"到【V8】轨道上，如图8-12所示。

图 8-12　添加轨道并添加素材

13 在【效果控件】面板中调整【缩放】数值，添加【裁剪】特效，如图8-13所示。

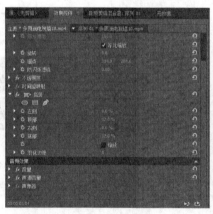

图 8-13　设置特效参数

14 调整该视频素材的入点，调整尾端与其他素材长度一致，如图8-14所示。

15 设置完成后，在【节目监视器】窗口中观看效果。

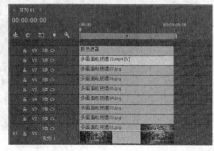

图 8-14　调整素材长度

实例 112　镜头快慢播放

- **实例文件**｜工程/第8章/镜头快慢播放.prproj
- **视频教学**｜视频/第8章/镜头快慢播放.mp4
- **难易程度**｜★★★☆☆
- **学习时间**｜4分27秒
- **实例要点**｜调整素材速度和速率曲线

本实例的最终效果如图8-15所示。

图8-15　镜头快慢播放效果

操作步骤

01 运行 Premiere Pro CC，在欢迎界面中单击【新建项目】按钮，在【新建项目】对话框中选择项目的保存路径，对项目进行命名，单击【确定】按钮。

02 按【Ctrl+N】组合键，弹出【新建序列】对话框，在【序列预设】选项卡下【可用预设】区域中选择"HDV | HDV 720p25"选项，单击【确定】按钮。

03 进入操作界面，在【项目】窗口中【名称】区域空白处双击，在弹出的对话框中选择随书附带资源中的"素材 I 第8章"下的"镜头快慢播放.mov"素材文件，单击【打开】按钮，如图8-16所示。

图8-16　导入素材

04 将"镜头快慢播放.mov"文件拖至【时间线】窗口【V1】轨道中，如图8-17所示。

05 拖曳当前指针到 00:00:05:00，按【Ctrl+K】组合键将素材一分为二，如图8-18所示。

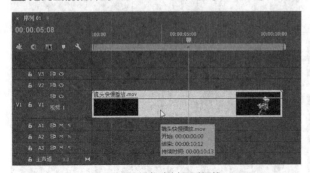

图8-17　添加素材至时间线

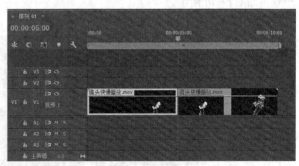

图8-18　分割素材

06 单击【节目监视器】窗口底部的【添加标记】按钮，添加一个标记点，记录一下素材变速前的位置，如图 8-19 所示。

图 8-19　添加标记点

07 在第 1 段素材上右键单击，在弹出的菜单中选择【速度 / 持续时间】命令，弹出【剪辑速度 / 持续时间】对话框，设置【速度】为 160%，单击【确定】按钮，如图 8-20 所示。

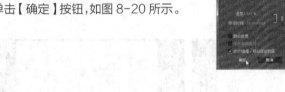

图 8-20　设置速度

08 在第 2 段素材上右键单击，在弹出的菜单中选择【速度 / 持续时间】命令，弹出【剪辑速度 / 持续时间】对话框，设置【速度】为 60%，单击【确定】按钮，如图 8-21 所示。

图 8-21　设置速度

09 拖曳当前指针到 00:00:08:00，在【效果控件】面板中展开【时间重映射】组，添加【速度】的关键帧，如图 8-22 所示。

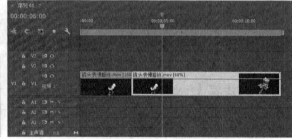

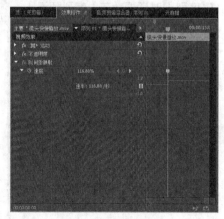

图 8-22　设置关键帧

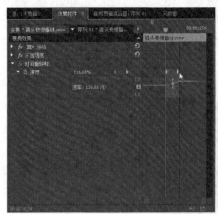

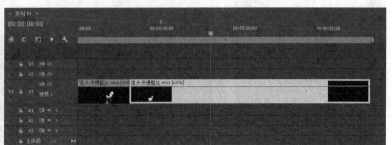

10 拖曳关键帧右侧到 00:00;10;24，如图 8-23 所示。

11 设置完成后，在【节目监视器】窗口中观看效果。

图 8-23　调整素材速率曲线

- **实例文件** | 工程/第8章/视频的条纹拖尾效果.prproj
- **视频教学** | 视频/第8章/视频的条纹拖尾效果.mp4
- **难易程度** | ★★★☆☆
- **学习时间** | 2分45秒
- **实例要点** |【残影】特效的应用

　　本实例的最终效果如图8-24所示。

图 8-24　视频的条纹拖尾效果

│ 操作步骤 │

01 运行 Premiere Pro CC，在欢迎界面中单击【新建项目】按钮，在【新建项目】对话框中选择项目的保存路径，对项目进行命名，单击【确定】按钮。

02 按【Ctrl+N】组合键，弹出【新建序列】对话框，在【序列预设】选项卡下【可用预设】区域中选择"HDV | HDV 720p25"选项，单击【确定】按钮。

03 进入操作界面，在【项目】窗口中【名称】区域空白处双击，在弹出的对话框中选择随书附带资源中的"素材 | 第8章"下的"视频的条纹拖尾效果 .mp4"素材文件，单击【打开】按钮，如图 8-25 所示。

图 8-25　导入素材

04 将"视频的条纹拖尾效果.mp4"文件拖至【时间线】窗口【V1】轨道中，出点设置为 00:00:13:00，如图 8-26 所示。

05 激活【效果】面板，为素材添加【时间】|【残影】特效，切换到【效果控件】面板，设置【残影】组中的参数，如图 8-27 所示。

06 设置完成后，在【节目监视器】窗口中观看效果。

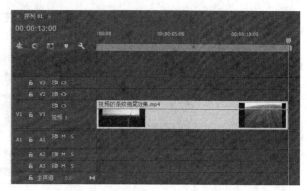

图 8-26　添加素材至轨道

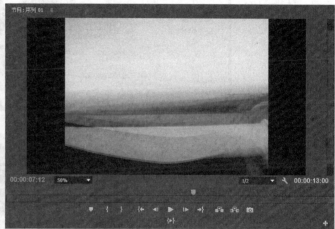

图 8-27　添加并设置特效

实例 114　彩色方格浮雕效果

- **实例文件**｜工程/第8章/彩色方格浮雕效果.prproj
- **视频教学**｜视频/第8章/彩色方格浮雕效果.mp4
- **难易程度**｜★★★☆☆
- **学习时间**｜2分37秒
- **实例要点**｜【马赛克】、【查找边缘】和【纹理化】特效的应用

本实例的最终效果如图8-28所示。

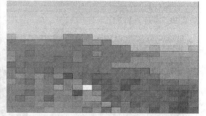

图 8-28　彩色方格浮雕效果

操作步骤

01 运行 Premiere Pro CC，在欢迎界面中单击【新建项目】按钮，在【新建项目】对话框中选择项目的保存路径，对项目进行命名，单击【确定】按钮。

02 按【Ctrl+N】组合键，弹出【新建序列】对话框，在【序列预设】选项卡下【可用预设】区域中选择"HDV |
HDV 720p25"选项，单击【确定】按钮。

03 进入操作界面，在【项目】窗口中【名称】区域空白处双击，在弹出的对话框中选择随书附带资源中的"素材 |
第 8 章"下的"彩色方格浮雕效果 .mp4"素材文件，单击【打开】按钮，如图 8-29 所示。

图 8-29　导入素材

04 将导入的"彩色方格浮雕效果 .mp4"文件拖至【时
间线】窗口【V1】轨道中，如图 8-30 所示。

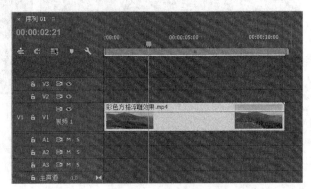

图 8-30　拖入素材

05 添加【风格化】|【马赛克】特效，在【效果控件】面板【马赛克】组中设置【水平块】和【垂直块】均为 20，
如图 8-31 所示。

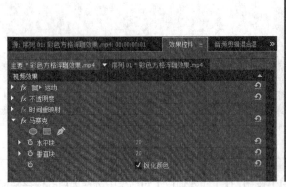

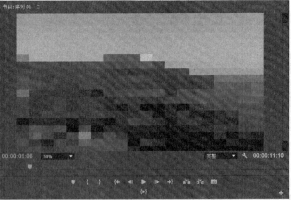

图 8-31　添加【马赛克】特效

06 添加【查找边缘】特效，设置【查找边缘】组中的【与原始图像混合】为 60%，如图 8-32 所示。

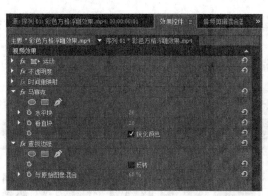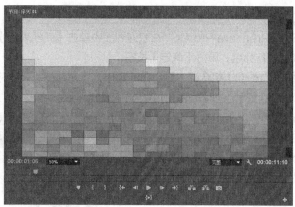

图 8-32　设置【查找边缘】特效参数

07 添加【纹理化】特效，在【效果控件】面板中设置【纹理图层】为【视频 1】，【照明方向】为 135°，【纹理对比度】为 1.5，【纹理位置】为"拉伸纹理以适合"，如图 8-33 所示。

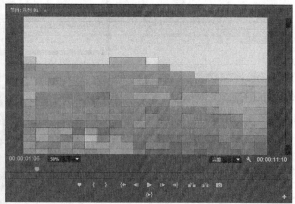

图 8-33　设置【纹理化】特效参数

08 保存场景，在【节目监视器】窗口中观看效果。

实例 115　动态幻影效果

- **实例文件** | 工程/第8章/动态幻影效果.prproj
- **视频教学** | 视频/第8章/动态幻影效果.mp4
- **难易程度** | ★★★☆☆

- **学习时间** | 2分58秒
- **实例要点** | 【高斯模糊】和【残影】特效的应用

本实例的最终效果如图 8-34 所示。

图 8-34　动态幻影效果

━┃ 操作步骤 ┃━

01 运行 Premiere Pro CC，在欢迎界面中单击【新建项目】按钮，在【新建项目】对话框中选择项目的保存路径，对项目进行命名，单击【确定】按钮。

02 按【Ctrl+N】组合键，弹出【新建序列】对话框，在【序列预设】选项卡下【可用预设】区域中选择"HDV | HDV 720p25"选项，单击【确定】按钮。

03 进入操作界面，在【项目】窗口中【名称】区域空白处双击，在弹出的对话框中选择随书附带资源中的"素材 |
第 8 章"下的"动态幻影效果
.mp4"素材文件，单击【打开】按钮，
如图 8-35 所示。

图 8-35　导入素材

04 将"动态幻影效果 .mp4"文件拖至【时间线】窗口【V1】轨道中，如图 8-36 所示。

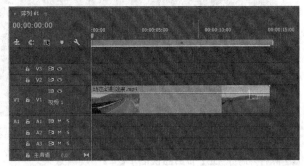

图 8-36　添加素材至时间线

05 激活【效果】面板，为素材添加【亮度与对比度】特效，如图 8-37 所示。

图 8-37　设置【亮度与对比度】特效参数

06 添加【高斯模糊】特效，设置【模糊度】为 3。

07 添加【残影】特效，如图 8-38 所示。

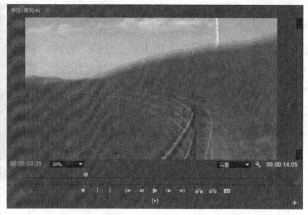

图 8-38　设置【残影】特效参数

08 设置完成后，在【节目监视器】窗口中观看效果。

实例 116　图像轮廓显现背景

- **实例文件** | 工程/第8章/图像轮廓显现背景.prproj
- **视频教学** | 视频/第8章/图像轮廓显现背景.mp4
- **难易程度** | ★★★★☆
- **学习时间** | 4分35秒
- **实例要点** | 【超级键】和【设置遮罩】特效的应用

本实例的最终效果如图8-39所示。

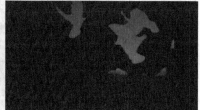

图 8-39　图像轮廓显现背景效果

操作步骤

01 运行 Premiere Pro CC，在欢迎界面中单击【新建项目】按钮，在【新建项目】对话框中选择项目的保存路径，对项目进行命名，单击【确定】按钮。

02 按【Ctrl+N】组合键，弹出【新建序列】对话框，在【序列预设】选项卡下【可用预设】区域中选择"HDV | HDV 720p25"选项，单击【确定】按钮。

03 进入操作界面，在【项目】窗口中【名称】区域空白处双击，在弹出的对话框中选择随书附带资源中的"素材 | 第 8 章"下的"图像轮廓显现背景 01.mp4"和"图像轮廓显现背景 02.avi"素材文件，单击【打开】按钮，如图 8-40 所示。

图 8-40　导入素材

04 将"图像轮廓显现背景 01.mp4"文件拖至【时间线】窗口【V1】轨道中,将"图案轮廓显现背景 02.avi"文件拖至【时间线】窗口【V2】轨道中,拖曳"图像轮廓显现背景 02.avi"文件结尾处与"图像轮廓显现背景 01.mp4"文件结尾处对齐,如图 8-41 所示。

图 8-41　添加素材至时间线

05 将在【效果控件】面板中调整"图像轮廓显现背景 01.mp4"的【缩放】为 125%,调整"图像轮轮廓显现背景 02.avi"的【缩放】为 148%。

06 选中"图像轮轮廓显现背景 02.avi"文件,激活【效果】面板,为素材添加【超级键】特效。切换到【效果控件】面板,设置参数,如图 8-42 所示。

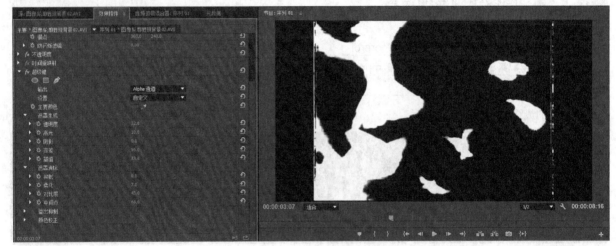

图 8-42　设置特效参数

07 右键单击【V2】轨道,在弹出的菜单中选择【嵌套】命令,如图 8-43 所示。

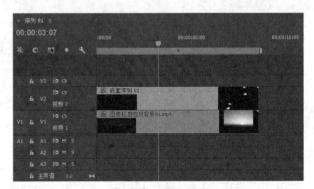

图 8-43　嵌套序列

08 在【时间线】窗口中关闭【V2】轨道的可视性,选择【V1】轨道上的素材,添加【设置遮罩】特效,如图 8-44 所示。

09 设置完成后,在【节目监视器】窗口中观看效果。

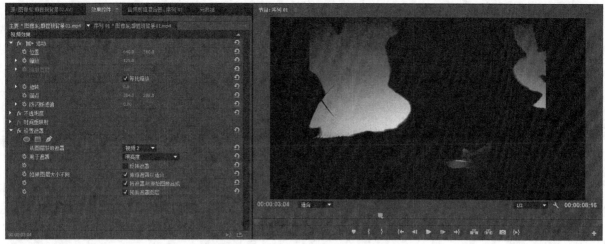

图 8-44　添加【设置遮罩】特效并设置参数

实例 117　电视放映效果

- **实例文件** | 工程/第8章/电视放映效果.prproj
- **视频教学** | 视频/第8章/电视放映效果.mp4
- **难易程度** | ★★★☆☆
- **学习时间** | 5分03秒
- **实例要点** | 绘制蒙版和【杂色Alpha】特效的应用

本实例的最终效果如图8-45所示。

图 8-45　电视放映效果

操作步骤

01 运行 Premiere Pro CC，在欢迎界面中单击【新建项目】按钮，在【新建项目】对话框中选择项目的保存路径，对项目进行命名，单击【确定】按钮。

02 按【Ctrl+N】组合键，弹出【新建序列】对话框，在【序列预设】选项卡下【可用预设】区域中选择"HDV | HDV 720p25"选项，单击【确定】按钮。

03 进入操作界面，在【项目】窗口中【名称】区域空白处双击，在弹出的对话框中选择随书附带资源中的"素材 | 第 8 章"下的"电视放映效果 01.jpg"和"电视放映效果 02.mp4"素材文件，单击【打开】按钮，如图 8-46 所示。

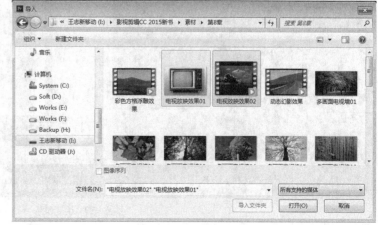

图 8-46　导入素材

04 将"电视放映效果 01.jpg"文件拖至【时间线】窗口【V1】轨道中,延长到 00:00:10:00,如图 8-47 所示。

05 将"电视放映效果 02.mp4"文件拖至【时间线】窗口【V2】轨道中,剪切前面的画面,尾端与【V1】轨道上的素材对齐,如图 8-48 所示。

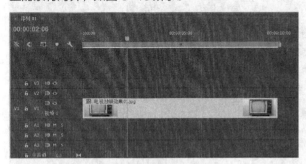

图 8-47 添加素材至时间线

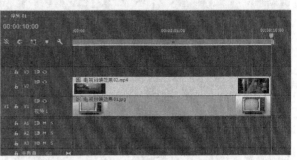

图 8-48 添加素材到时间线

06 确定"电视放映的效果 02.mp4"文件处于选中状态,在【效果控件】面板中设置【运动】组中的【缩放】为 75%,如图 8-49 所示。

图 8-49 调整画面大小

07 调整【位置】参数,展开【不透明度】组,选择【钢笔工具】 绘制自由蒙版,如图 8-50 所示。

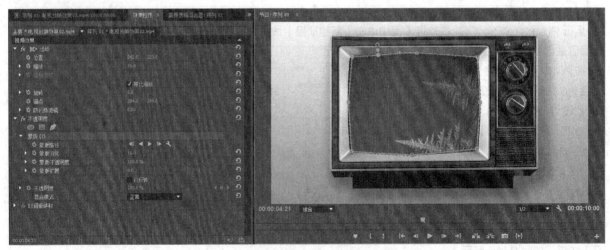

图 8-50 绘制蒙版

08 按【Alt】键单击蒙版节点,调整蒙版形状与电视屏幕的形状匹配,调整【蒙版】参数,如图 8-51 所示。

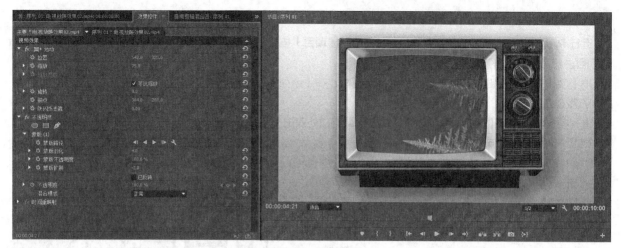

图 8-51　设置蒙版

09 添加【杂色 Alpha】特效，在【效果控件】面板中设置【杂色】为"均匀随机"，【数量】为 15%，【随机植入】为 10°，如图 8-52 所示。

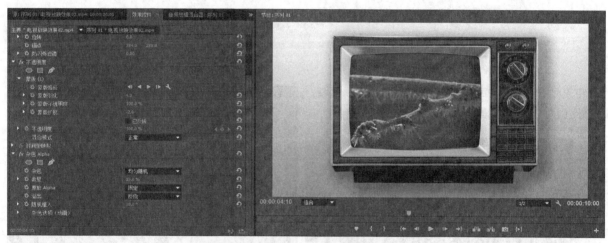

图 8-52　设置【杂色 Alpha】特效参数

10 保存场景，然后在【节目监视器】窗口中观看效果。

实例 118　画面瞄准镜效果

● **实例文件** | 工程/第8章/画面瞄准镜效果 .prproj　　　　● **学习时间** | 9分26秒

● **视频教学** | 视频/第8章/画面瞄准镜效果 .mp4　　　　　● **实例要点** | 【放大】和【轨道遮罩键】特效的应用

● **难易程度** | ★★★☆☆

本实例的最终效果如图8-53所示。

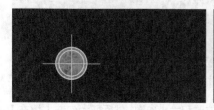  

图 8-53　画面瞄准镜效果

━┃ 操作步骤 ┃━

01 运行 Premiere Pro CC，在欢迎界面中单击【新建项目】按钮，在【新建项目】对话框中选择项目的保存路径，对项目进行命名，单击【确定】按钮。

02 按【Ctrl+N】组合键，弹出【新建序列】对话框，在【序列预设】选项卡下【可用预设】区域中选择"HDV | HDV 720p25"选项，单击【确定】按钮。

03 进入操作界面，在【项目】窗口中【名称】区域空白处双击，在弹出的对话框中选择随书附带资源中的"素材 | 第8章"下的"画面瞄准镜效果 .mp4"素材文件，单击【打开】按钮，如图 8-54 所示。

图 8-54 导入素材

04 将素材拖曳到【时间线】窗口【V1】轨道上，调整缩放比例为133%，如图 8-55 所示。

图 8-55 调整画面大小

05 添加【调整】|【色阶】特效，在【效果控件】面板中单击【设置】按钮，调整色阶的输入点，如图 8-56 所示

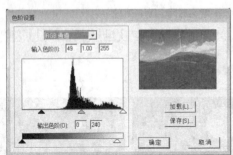

图 8-56 调整【色阶设置】

06 新建一个字幕，使用【椭圆形工具】在【字幕设计】栏中绘制椭圆，设置位置和大小参数，然后取消勾选【填充】复选框，单击【外描边】组中的【添加】按钮，设置【大小】为6，【颜色】为白色，如图 8-57 所示。

图 8-57　设置圆形

07 复制并粘贴圆形，调
整大小和位置参数，如图
8-58 所示。

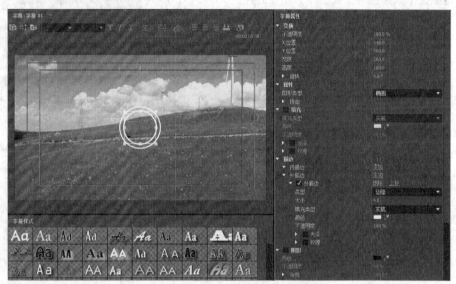

图 8-58　复制圆形

08 选择【直线工具】 ，
按【Shift】键绘制一条水
平线段，如图 8-59 所示。

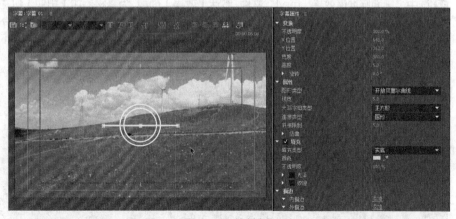

图 8-59　绘制直线

09 复制并粘贴直线，旋转 90°，如图 8-60 所示。

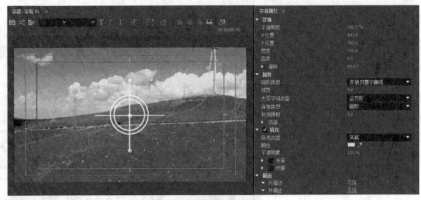

图 8-60　复制直线并旋转 90°

10 关闭【字幕编辑器】，将"字幕 01"拖曳到【V2】轨道上，其结尾与【V1】轨道上的素材末端对齐，如图 8-61 所示。

11 在【效果控件】面板中分别在起点、00:00:08:00 和 00:00:15:00 设置"字幕 01"的关键帧，如图 8-62 所示。

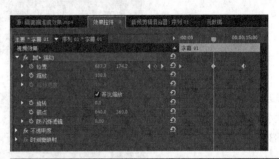

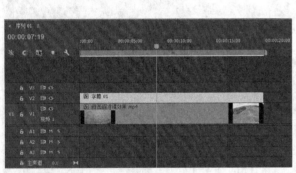

图 8-61　添加字幕至时间线

图 8-62　设置关键帧

12 选中"画面瞄准镜效果．mp4"文件，激活【效果】面板，为素材添加【扭曲】|【放大】特效，如图 8-63 所示。

图 8-63　添加【放大】特效

13 在【效果控件】面板中在【放大】组中设置【大小】为 80，分别在起点、00:00:08:00 和 00:00:15:00 设置【中央】的关键帧，跟随 "字幕 01" 运动，如图 8-64 所示。

图 8-64　设置关键帧

14 双击打开 "字幕 01"，单击【基于当前字幕新建】按钮 ■ 创建 "字幕 02"，如图 8-65 所示。

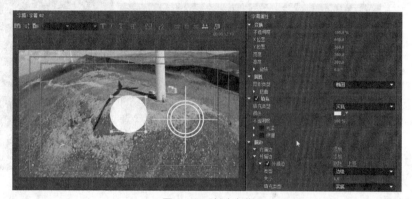

图 8-65　创建字幕

15 拖曳 "字幕 02" 到【V3】轨道上，复制 "字幕 01" 并粘贴属性到 "字幕 02"，如图 8-66 所示。

图 8-66　复制并粘贴属性

16 选择【V1】轨道上的素材，右键单击，在弹出的菜单中选择【嵌套】命令，然后添加【键控】|【轨道遮罩键】特效，如图 8-67 所示。

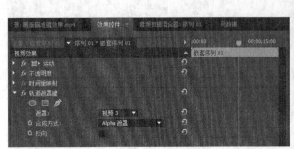
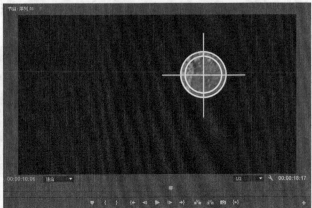

图 8-67　添加【轨道遮罩键】特效

17 选择"字幕 01"，在【效果控件】面板中设置【不透明度】为 75% 和选择【混合模式】为【滤色】，如图 8-68 所示。

18 设置完成后，在【节目监视器】窗口中观看效果。

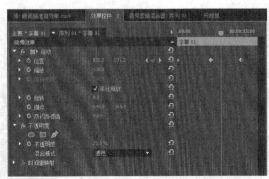
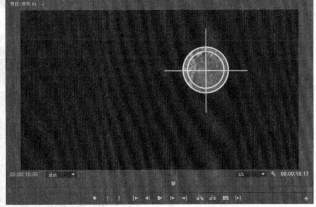

图 8-68　设置【不透明度】属性

实例 119　电视片段倒计时效果

● **实例文件** | 工程/第8章/电视片段倒计时效果.prproj
● **视频教学** | 视频/第8章/电视片段倒计时效果.mp4
● **难易程度** | ★★★★☆

● **学习时间** | 14分28秒
● **实例要点** | 应用字幕样式和【位置】关键帧动画

本实例的最终效果如图8-69所示。

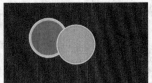

图 8-69　电视片段倒计时效果

┃ 操作步骤 ┃

01 运行 Premiere Pro CC，在欢迎界面中单击【新建项目】按钮，在【新建项目】对话框中选择项目的保存路径，对项目进行命名，单击【确定】按钮。

02 按【Ctrl+N】组合键，弹出【新建序列】对话框，在【序列预设】选项卡下【可用预设】区域中选择"HDV | HDV 720p25"选项，单击【确定】按钮。

03 进入操作界面，按【Ctrl+T】组合键，新建名为"字幕 01"的字幕，使用【椭圆形工具】在【字幕设计栏】中按住【Alt+Shift】组合键创建一个正圆，在【字幕属性】栏中设置【填充】区域中【颜色】RGB 值分别为 126、0、215。在【描边】区域中添加一处【外描边】，设置【颜色】RGB 值分别为 124、208、235;再添加一处【外描边】，

设置【大小】为 5,【颜色】RGB 值 分 别 为 225、225、225；在【变换】区域中，设置【宽度】、【高度】均为 200,【X 位置】、【Y 位置】分别为 641、361，如图 8-70 所示。

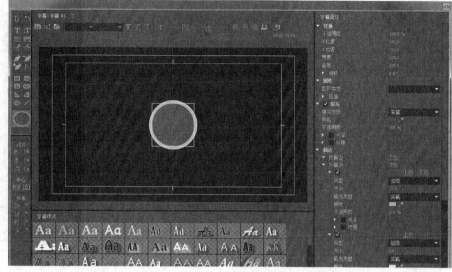

图 8-70　设置字幕

04 单击【基于当前字幕新建】按钮，新建名为"字幕 02"的字幕，选中【字幕设计】栏中的圆形。在【字幕属性】栏中，设置【填充】区域中【颜色】RGB 值分别为 215、0、162，如图 8-71 所示。

图 8-71　设置"字幕 02"字幕

05 新建名为"字幕 03"的字幕，使用【文字工具】在【字幕设计】栏中输入"1"，在【字幕样式】栏中选择"Rosewood Black 100"样式，如图 8-72 所示。

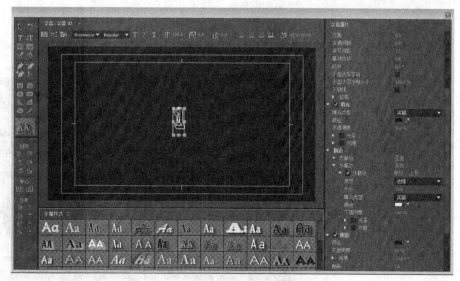

图 8-72　创建并设置字幕

06 使用同样的方法创建"2""3""4""5"数字字幕，如图 8-73 所示。

07 新建名为"图01"的字幕，将【字幕设计】栏中的内容删除，使用【圆角矩形工具】在【字幕设计】栏中创建一个圆角矩形。设置【属性】区域中的【圆角大小】为8%。在【字幕属性】栏中，添加一处【外描边】，设置【大小】为8，【颜色】为白色，在【填充】区域中勾选【纹理】复选框，如图8-74所示。

图8-73 创建多个字幕

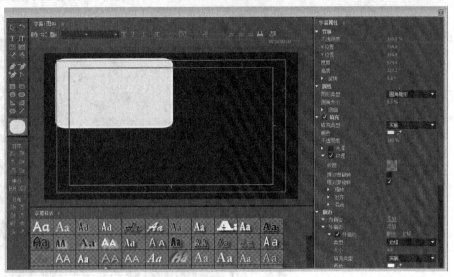

图8-74 设置圆角矩形

08 单击【纹理】右侧的图标，在打开的对话框中选择随书附带资源中的"素材I第8章"下的"电视片段倒计时01.jpg"素材文件，单击【打开】按钮，如图8-75所示。

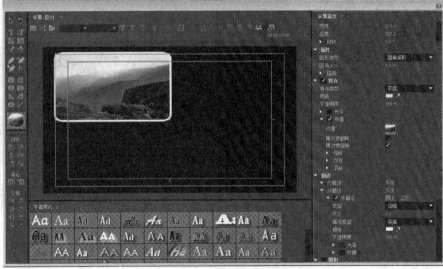

图8-75 设置"图01"字幕

09 单击【基于当前字幕新建】按钮，新建名为"图 02"的字幕，在【字幕设计】栏中选择矩形，在【变换】区域中设置【X位置】和【Y位置】，更改填充纹理图片为随书附带资源中的"素材 I 第 8 章"下的"电视片段倒计时 02.jpg"素材文件，如图 8-76 所示。

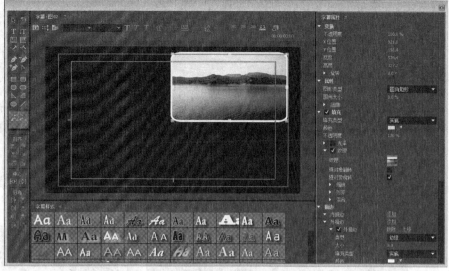

图 8-76　创建并设置"图 02"字幕

10 单击【基于当前字幕新建】按钮，新建名为"图 03"的字幕，在【变换】区域中设置【X位置】和【Y位置】，更改填充纹理图片为随书附带资源中的"素材 I 第 8 章"中的"电视片段倒计时 03.jpg"素材文件，如图 8-77 所示。

图 8-77　创建并设置"图 03"字幕

11 单击【基于当前字幕新建】按钮，新建名为"图 04"的字幕，在【变换】区域中设置【X位置】和【Y位置】，更改填充纹理图片为随书附带资源中的"素材 I 第 8 章"中的"电视片段倒计时 04.jpg"素材文件，如图 8-78 所示。

图 8-78　创建并设置"图 04"字幕

12 关闭【字幕编辑器】窗口,分别将"字幕02"和"字幕01"拖至【时间线】窗口【V1】和【V2】轨道中,并将它们的结尾处拖至00:00:06:00位置处,如图8-79所示。

13 选择"字幕01",激活【效果控件】面板,调整【缩放】为150%;选择"字幕02",激活【效果控件】面板,调整【缩放】为150%。单击【运动】,在【节目监视器】窗口中调整位置,如图8-80所示。

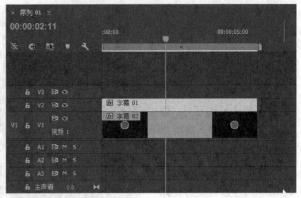

图8-79 添加"字幕01"和"字幕02"字幕至时间线

图8-80 调整字幕位置

14 选择"字幕02",在【节目监视器】窗口中调整【锚点】的位置,如图8-81所示。

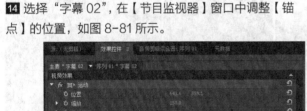

图8-81 调整锚点

15 单击【旋转】左侧的【切换动画】按钮 ○,打开动画关键帧的记录,设置当前时间为00:00:05:00,设置【旋转】为360°,如图8-82所示。

图8-82 设置关键帧

16 将"字幕07"字幕拖至【时间线】窗口【V3】轨道中，设置当前时间为00:00:00:07，拖动字幕的结尾处与编辑标识线对齐，如图8-83所示。

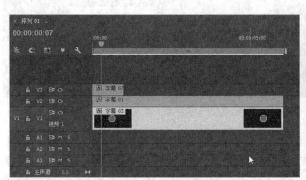

图 8-83　添加字幕至时间线

17 向【时间线】窗口【V3】轨道中拖入"4""3""2"数字字幕，分别调整它们的长度与"5"数字字幕相同，如图8-84所示。

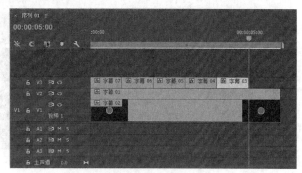

图 8-84　添加多个字幕至时间线

18 选择"字幕01"，添加【颜色平衡（HSL）】特效，在00:00:05:00设置【色相】的关键帧，在00:00:05:24，调整【色相】的数值，如图8-85所示。

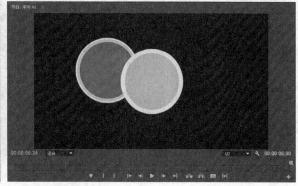

图 8-85　设置特效参数

19 设置当前时间为00:00:06:00，将"图01""图02""图03"和"图04"字幕拖至【时间线】窗口的【V1】～【V4】轨道中，如图8-86所示。

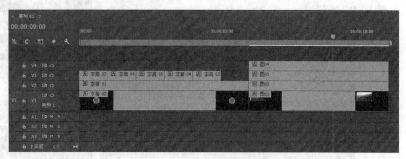

图 8-86　添加字幕至时间线

20 在【时间线】窗口中框选这4个
字幕，右键单击，在弹出的菜单中
选择【速度/持续时间】命令，设
置【持续时间】为3秒，如图
8-87所示。

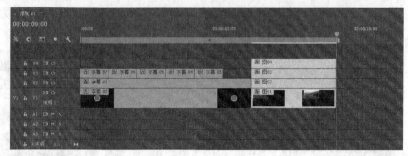

图8-87 设置字幕长度

21 确定"图01"字幕处于选中状态，激活【效果控件】面板，设置当前时间为00:00:07:00，设置【运动】组中
的【位置】和【缩放】的关键帧，拖曳当前指针到00:00:06:00，分别调整【位置】和【缩放】的数值，创建字
幕由右上角飞来的动画，如图8-88所示。

图8-88 设置关键帧

22 选择"图01"，按【Ctrl+C】组合键进行复制，选择"图02"，按【Ctrl+Alt+V】
组合键粘贴属性，如图8-89所示。

图8-89 复制并粘贴属性

23 在【效果控件】面板中调整"图02"的【位置】参数，
如图8-90所示。

图8-90 设置【位置】参数

24 用上面的的方法为"图03"和"图04"分别创建【位置】和【缩放】的关键帧，如图8-91所示。

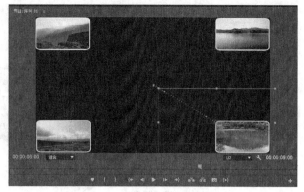

图8-91 设置关键帧

25 拖曳当前指针，查看字幕由四角向中心汇聚的动画效果，如图8-92所示。

图8-92 查看字幕动画效果

26 保存场景，在【节目监视器】窗口中观看效果。

实例 120 视频画中画

- **实例文件** | 工程/第8章/视频画中画.prproj
- **视频教学** | 视频/第8章/视频画中画.mp4
- **难易程度** | ★★★☆☆
- **学习时间** | 6分03秒
- **实例要点** | 【裁剪】特效和矩形字幕的应用

　　本实例的最终效果如图8-93所示。

图8-93 视频画中画效果

—| **操作步骤** |—

01 运行 Premiere Pro CC，在欢迎界面中单击【新建项目】按钮，在【新建项目】对话框中选择项目的保存路径，对项目进行命名，单击【确定】按钮。

02 按【Ctrl+N】组合键，弹出【新建序列】对话框，在【序列预设】选项卡下【可用预设】区域中选择"HDV | HDV 720p25"选项，单击【确定】按钮。

03 进入操作界面，在【项目】窗口中【名称】区域空白处双击，在弹出的对话框中选择随书附带资源中的"素材 I 第8章"下的"视频画中画01.mp4""视频画中画02.mov"和"视频画中画03.mp4"素材文件，单击【打开】按钮，如图8-94所示。

图 8-94　导入素材

04 将"视频画中画 01.mp4""视频画中画 02.mov"和视频画中画 03.mp4"文件分别拖至【时间线】窗口【V1】、【V2】和【V3】轨道中，起点分别在 00:00:00:00、00:00:02:00 和 00:00:04:00，如图 8-95 所示。

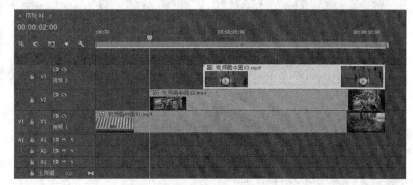

图 8-95　添加素材至时间线

05 选中"视频画中画 01.mp4"，激活【效果控件】面板，设置【缩放】数值为122，右键单击【节目监视器】窗口，在弹出的菜单中选择【安全边距】命令，显示安全框，如图 8-96 所示。

图 8-96　显示安全框

06 选择"视频画中画 02.mov"，调整【位置】和【缩放】，如图 8-97 所示。

图 8-97　调整位置和大小

07 选中"视频画中画 03.mp4",为其添加【裁剪】特效,如图 8-98 所示。

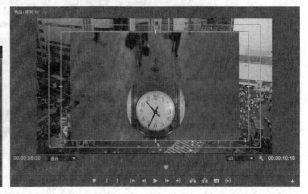

图 8-98　添加【裁剪】特效

08 在【运动】组中调整【位置】和【缩放】的数值,如图 8-99 所示。

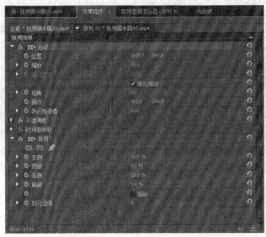

图 8-99　调整位置和大小

09 创建字幕,绘制矩形,设置矩形属性,如图 8-100 所示。

图 8-100　设置矩形属性

10 将"字幕 01"拖至时间线【V4】轨道上,起点与【V2】轨道上的素材对齐,如图 8-101 所示。

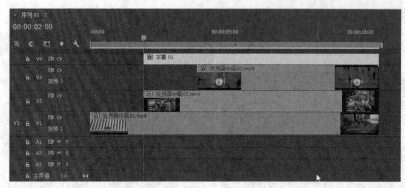

图 8-101 添加字幕到时间线

11 将"字幕 01"拖至时间线【V5】轨道上，起点与【V3】轨道上的素材对齐，调整位置参数，如图 8-102 所示。

图 8-102 设置位置参数

12 右键单击【节目监视器】窗口，在弹出的菜单中取消勾选【安全区域】命令，保存场景，在【节目监视器】窗口中观看效果。

实例 121 视频片段倒放效果

- **实例文件** ┃ 工程/第8章/视频片段倒放效果.prproj
- **视频教学** ┃ 视频/第8章/视频片段倒放效果.mp4
- **难易程度** ┃ ★★★☆☆
- **学习时间** ┃ 2分47秒
- **实例要点** ┃ 【倒放速度】选项的应用

本实例的最终效果如图8-103所示。

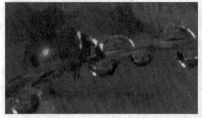

图 8-103 视频片段倒放效果

┃ 操作步骤 ┃

01 运行 Premiere Pro CC，在欢迎界面中单击【新建项目】按钮，在【新建项目】对话框中选择项目的保存路径，对项目进行命名，单击【确定】按钮。

02 按【Ctrl+N】组合键，弹出【新建序列】对话框，在【序列预设】选项卡下【可用预设】区域中选择"HDV | HDV 720p25"选项，单击【确定】按钮。

03 进入操作界面，在【项目】窗口中【名称】区域空白处双击，在弹出的对话框中选择随书附带资源中的"素材 | 第 8 章"下的"视频片段倒放效果 .mp4"素材文件，单击【打开】按钮，如图 8-104 所示。

图 8-104 导入素材

04 将"视频片段倒放效果 .mp4"素材文件拖至【时间线】窗口【V1】轨道中，在【效果控件】面板中调整【缩放】为 138%，并调整【亮度曲线】特效，如图 8-105 所示。

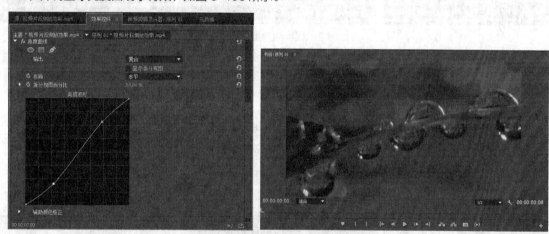

图 8-105 调整画面大小及【亮度曲线】特效

05 拖曳时间线查看画面内容，如图 8-106 所示。

图 8-106 查看画面内容

06 确定当前时间为 00:00:01:10，按【Ctrl+K】组合键切断素材，复制第 2 段素材并粘贴到尾端，如图 8-107 所示。

07 在时间线窗口中选择第 3 段素材，右键单击，在弹出的菜单中选择【速度 / 持续时间】命令，在弹出的对话框中勾选【倒放速度】复选框，单击【确定】按钮，如图 8-108 所示。

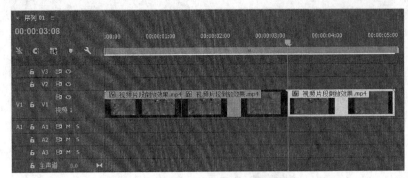

图 8-107 复制素材

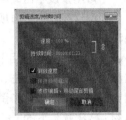

图 8-108 选择【倒放速度】选项

08 保存场景，在【节目监视器】窗口中观看效果，如图 8-109 所示。

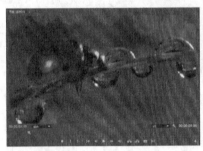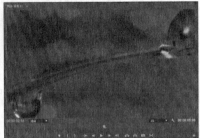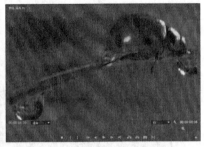

图 8-109 查看倒放效果

实例 122 信号不稳的电视屏幕

- **实例文件** | 工程 / 第 8 章 / 信号不稳的电视屏幕 .prproj
- **视频教学** | 视频 / 第 8 章 / 信号不稳的电视屏幕 .mp4
- **难易程度** | ★★★☆☆
- **学习时间** | 6 分 59 秒
- **实例要点** | 【杂色】和【位移】特效的应用

本实例的最终效果如图 8-110 所示。

图 8-110 信号不稳的电视屏幕效果

操作步骤

01 运行 Premiere Pro CC，在欢迎界面中单击【新建项目】按钮，在【新建项目】对话框中选择项目的保存路径，对项目进行命名，单击【确定】按钮。

02 按【Ctrl+N】组合键，弹出【新建序列】对话框，在【序列预设】选项卡下【可用预设】区域中选择 "DV-PAL | 标准 48kHz" 选项，单击【确定】按钮，如图 8-111 所示。

图 8-111　新建序列

03 进入操作界面，在【项目】窗口中【名称】区域空白处双击，在弹出的对话框中选择随书附带资源中的"素材 l 第 8 章"下的"信号不稳的电视屏幕 01.jpg"和"信号不稳的电视屏幕 02.avi"素材文件，单击【打开】按钮，如图 8-112 所示。

图 8-112　导入素材

04 将"信号不稳的电视屏幕 01.jpg"素材文件拖至【时间线】窗口【V1】轨道中，激活【效果控件】面板，在【运动】组中调整【缩放】参数，如图 8-113 所示。

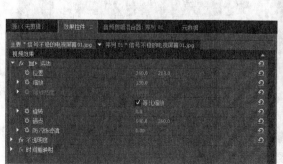

图 8-113　设置画面大小

05 将"信号不稳的电视屏幕 02.avi"素材文件拖至【时间线】窗口【V2】轨道中，使用【比率拉伸工具】 拖动【V2】轨道中素材文件末端使其与【V1】轨道中文件末端对齐，如图 8-114 所示。

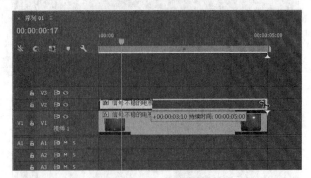

图 8-114　拉伸素材

06 选中【V2】轨道中的素材文件，调整【缩放】数值，如图 8-115 所示。

图 8-115　调整画面大小

07 展开【不透明度】组选择【钢笔工具】，在【节目监视器】窗口中参照电视屏幕的形状绘制蒙版，如图 8-116 所示。

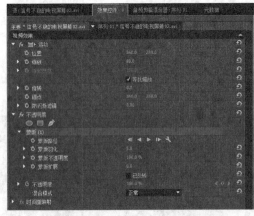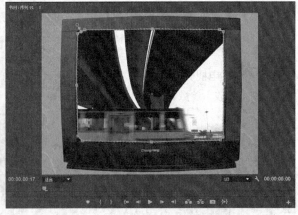

图 8-116　绘制自由蒙版

08 在【时间线】窗口中将当前时间设置为 00:00:02:00，在【工具】面板中选择【剃刀工具】，在当前编辑标识线位置进行裁切，如图 8-117 所示。

09 将当前时间设置为 00:00:03:10，在当前编辑标识线位置进行裁切，如图 8-118 所示。

10 将当前时间设置为 00:00:01:00，在当前编辑标识线位置进行裁切，如图 8-119 所示。

11 将当前时间设置为 00:00:04:00，在当前编辑标识线位置进行裁切，如图 8-120 所示。

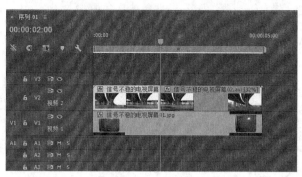

图 8-117　裁切视频 1

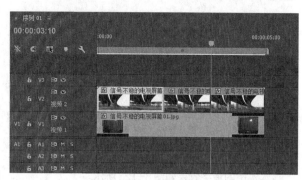

图 8-118　裁切视频 2

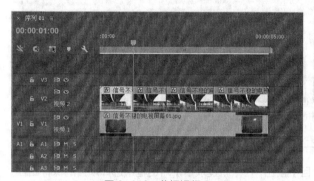

图 8-119　裁切视频 3

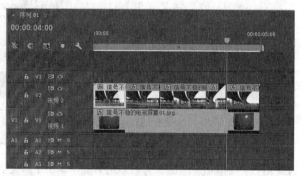

图 8-120　裁切视频 4

12 分别为第 2 段和第 4 段素材分段文件上添加【杂色】特效，激活【效果控件】面板，在【杂色】栏中将【杂波数量】设置为 80%，如图 8-121 所示。

图 8-121　设置【杂色】特效参数

13 添加【位移】特效，设置关键帧，如图 8-122 所示。

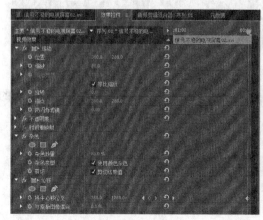

图 8-122　设置【位移】特效关键帧

14 保存场景，在【节目监视器】窗口中观看效果。

节目中断的电视荧屏

- **实例文件**｜工程/第8章/节目中断的电视荧屏.prproj
- **视频教学**｜视频/第8章/节目中断的电视荧屏.mp4
- **难易程度**｜★★★☆☆
- **学习时间**｜2分47秒
- **实例要点**｜添加【HD彩条】

本实例的最终效果如图8-123所示。

图8-123　节目中断的电视荧屏效果

┤ **操作步骤** ├

01 运行 Premiere Pro CC，在欢迎界面中单击【新建项目】按钮，在【新建项目】对话框中选择项目的保存路径，对项目进行命名，单击【确定】按钮，如图8-124所示。

02 按【Ctrl+N】组合键，弹出【新建序列】对话框，在【序列预设】选项卡下【可用预设】区域中选择"DV-PAL标准|48kHz"选项，单击【确定】按钮，如图8-125所示。

图8-124　新建项目

图8-125　新建序列

03 进入操作界面，在【项目】窗口中【名称】区域空白处双击，在弹出的对话框中选择随书附带资源中的"素材|第8章"下的"节目中断的电视屏幕.mp4"素材文件，单击【打开】按钮，如图8-126所示。

图 8-126　导入素材

04 将"节目中断的电视屏幕 .mp4"文件拖至【时间线】窗口【V1】轨道中，在【效果控件】面板中调整【缩放】为 104%，如图 8-127 所示。

05 拖曳当前指针到 00:00:03:15，按【Ctrl+K】组合键，将素材分成两段，如图 8-128 所示。

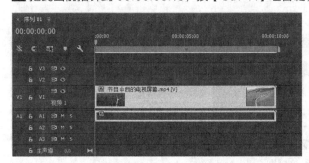

图 8-127　添加素材至时间线

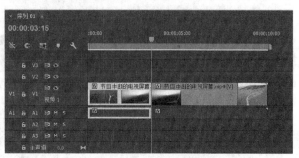

图 8-128　分割素材

06 在【项目】窗口空白处右键单击，在弹出的菜单中选择【新建项目】|【HD 彩条】命令，弹出【新建 HD 彩条】对话框如图 8-129 所示。

07 单击【确定】按钮，关闭【新建 HD 彩条】对话框，在【项目】窗口中添加彩条，如图 8-130 所示。

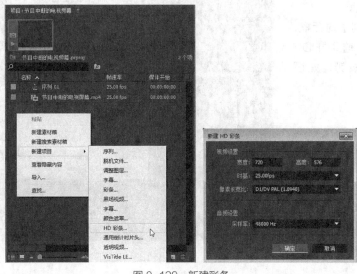

图 8-129　新建彩条

图 8-130　添加彩条

08 按住【Ctrl】键，拖曳【HD 彩条】到【时间线】窗口中【V1】轨道上，如图 8-131 所示。

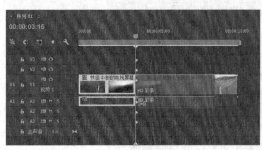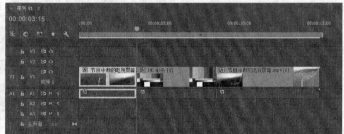

图 8-131　添加【HD 彩条】到时间线

09 保存场景，在【节目监视器】窗口中即可观看效果。

实例 124　动态网格球效果

● **实例文件**｜工程/第8章/动态网格球效果.prproj

● **视频教学**｜视频/第8章/动态网格球效果.mp4

● **难易程度**｜★★★★☆

● **学习时间**｜5分48秒

● **实例要点**｜【基本3D】、【斜面Alpha】和【设置遮罩】特效的应用

本实例的最终效果如图 8-132 所示。

图 8-132　动态网格球效果

操作步骤

01 运行 Premiere Pro CC，在欢迎界面中单击【新建项目】按钮，在【新建项目】对话框中选择项目的保存路径，对项目进行命名，单击【确定】按钮。

02 按【Ctrl+N】组合键，弹出【新建序列】对话框，在【序列预设】选项卡下【可用预设】区域中选择"HDV | HDV 720p25"选项，单击【确定】按钮，如图 8-133 所示。

图 8-133　新建序列

03 进入操作界面，在【项目】窗口中【名称】区域空白处双击，在弹出的对话框中选择随书附带资源中的"素材 |
第 8 章"下的"动态网格球 01.mp4"素材文件，单击【打开】按钮，如图 8-134 所示。

图 8-134　导入素材

04 将"动态网格球 01.mp4"文件拖至【时间线】窗口
【V1】轨道中，如图 8-135 所示。

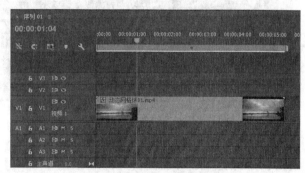

图 8-135　添加素材至时间线

05 创建字幕，绘制一个圆圈，设置
【填充】和【描边】的参数，如图
8-136 所示。

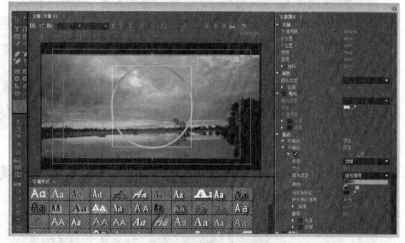

图 8-136　绘制一个圆圈

06 将字幕拖至【V2】轨道上，为其添加【基本 3D】特效。在【效果控件】面板中，设置【基本 3D】组中【旋转】
在 00:00:00:00 和 00:00:04:00 的关键帧，如图 8-137 所示。

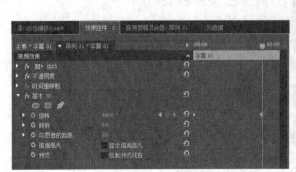

图 8-137　添加【基本 3D】特效并设置【旋转】关键帧

07 复制【V2】轨道上的字幕，粘贴到【V3】轨道上，调整【倾斜】为 60°，如图 8-138 所示。

图 8-138　调整特效参数

08 复制【V2】轨道上的字幕，粘贴到【V4】轨道上，调整【倾斜】为 120°，如图 8-139 所示。

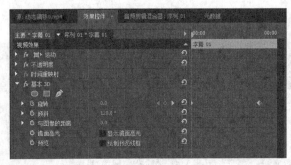
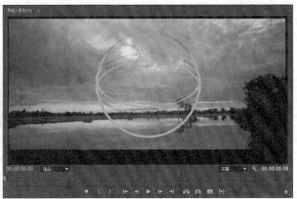

图 8-139　调整特效参数

09 复制【V2】轨道上的字幕，粘贴到【V5】轨道上，删除【旋转】关键帧，设置数值为 0°，设置【倾斜】的关键帧，如图 8-140 所示。

图 8-140　设置特效关键帧

10 选择 4 个轨道的字幕，右键单击，在弹出的菜单中选择【嵌套】命令，在弹出的【嵌套序列名称】栏中输入"网格球"，如图 8-141 所示。

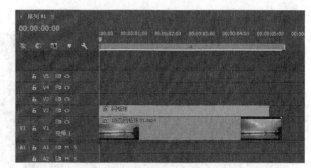

图 8-141　嵌套序列

11 确定【V2】轨道上的"网格球"素材处于选中状态，激活【效果控件】面板，设置【不透明度】组中的【混合模式】为【强光】，如图 8-142 所示。

图 8-142　设置【混合模式】

12 添加【斜面 Alpha】和【投影】特效，如图 8-143 所示。

图 8-143　添加【斜面 Alpha】和【投影】特效

13 将"动态网格球 02.jpg"拖至【V3】轨道上，如图 8-144 所示。

图 8-144　添加素材到时间线

14 添加【通道】|【设置遮罩】特效,如图 8-145 所示。

图 8-145 设置【设置遮罩】特效

15 保存场景,在【节目监视器】窗口中观看效果。

实例 125 带相框的画面

- **实例文件** | 工程/第8章/带相框的画面.prproj
- **视频教学** | 视频/第8章/带相框的画面.mp4
- **难易程度** | ★★★★☆
- **学习时间** | 15分05秒
- **实例要点** |【裁剪】、【镜像】和【线性擦除】特效的应用

本实例的最终效果如图8-146所示。

图 8-146 带相框的画面效果

—┃ 操作步骤 ┃—

01 运行 Premiere Pro CC,在欢迎界面中单击【新建项目】按钮,在【新建项目】对话框中选择项目的保存路径,对项目进行命名,单击【确定】按钮。

02 按【Ctrl+N】组合键,弹出【新建序列】对话框,在【序列预设】选项卡下【可用预设】区域中选择"HDV | HDV 720p25"选项,单击【确定】按钮。

03 进入操作界面,在【项目】窗口中【名称】区域空白处双击,在弹出的对话框中选择随书附带资源中的"素材|第8章"下的"带相框的画面"文件夹,拖至【项目】窗口的空白处,如图 8-147 所示。

图 8-147 导入素材

04 在【项目】窗口中打开文件夹，其中包括多个图片文件，如图 8-148 所示。

05 在【项目】窗口空白处右键单击，在弹出的菜单中选择【新建项目】|【字幕】命令，绘制一个矩形，填充渐变，如图 8-149 所示。

图 8-148　查看素材文件夹

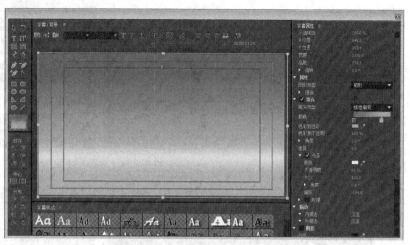

图 8-149　创建渐变矩形

06 拖曳背景到【时间线】窗口【V1】轨道上，设置持续时间为 10 秒。

07 拖曳"相框 03.jpg"到【V2】轨道上，拖曳素材末端与背景末端对齐，在【效果控件】面板中设置【缩放】为 45%，在【节目监视器】窗口中调整图片的位置，如图 8-150 所示。

图 8-150　设置素材大小和位置

08 添加【裁剪】特效，在【效果控件】面板中调整参数，如图 8-151 所示。

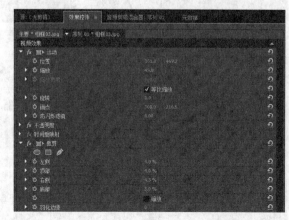

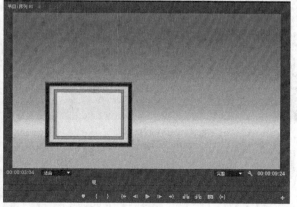

图 8-151　设置【裁剪】特效

09 拖曳"带相框的画面 .avi"到【V3】轨道上,拖曳素材末端与背景末端对齐,在【效果控件】面板中设置【缩放】为45%,在【节目监视器】窗口中调整位置,如图 8-152 所示。

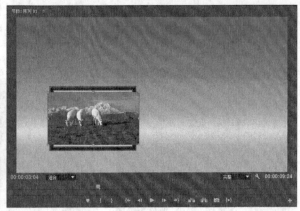

图 8-152　设置素材大小和位置

10 在【效果控件】面板中展开【不透明度】组,选择【矩形工具】 绘制蒙版,调整蒙版的形状,设置【蒙版羽化】的数值为 0,如图 8-153 所示。

图 8-153　设置【蒙版】参数

11 按【Shift】键,选择【V2】和【V3】轨道中的素材,右键单击,在弹出的菜单中选择【嵌套】命令,如图 8-154 所示。

12 复制【V2】轨道中的素材并粘贴到【V3】轨道中,添加【扭曲】|【镜像】特效,如图 8-155 所示。

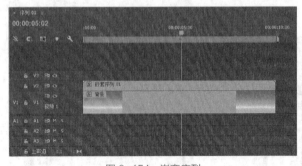

图 8-154　嵌套序列

图 8-155　添加【镜像】特效

13 在【效果控件】面板中设置【不透明度】的数值为 80%，设置【混合模式】为【柔光】，如图 8-156 所示。

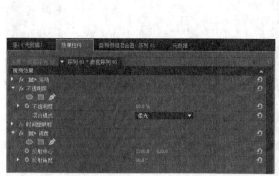

图 8-156　设置【不透明度】参数

14 添加【过渡】|【线性擦除】特效，如图 8-157 所示。

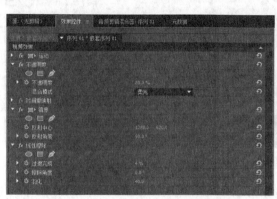

图 8-157　添加【线性擦除】过渡特效

15 拖曳"相框 02.jpg"到【V4】轨道上，调整【位置】和【缩放】参数，并添加【裁剪】特效，如图 8-158 所示。

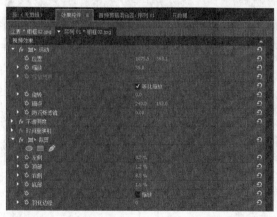

图 8-158　调整素材大小和位置并添加【裁剪】特效

16 拖曳"带相框的画面 02.jpg"到【V5】轨道上，在【效果控件】面板中，设置【缩放】和【位置】，并绘制矩形蒙版，如图 8-159 所示。

17 按【Shift】键，选择【V4】和【V5】轨道中的素材，右键单击，在弹出的菜单中选择【嵌套】命令，然后复制【V4】轨道中的素材并粘贴到【V5】轨道中，添加【镜像】和【线性擦除】特效，在【效果控件】面板中，设置【不透明度】和【混合模式】，如图 8-160 所示。

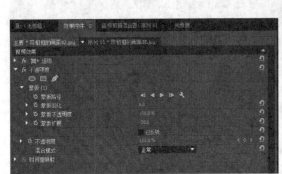

图 8-159　绘制蒙版

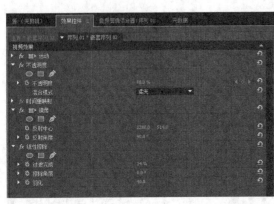

图 8-160　设置参数

18 用上面的方法可以再添加一个带相框的画面，如图 8-161 所示。

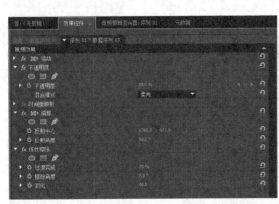

图 8-161　添加相框画面

可以为嵌套序列添加【位置】的动画，让相框和画面动起来。

19 保存场景，在【节目监视器】窗口中观看效果。

实例
126 边界朦胧效果

- **实例文件** | 工程/第8章/边界朦胧效果.prproj
- **视频教学** | 视频/第8章/边界朦胧效果.mp4
- **难易程度** | ★★★☆☆
- **学习时间** | 3分28秒
- **实例要点** | 【羽化边缘】特效的应用

本实例的最终效果如图8-162所示。

图 8-162　边界朦胧效果

─┨ **操作步骤** ┠─

01 运行 Premiere Pro CC，在欢迎界面中单击【新建项目】按钮，在【新建项目】对话框中选择项目的保存路径，对项目进行命名，单击【确定】按钮。

02 按【Ctrl+N】组合键，弹出【新建序列】对话框，在【序列预设】选项卡下【可用预设】区域中选择"HDV | HDV 720p25"选项，单击【确定】按钮，如图8-163所示。

图 8-163　新建序列

03 进入操作界面，在【项目】窗口中【名称】区域空白处双击，在弹出的对话框中选择随书附带资源中的"素材 | 第8章"下的"边界朦胧效果01.mpg"和"边界朦胧效果02.jpg"素材文件，单击【打开】按钮，如图8-164所示。

图 8-164 导入素材

04 将"边界朦胧效果 01.mpg"素材文件拖至【时间线】窗口【V1】轨道中,在【效果控件】面板中调整【缩放】和【位置】参数,如图 8-165 所示。

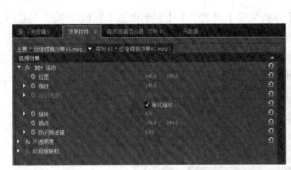 

图 8-165 调整画面大小和位置

05 将"边界朦胧效果 02.jpg"素材文件拖曳至【时间线】窗口【V2】轨道中,时间长度与【V1】轨道上的素材相同,在【效果控件】面板中调整【缩放】的数值为 80%,如图 8-166 所示。

图 8-166 调整画面大小

06 选中【V2】轨道中的素材,为其添加【变换】|【羽化边缘】特效,激活【效果控件】面板,在【羽化边缘】组中将【数量】设置为 100,如图 8-167 所示。

图 8-167　添加特效

07 添加【颜色校正】|【亮度与对比度】特效，在【亮度与对比度】组中将【亮度】设置为 35，在【不透明度】组中选择【混合模式】为【柔光】，如图 8-168 所示。

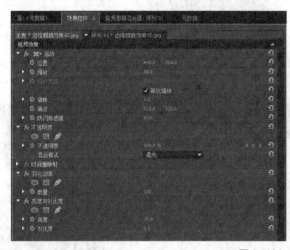

图 8-168　设置特效参数

08 保存场景，在【节目监视器】窗口中观看效果。

实例 127　动态柱状图

- **实例文件**｜工程/第 8 章/动态柱状图.prproj
- **视频教学**｜视频/第 8 章/动态柱状图.mp4
- **难易程度**｜★★★★☆
- **学习时间**｜14 分 41 秒
- **实例要点**｜文本工具创建坐标及调整锚点后缩放

　　本实例的最终效果如图 8-169 所示。

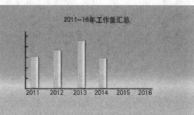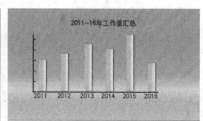

图 8-169　动态柱状图效果

┤ 操作步骤 ├

图 8-170　新建序列

01 运行 Premiere Pro CC，在欢迎界面中单击【新建项目】按钮，在【新建项目】对话框中选择项目的保存路径，对项目进行命名，单击【确定】按钮。

02 按【Ctrl+N】组合键，弹出【新建序列】对话框，在【序列预设】选项卡下【可用预设】区域中选择"HDV | HDV 720p25"选项，单击【确定】按钮，如图8-170 所示。

03 进入操作界面，在【项目】窗口中【名称】区域空白处右键单击，在弹出的菜单中选择【新建项目】|【字幕】命令，如图 8-171 所示。

图 8-171　新建字幕

04 单击【确定】按钮，在【字幕设计】栏中绘制满屏矩形，设置【填充】和【光泽】参数，如图 8-172 所示。

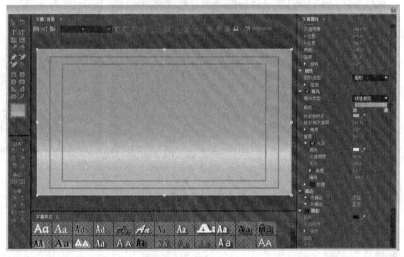

图 8-172　设置矩形参数

05 按【Ctrl+T】组合键创建新的字幕，使用【直线工具】在【字幕设计】栏中绘制直线。在【字幕属性】栏中，设置【填充】区域中的【颜色】为黑色，如图 8-173 所示。

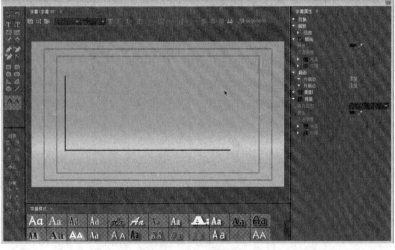

图 8-173　创建直线

06 按【Ctrl+T】组合键创建新的字幕，使用【垂直文字工具】输入字符创建坐标，如图 8-174 所示。

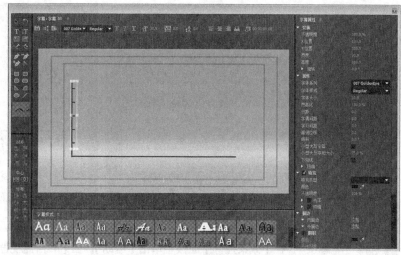

图 8-174　创建字幕

07 按【Ctrl+T】组合键创建新的字幕，使用【文字工具】▮输入字符，可用使用【制表位】确定横坐标上年份的位置，如图 8-175 所示。

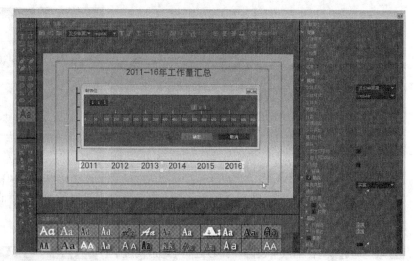

图 8-175　设置制表位

08 按【Ctrl+T】组合键创建新的字幕，使用【矩形工具】▮在【字幕设计】栏中创建一个矩形，并设置属性，如图 8-176 所示。

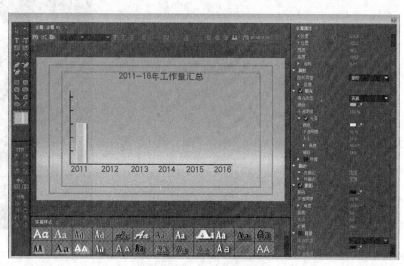

图 8-176　创建并设置矩形

09 拖曳字幕到时间线上，如图 8-177 所示。

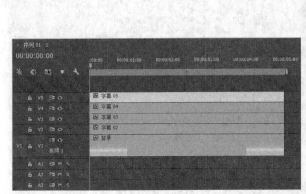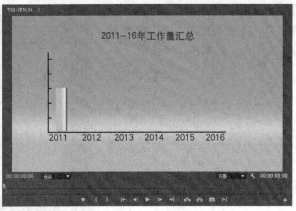

图 8-177 添加字幕到时间线

10 选择"字幕 05",在【效果控件】面板中单击【运动】,在【节目监视器】窗口中调整【锚点】的位置，如图 8-178 所示。

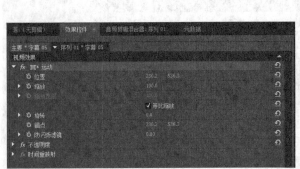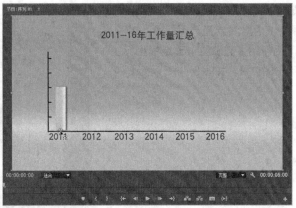

图 8-178 调整【锚点】位置

11 取消勾选【等比缩放】,设置 0~1 秒之间【缩放高度】由 0~100 的关键帧，如图 8-179 所示。

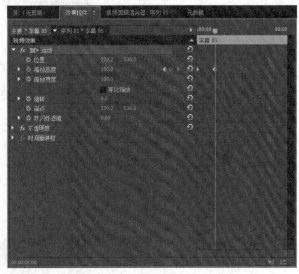

图 8-179 设置【缩放高度】关键帧 1

12 复制"字幕 05"并粘贴到【V6】轨道中，调整【位置】的数值，调整【缩放高度】关键帧的时间和大小，如图 8-180 所示。

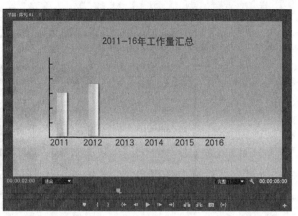

图 8-180　设置【缩放高度】关键帧 2

13 用上面的方法创建其他年份的柱状图，如图 8-181 所示。

14 保存场景，在【节目监视器】窗口中观看效果。

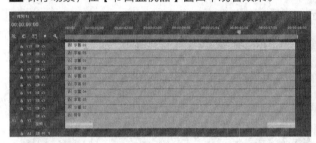

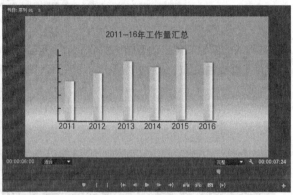

图 8-181　创建多个矩形

实例 128　动态圆饼图

● **实例文件** | 工程/第8章/动态圆饼图.prproj

● **视频教学** | 视频/第8章/动态圆饼图.mp4

● **难易程度** | ★★★★★

● **学习时间** | 15分40秒

● **实例要点** | 创建立体圆形及【时钟式擦除】和【斜面 Alpha】特效的应用

本实例的最终效果如图 8-182 所示。

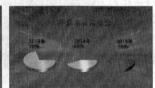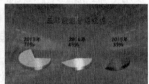

图 8-182　动态圆饼图效果

│ 操作步骤 │

01 运行 Premiere Pro CC，在欢迎界面中单击【新建项目】按钮，在【新建项目】对话框中选择项目的保存路径，对项目进行命名，单击【确定】按钮。

02 按【Ctrl+N】组合键，弹出【新建序列】对话框，在【序列预设】选项卡下【可用预设】区域中选择"HDV | HDV 720p25"选项，单击【确定】按钮。

03 进入操作界面，在【项目】窗口中【名称】区域空白处双击，在弹出的对话框中选择随书附带资源中的"素材 | 第8章"下的"动态圆饼图 01.jpg"和"动态圆饼图 02.jpg"素材文件，单击【打开】按钮，如图 8-183 所示。

图 8-183　导入素材

04 将导入的素材文件"动态圆饼图 01.jpg"拖至【时间线】窗口【V1】轨道上，设置持续时间为 8 秒，在【效果控件】面板中设置【缩放】为 80%，如图 8-184 所示。

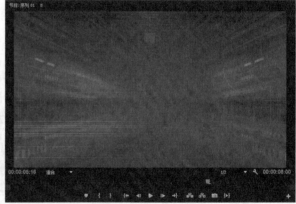

图 8-184　调整素材画面大小

05 按【Ctrl+T】组合键，使用默认命名，进入【字幕编辑器】窗口，使用【椭圆形工具】在【字幕设计】栏中绘制椭圆。在【填充】区域中，设置【颜色】为浅灰色；勾选【光泽】复选框，并设置参数；在【描边】区域中添加一处【外描边】,设置【类型】为【凹进】,【角度】为 -180°,【强度】为 32,【颜色】为浅灰色，勾选【光泽】复选框，设置参数，如图 8-185 所示。

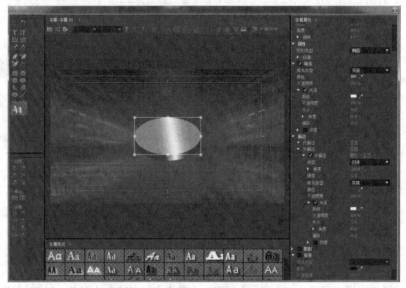

图 8-185　设置字幕图形

06 拖曳"字幕 01"到【时间线】窗口【V2】轨道上，延长持续时间为 8 秒，如图 8-186 所示。

图 8-186　添加字幕到时间线

07 添加【时钟式擦除】特效，延长过渡特效的长度为 3 秒，在【效果控件】面板中设置参数，如图 8-187 所示。

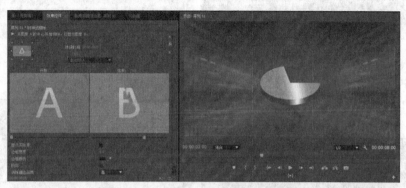

图 8-187　添加【时钟式擦除】过渡特效

08 选择【V2】轨道上的素材，右键单击，在弹出的菜单中选择【嵌套】命令，如图 8-188 所示。

图 8-188　嵌套序列

09 添加【斜面 Alpha】特效，如图 8-189 所示。

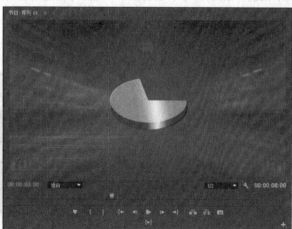

图 8-189　添加【斜面 Alpha】特效

10 添加【图像控制】|【颜色平衡（RGB）】特效，改变圆饼的颜色，如图 8-190 所示。

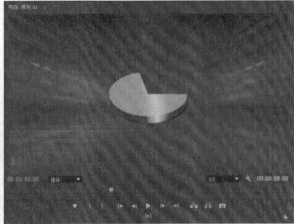

图 8-190　更改颜色

11 在【运动】组中调整【缩放】和【位置】参数，如图 8-191 所示。

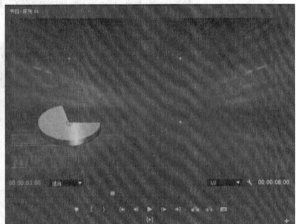

图 8-191　调整素材的大小和位置

12 确定当前时间为 00:00:03:00，选中"嵌套序列 01"，按【Ctrl+K】组合键将该素材分割为两段，右键单击后面的一段素材，在弹出的菜单中选择【帧定格选项】命令，在弹出的对话框中进行设置，如图 8-192 所示。

13 按住【Shift】键使用【向前选择轨道】工具█◆单击选择【V2】轨道上的全部素材，粘贴到【V3】轨道上，拖曳第 1 段的末端到 00:00:02:00，选择第 2 段素材，设置【帧定格选项】中为 00:00:02:00，如图 8-193 所示。

图 8-192　设置【帧定格选项】

图 8-193　复制素材

14 在【效果控件】面板中设置【V3】轨道上的两段素材的【位置】参数，如图 8-194 所示。

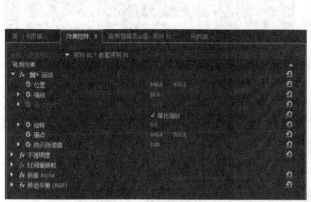
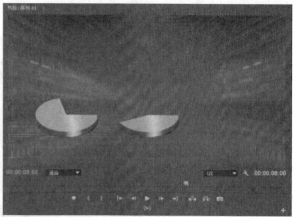

图 8-194　设置【位置】参数

15 调整【颜色平衡（RGB）】的参数，如图 8-195 所示。

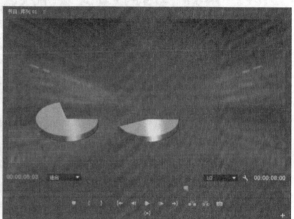

图 8-195　设置【颜色平衡（RGB）】特效参数

16 按住【Shift】键使用【向前选择轨道】工具 单击选择【V2】轨道上的全部素材，粘贴到【V4】轨道上，拖曳第 1 段的末端到 00:00:01:15，选择第 2 段素材，设置【帧定格选项】中为 00:00:01:15，如图 8-196 所示。

17 在【效果控件】面板中设置【V3】轨道上的两段素材的【位置】和【颜色平衡（RGB）】特效的参数，如图 8-197 所示。

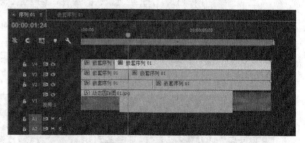

图 8-196　复制素材

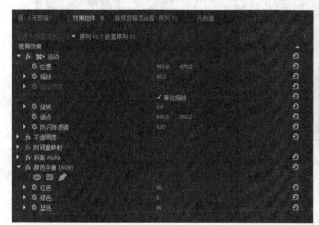
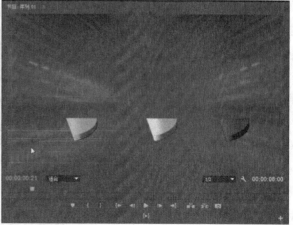

图 8-197　调整【颜色平衡（RGB）】特效参数

18 调整【V3】和【V4】轨道上素材的起点，如图
8-198 所示。

图 8-198　调整素材起点

19 创建新的字幕，如图 8-199 所示。

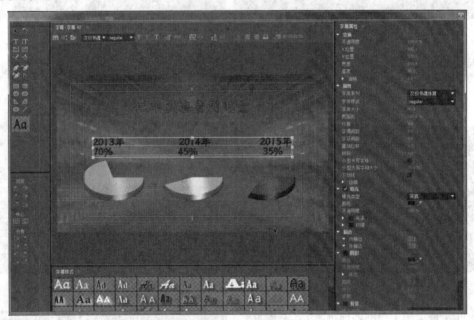

图 8-199　创建字幕

20 拖曳"字幕 02"到【V5】轨道上，展开【不透明度】组，创建 3 个矩形蒙版分别在年份字幕上，如图
8-200 所示。

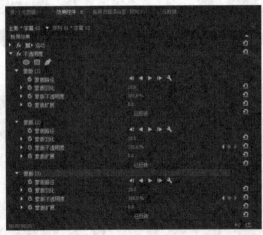
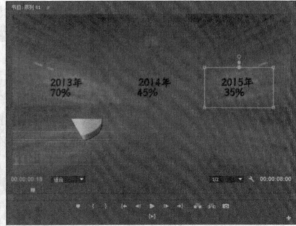

图 8-200　创建蒙版

21 设置"蒙版（2）"和"蒙版（3）"的【不透明度】关键帧，创建年份文字按次序出现的动画，如图 8-201
所示。

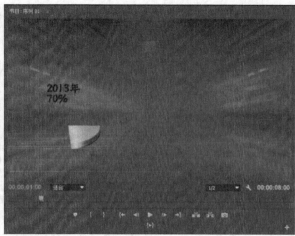

图 8-201　设置【蒙版】关键帧

22 保存场景，在【节目监视器】窗口中观看效果。

实例 129　宽屏幕电影效果

- **实例文件** | 工程/第8章/宽屏幕电影效果.prproj
- **视频教学** | 视频/第8章/宽屏幕电影效果.mp4
- **难易程度** | ★★★☆☆
- **学习时间** | 3分27秒
- **实例要点** | 应用嵌套序列重新调整宽高比

本实例的最终效果如图 8-202 所示。

图 8-202　宽屏幕电影效果

操作步骤

01 运行 Premiere Pro CC，在欢迎界面中单击【新建项目】按钮，在【新建项目】对话框中选择项目的保存路径，对项目进行命名，单击【确定】按钮。

02 按【Ctrl+N】组合键，弹出【新建序列】对话框，在【序列预设】选项卡下【可用预设】区域中选择"HDV | HDV 720p25"选项，单击【确定】按钮。

图 8-203　新建序列

03 进入操作界面,在【项目】窗口中【名称】区域空白处双击,在弹出的对话框中选择随书附带资源中的"素材 I 第 8 章"下的"宽屏幕电影效果 .mp4"素材文件,单击【打开】按钮,如图 8-204 所示。

图 8-204 导入素材

04 将"宽屏幕电影效果 .mp4"文件拖至【时间线】窗口【V1】轨道中,在【效果控件】面板中调整【缩放】和【位置】,如图 8-205 所示。

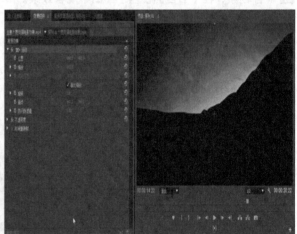

图 8-205 设置画面大小和位置

05 新建一个序列,选择合适的预设,如图 8-206 所示。

图 8-206 新建序列

06 从【项目】窗口中拖曳"序列 01"到"序列 02"的时间线上,如图 8-207 所示。

图 8-207　嵌套序列

07 在【效果控件】面板中在【运动】组中调整【缩放】和【位置】参数,如图 8-208 所示。

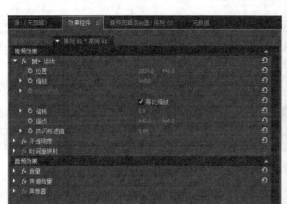

图 8-208　调整画面大小和位置

08 添加【亮度与对比度】特效,将【亮度】设置为 20,【对比度】设置为 10,如图 8-209 所示。

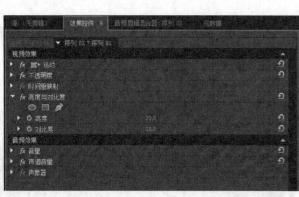

图 8-209　设置【亮度与对比度】特效参数

09 保存场景,在【节目监视器】窗口中观看效果。

实例 130 立体电影空间

● **实例文件** | 工程/第8章/立体电影空间.prproj
● **视频教学** | 视频/第8章/立体电影空间.mp4
● **难易程度** | ★★★★☆

● **学习时间** | 8分29秒
● **实例要点** | 【基本3D】特效和混合模式的应用

本实例的最终效果如图8-210所示。

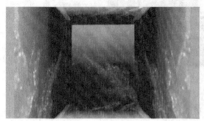

图8-210 立体电影空间效果

操作步骤

01 运行 Premiere Pro CC, 在欢迎界面中单击【新建项目】按钮, 在【新建项目】对话框中选择项目的保存路径, 对项目进行命名, 单击【确定】按钮。

02 按【Ctrl+N】组合键, 弹出【新建序列】对话框, 在【序列预设】选项卡下【可用预设】区域中选择"HDV | HDV 720p25"选项, 单击【确定】按钮。

03 进入操作界面, 在【项目】窗口中【名称】区域空白处双击, 在弹出的对话框中选择随书附带资源中的"素材|第8章"下的"立体电影空间.mp4"素材文件, 单击【打开】按钮, 如图8-211所示。

04 将"立体电影空间.mp4"文件分别拖至【V1】轨道中, 设置入点为 00:00:12:00, 在【效果控件】面板中设置【缩放】为133%, 如图8-212所示。

05 复制素材分别粘贴到【V2】~【V5】轨道中, 如图8-213所示。

图8-211 导入素材

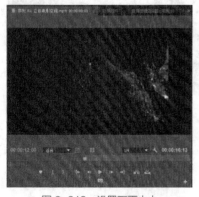

图8-212 设置画面大小

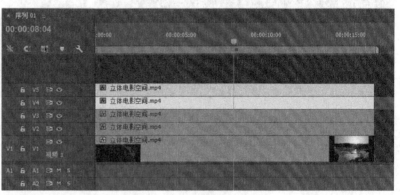

图8-213 添加素材到时间线

06 选择【V5】轨道上的素材，添加【透视】|【基本 3D】特效，调整特效参数和【位置】数值，如图 8-214 所示。

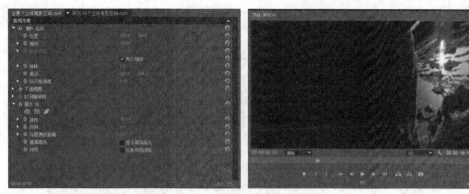

图 8-214 设置【基本 3D】特效参数

07 同样为【V4】、【V3】和【V2】轨道中的素材添加【基本 3D】特效，调整特效参数和【位置】，如图 8-215 所示。

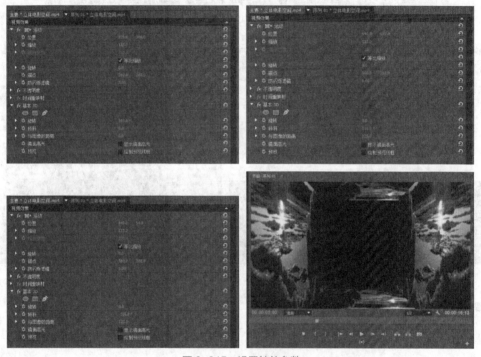

图 8-215 设置特效参数

08 选择【V1】轨道中的素材，在【效果控件】面板中，设置【缩放】为 94%，如图 8-216 所示。

图 8-216 设置画面大小

09 创建字幕，选择【钢笔工具】 🖊 ，参照立体透视的素材绘制填充图形，设置渐变参数，如图 8-217 所示。

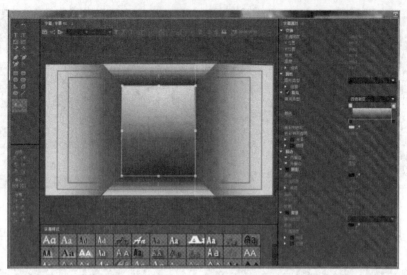

图 8-217　创建渐变图形

10 拖曳字幕到【V6】轨道上，在【效果控件】面板中展开【不透明度】组，选择【混合模式】为【强光】，调整【不透明度】为 75%，如图 8-218 所示。

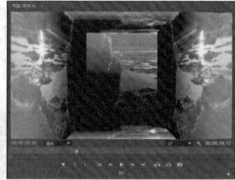

图 8-218　设置【不透明度】参数

11 保存场景，在【节目监视器】窗口中观看效果。

第

09

章

高级校色

本章重点

Magic Bullet Colorista Ⅲ 校色   Magic Bullet Cosmo润肤

Magic Bullet Film电影质感   Magic Bullet Looks调色

Magic Bullet Mojo快速调色   Lumetri调色预设

Match色彩匹配   Speed Grade导入项目

Speed Grade初级校色   Speed Grade二级校色

在影视作品中色调有助于表现主题、情绪和创作者心中的意境，并使影片
形成独特的风格。本章主要对Premiere Pro CC中的视频调色滤镜进行了
介绍，通过调色实例讲解如何完美地处理实拍素材，详细讲述了软件自带
的色彩调整滤镜及多种滤镜的综合运用，还着重讲述了电影调色插件Magic
Bullet等高效功能。

实例
131 Magic Bullet Colorista Ⅲ校色

Colorista Ⅲ（调色师）是 Red Giant 出品的一个非常优秀的调色插件，具有一级调色、二级调色（局部调色）和蒙版等优秀的功能，不仅操作方便，而且功能很强大。

- **实例文件** | 工程/第9章/Magic Bullet Colorista
  Ⅲ校色 .prproj
- **视频教学** | 视频/第9章/Magic Bullet Colorista Ⅲ校色 .mp4
- **难易程度** | ★★★☆☆
- **学习时间** | 5分12秒
- **实例要点** | 【Magic Bullet Colorista Ⅲ】特效的应用

本实例的最终效果如图9-1所示。

图9-1　Colorista Ⅲ校色效果对比

┤ 操作步骤 ├

01 运行 Premiere Pro CC，在欢迎界面中单击【新建项目】按钮，在【新建项目】对话框中选择项目的保存路径，对项目进行命名，单击【确定】按钮。

02 按【Ctrl+N】组合键，弹出【新建序列】对话框，在【序列预设】选项卡下【可用预设】区域中选择"HDV | HDV 720p25"选项，单击【确定】按钮，如图9-2所示。

03 进入操作界面，在【项目】窗口中【名称】区域空白处双击，在弹出的对话框中选择随书附带资源中的"素材 | 第9章"下的"MB Colorista 校色 .mp4"素材文件，单击【打开】按钮，如图9-3所示。

图9-2　新建序列

图9-3　导入素材

04 将"MB Colorista 校色 .mp4"文件拖至【时间线】窗口【V1】轨道中，右键单击，在弹出的菜单中选择【缩放为帧大小】命令，如图9-4所示。

图 9-4 添加素材到时间线

05 添加【Magic Bullet】|【Colorista Ⅲ】特效，在【效果控件】面板中，单击【Auto Balance】右侧的色块，设置 RGB 颜色值为 255、240、204，如图 9-5 所示。

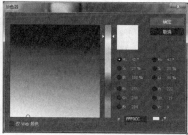

图 9-5 添加并设置【Colorista Ⅲ】特效

06 拖曳当前指针，查看素材和节目效果对比，如图 9-6 所示。

图 9-6 查看加特效前后的对比

07 在【Curves】组中单击【Red】项调整曲线的形状，如图9-7所示。

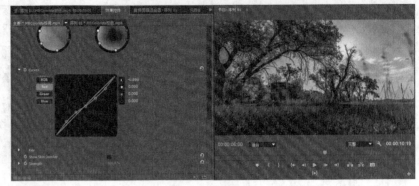

图 9-7　设置特效 1

08 单击【Blue】项，调整曲线，增加蓝色，如图9-8所示。

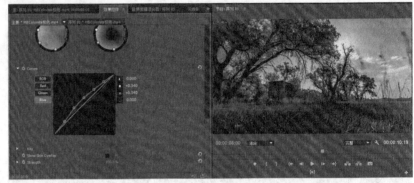

图 9-8　设置特效 2

09 调整【Vignette】的数值，压暗四角，如图9-9所示。

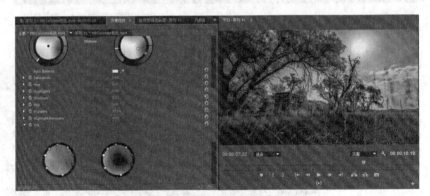

图 9-9　设置特效 3

10 选择【椭圆形工具】，绘制椭圆形蒙版，勾选【已反转】复选框，调整蒙版大小和羽化值，如图9-10所示。

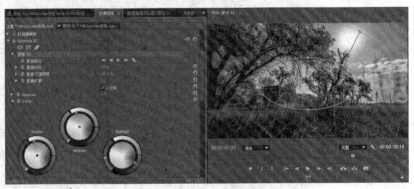

图 9-10　设置蒙版参数

11 设置完成后，在【节目监视器】窗口中观看效果。

实例
132　Magic Bullet Cosmo润肤

- **实例文件** | 工程/第9章/Magic Bullet Cosmo 润
  肤.prproj
- **视频教学** | 视频/第9章/Magic Bullet Cosmo 润肤.mp4
- **难易程度** | ★★★★☆
- **学习时间** | 5分49秒
- **实例要点** | 【Magic Bullet Cosmo】特效的应用

本实例的最终效果如图9-11所示。

图 9-11　Magic Bullet Cosmo 润肤效果对比

操作步骤

01 运行 Premiere Pro CC，在欢迎界面中单击【新建项目】按钮，在【新建项目】对话框中选择项目的保存路径，对项目进行命名，单击【确定】按钮。

02 按【Ctrl+N】组合键，弹出【新建序列】对话框，在【序列预设】选项卡下【可用预设】区域中选择"HDV | HDV 720p25"选项，单击【确定】按钮，如图9-12所示。

图 9-12　新建序列

03 进入操作界面，在【项目】窗口中【名称】区域空白处双击,在弹出的对话框中选择随书附带资源中的"素材 | 第 9 章"下的"MB Cosmo 润肤 .mpg"素材文件，单击【打开】按钮，如图9-13所示。

图 9-13　导入素材

04 将"MB Cosmo 润肤 .mpg"文件拖至【时间线】窗口【V1】轨道中，如图9-14所示。

图 9-14　添加素材到时间线

05 添加【Magic Bullet】|【Cosmo】特效，如图 9-15
所示。

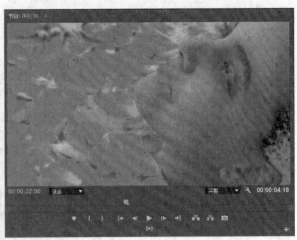

图 9-15　添加【Cosmo】特效

06 确定当前时间在序列的起点，取消勾选【Show Selection】复选框，勾选【Show Skin Overlay】复选框，查看
皮肤润饰的效果，如图 9-16 所示。

图 9-16　设置【Cosmo】特效参数

07 绘制椭圆形蒙版，调整大小、角度和羽化，并设置关键帧，如图 9-17 所示。

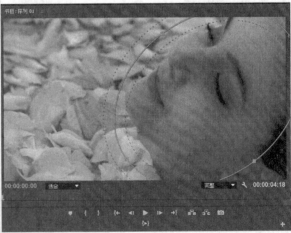

图 9-17　设置【蒙版】关键帧 1

08 拖曳当前指针到 00:00:02:00，调整蒙版的位置，创建第 2 个关键帧，如图 9-18 所示。

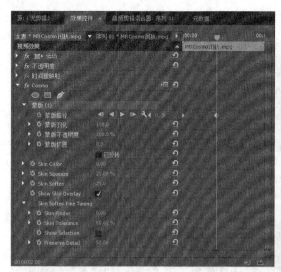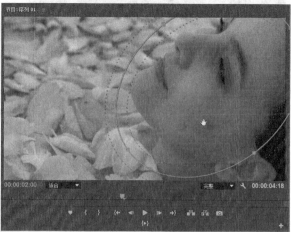

图 9-18 设置【蒙版】关键帧 2

09 拖曳当前指针到序列的末端，调整蒙版的位置，创建第 3 个关键帧，如图 9-19 所示。

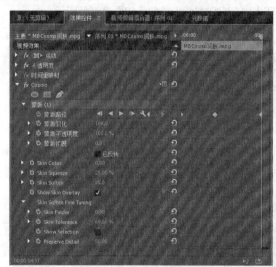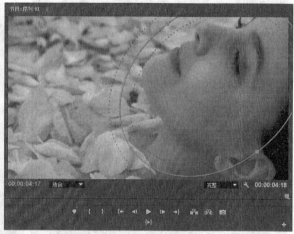

图 9-19 设置【蒙版】关键帧 3

10 拖曳当前指针到 00:00:01:00，调整蒙版的位置，创建第 4 个关键帧，如图 9-20 所示。

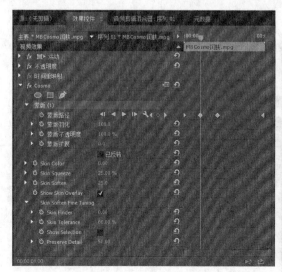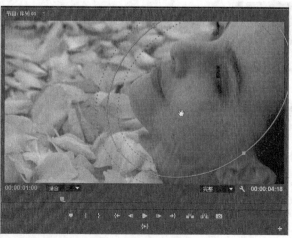

图 9-20 设置【蒙版】关键帧 4

11 拖曳当前指针到 00:00:03:10，调整蒙版的位置，创建第 5 个关键帧，如图 9-21 所示。

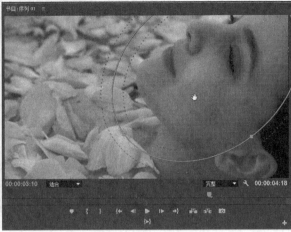

图 9-21　设置蒙版关键帧 5

12 取消勾选【Show Skin Overlay】复选框，添加【颜色校正】|【RGB 曲线】特效，如图 9-22 所示。

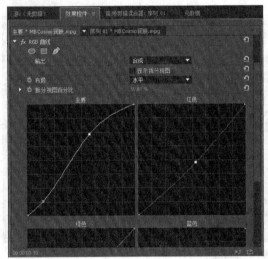

图 9-22　调整【RGB 曲线】特效

13 设置完成后，在【节目监视器】窗口中观看效果。

实例 133　Magic Bullet Film电影质感

- **实例文件** | 工程/第 9 章/Magic Bullet Film 电影质感.prproj
- **视频教学** | 视频/第 9 章/Magic Bullet Film 电影质感.mp4

- **难易程度** | ★★★☆☆
- **学习时间** | 6 分 21 秒
- **实例要点** | 【Magic Bullet Film】特效的应用

　　本实例的最终效果如图 9-23 所示。

图 9-23　Magic Bullet Film 电影质感效果对比

操作步骤

01 运行 Premiere Pro CC，在欢迎界面中单击【新建项目】按钮，在【新建项目】对话框中选择项目的保存路径，对项目进行命名，单击【确定】按钮。

02 按【Ctrl+N】组合键，弹出【新建序列】对话框，在【序列预设】选项卡下【可用预设】区域中选择"HDV | HDV 720p25"选项，单击【确定】按钮，如图 9-24 所示。

03 进入操作界面，在【项目】窗口中【名称】区域空白处双击，在弹出的对话框中选择随书附带资源中的"素材 | 第 9 章"下的"MB Film 电影质感 01.mp4"和"MB Film 电影质感 02.mp4"素材文件，单击【打开】按钮，如图 9-25 所示。

图 9-24　新建序列

图 9-25　导入素材

04 将"MB Film 电影质感 01.mp4"和"MB Film 电影质感 02.mp4"文件拖至【时间线】窗口【V1】轨道中，如图 9-26 所示。

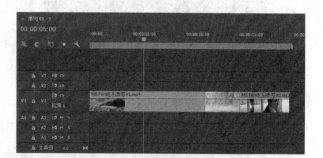

图 9-26　添加素材至时间线

05 在【时间线】窗口中选择第 1 段素材，单击鼠标右键，在弹出的菜单中选择【缩放为帧大小】命令，添加【Magic Bullet】|【Film】特效，如图 9-27 所示。

图 9-27　添加特效 1

06 选择第 2 段素材，添加【Film】特效，如图 9-28 所示。

图 9-28　添加特效 2

07 拖曳当前指针到第 2 段素材的起点，绘制椭圆形蒙版，调整大小、位置和羽化，并设置关键帧，如图 9-29 所示。

图 9-29　设置蒙版关键帧 1

08 拖曳当前指针到第 2 段素材的终点，绘制椭圆形蒙版，调整大小、位置和羽化，并设置关键帧，如图 9-30 所示。

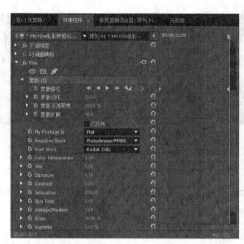

图 9-30 设置蒙版关键帧 2

09 拖曳当前指针，根据蒙版与人物脸部对齐的情况添加关键帧，如图 9-31 所示。

图 9-31 设置蒙版关键帧 3

10 添加【调整】|【色阶】特效，在【效果控件】面板中单击【设置】按钮，调整色阶的输入点，如图 9-32 所示。

11 设置完成后，在【节目监视器】窗口中观看效果。

图 9-32 调整【色阶】参数

实例
134　Magic Bullet Looks调色

● **实例文件** | 工程/第9章/Magic Bullet Looks 调色.prproj　　● **学习时间** | 5分41秒

● **视频教学** | 视频/第9章/Magic Bullet Looks调色.mp4　　● **实例要点** | 【 Magic Bullet Looks 】调色和【 纯色合成 】

● **难易程度** | ★★★★☆　　特效的应用

　　本实例的最终效果如图9-33所示。

图 9-33 Magic Bullet Looks 调色效果对比

━┤ **操作步骤** ┣━

01 运行 Premiere Pro CC，在欢迎界面中单击【新建项目】按钮，在【新建项目】对话框中选择项目的保存路径，对项目进行命名，单击【确定】按钮。

02 按【Ctrl+N】组合键，弹出【新建序列】对话框，在【序列预设】选项卡下【可用预设】区域中选择"HDV | HDV 720p25"选项，单击【确定】按钮。

03 进入操作界面，在【项目】窗口中【名称】区域空白处双击，在弹出的对话框中选择随书附带资源中的"素材 | 第 9 章"下的"MB Looks 调色 01.mp4"和"MB Looks 调色 02.mp4"素材文件，单击【打开】按钮，如图 9-34 所示。

04 将导入的素材文件拖至【时间线】窗口【V1】轨道中，适当调整素材的入点和出点并缩放比例至全屏，如图 9-35 所示。

图 9-34 导入素材

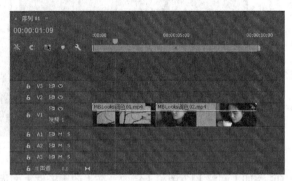

图 9-35 添加素材到时间线

05 选择第 1 段素材，添加【Magic Bullet】|【Looks】特效，在【效果控件】面板中展开，单击【Edit】按钮打开【Magic Bullet Looks 设置】面板，选择适合的预设，比如【BLOCKBUSTER COOL】组中的【Shutters】项，如图 9-36 所示。

图 9-36 选择调色预设

06 单击右下角的✅按钮关闭【Magic Bullet Looks 设置】面板，在时间线上双击第 1 段素材，在【素材监视器】和【节目监视器】窗口中对比显示，如图 9-37 所示。

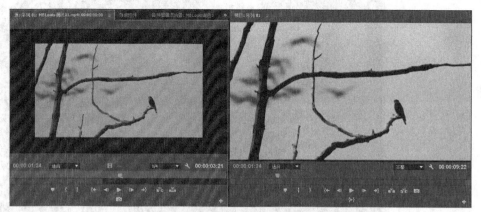

图 9-37　对比显示效果

07 选择第 2 段素材，添加【Looks】特效，选择预设【BLOCKBUSTER COOL】组中的【Critical Care】项，如图 9-38 所示。

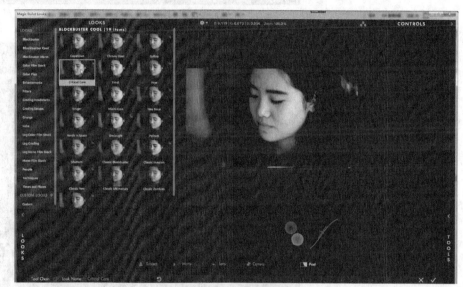

图 9-38　选择调色预设

08 单击底部的【Cosmo】缩略图展开【Cosmo】面板，调整 RGB 曲线，如图 9-39 所示。

图 9-39　调整 RGB 曲线

09 单击【Red】项，调整 Red 曲线，如图 9-40 所示。

图 9-40　调整 Red 曲线

10 单击【Blue】项，调整 Blue 曲线，如图 9-41 所示。

11 单击右下角的 ✔ 按钮关闭【Looks】面板，在【时间线】窗口中双击第 2 段素材，查看效果对比，如图 9-42 所示。

图 9-41　调整 Blue 曲线

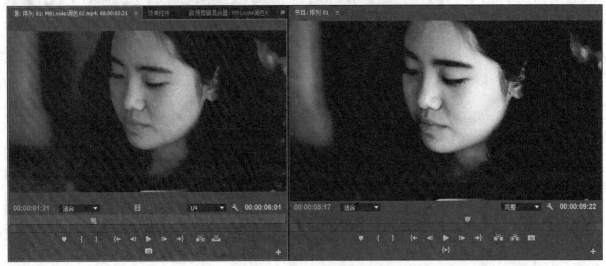

图 9-42　查看调色效果

12 选择第2段素材,添加【通道】|【纯色合成】特效,如图9-43所示。

图 9-43　添加特效并设置参数

13 保存场景,在【节目监视器】窗口中观看效果。

实例 135　Magic Bullet Mojo快速调色

　　Magic Bullet Mojo是一款调色插件,可在几秒钟内得到一个基本满足好莱坞影片级的效果,界面参数少且容易控制,可以单独处理皮肤,具有全浮点渲染和快速渲染等优势,是许多项目的理想选择。Magic Bullet Mojo最大的亮点就是快速预览和渲染。

- **实例文件**｜工程/第9章/Magic Bullet Mojo快速调色.prproj
- **视频教学**｜视频/第9章/Magic Bullet Mojo快速调色.mp4
- **难易程度**｜★★★★☆
- **学习时间**｜5分42秒
- **实例要点**｜【Magic Bullet Mojo】特效的应用

　　本实例的最终效果如图9-44所示。

图 9-44　MB Mojo 快速调色效果对比

操作步骤

01 运行 Premiere Pro CC,在欢迎界面中单击【新建项目】按钮,在【新建项目】对话框中选择项目的保存路径,对项目进行命名,单击【确定】按钮。

02 按【Ctrl+N】组合键,弹出【新建序列】对话框,在【序列预设】选项卡下【可用预设】区域中选择"HDV | HDV 720p25"选项,单击【确定】按钮。

图 9-45　新建序列

03 进入操作界面，在【项目】窗口中【名称】区域空白处双击，在弹出的对话框中选择随书附带资源中的"素材 | 第 9 章"下的"MB Mojo 快速调色 .mp4"素材文件，单击【打开】按钮，如图 9-46 所示。

04 将"MB Mojo 快速调色 .mp4"文件拖至【时间线】窗口【V1】轨道中，右键单击，在弹出的菜单中选择【缩放为帧大小】命令，如图 9-47 所示。

图 9-46　导入素材

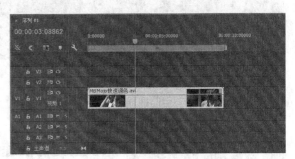

图 9-47　添加素材到时间线

05 激活【效果】面板，为素材添加【Magic Bullet】|【Mojo】特效，勾选【Show Skin Overlay】复选框，如图 9-48 所示。

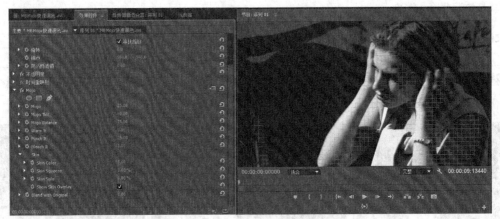

图 9-48　设置特效参数 1

06 在【效果控件】面板中调整参数，如图 9-49 所示。

图 9-49　设置特效参数 2

07 调整【Skin】组的参数，如图 9-50 所示。

图 9-50　设置特效参数 3

08 确定当前时间在 00:00:00:00，创建一个椭圆形蒙版，调整位置、大小和羽化，并设置【蒙版路径】的关键帧，如图 9-51 所示。

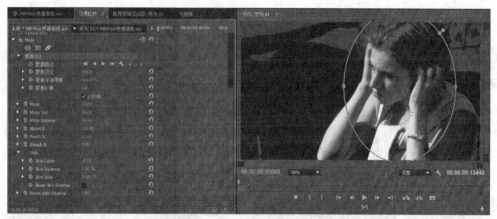

图 9-51　设置【蒙版路径】关键帧

09 分别拖曳当前时间到素材的末端和 00:00:03:4631 位置，在【节目监视器】窗口中调整蒙版的位置，创建关键帧，如图 9-52 所示。

图 9-52　设置【蒙版】关键帧

10 调整【Blend With Original】的数值为 40%，查看效果对比，如图 9-53 所示。

图 9-53　查看效果对比

11 设置完成后，在【节目监视器】窗口中观看效果。

实例 **136** Lumetri调色预设

- **实例文件** | 工程/第9章/Lumetri调色预设.prproj
- **视频教学** | 视频/第9章/Lumetri调色预设.mp4
- **难易程度** | ★★★☆☆
- **学习时间** | 3分49秒
- **实例要点** |【Lumetri】调色预设和【输入LUT】选项的应用

　　本实例的最终效果如图9-54所示。

图 9-54　Lumetri 调色预设效果对比

┨操作步骤┠

01 运行 Premiere Pro CC，在欢迎界面中单击【新建项目】按钮，在【新建项目】对话框中选择项目的保存路径，对项目进行命名，单击【确定】按钮。

02 按【Ctrl+N】组合键，弹出【新建序列】对话框，在【序列预设】选项卡下【可用预设】区域中选择"HDV | HDV 720p25"选项，单击【确定】按钮，如图 9-55 所示。

03 进入操作界面，在【项目】窗口中【名称】区域空白处双击，在弹出的对话框中选择随书附带资源中的"素材 | 第 9 章"下的"Lumetri调色预设01.mp4"和"Lumetri调色预设02.mp4"素材文件，单击【打开】按钮，如图 9-56 所示。

04 将素材文件拖至【时间线】窗口【V1】轨道中，调整素材的缩放至满屏，如图 9-57 所示。

图 9-55　新建序列

图 9-56 导入素材

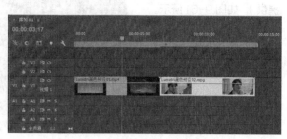

图 9-57 添加素材到时间线

05 在【效果】面板中展开【Lumetri 预设】文件夹，选择预设项并拖曳到【效果控件】面板中，如图 9-58 所示。

图 9-58 添加特效预设

06 展开【基本校正】组，单击【输入 LUT】下拉按钮，选择合适的预设项，如图 9-59 所示。

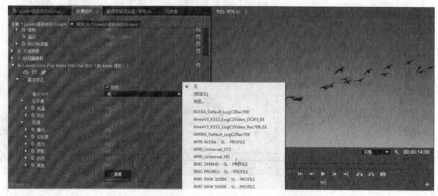

图 9-59 选择【输入 LUT】预设项

07 查看素材与节目预览效果对比，如图 9-60 所示。

图 9-60 素材添加效果前后对比

08 选择第 2 段素材，添加预设【Fuji Reala 500D Kodak 2393】（由 Adobe 提供），如图 9 - 61 所示。

图 9-61　添加特效预设

09 展开【基本校正】组，单击【输入 LUT】，从下拉菜单中选择适合的选项，如图 9-62 所示。

图 9-62　选择【输入 LUT】预设项

10 在【时间线】窗口中双击第 2 段素材，在【素材监视器】和【节目监视器】窗口中查看对比效果，如图 9-63 所示。

11 设置完成后，在【节目监视器】窗口中观看效果。

图 9-63　查看对比效果

实例
137　**Match色彩匹配**

　　RE:Match是一组视图颜色匹配插件，可以使不同的素材看起来如同来自相同的相机和拍摄设置。RE:Match可以假定两个图像序列采样大致在相同的位置，但也许它们并不是在同一时间或相同地点。对于多机位拍摄，或单相机拍摄多个镜头，会具有不同的照明或相机设置，RE:Match可以匹配最好的一个序列的整体色彩外观到另一个序列。

● **实例文件** | 工程/第9章/Match色彩匹配.prproj	● **学习时间** | 7分12秒
● **视频教学** | 视频/第9章/Match色彩匹配.mp4	● **实例要点** | 【RE:Match Color】色彩匹配和【RGB曲线】
● **难易程度** | ★★★★☆	特效局部校色的应用

本实例的最终效果如图9-64所示。

图 9-64　Match 色彩匹配效果

┃ 操作步骤 ┃

01 运行 Premiere Pro CC,在欢迎界面中单击【新建项目】按钮,在【新建项目】对话框中选择项目的保存路径,对项目进行命名,单击【确定】按钮。

02 按【Ctrl+N】组合键,弹出【新建序列】对话框,在【序列预设】选项卡下【可用预设】区域中选择"HDV | HDV 720p25"选项,单击【确定】按钮,如图 9-65 所示。

03 进入操作界面,在【项目】窗口中【名称】区域空白处双击,在弹出的对话框中选择随书附带资源中的"素材 | 第 9 章"下的"Match 色彩匹配 01.avi"和"Match 色彩匹配 02.mov"素材文件,单击【打开】按钮,如图 9-66 所示。

图 9-65　新建序列

图 9-66　导入素材

04 分别将素材文件"Match 色彩匹配 01.avi"和"Match 色彩匹配 02.mov"拖至【时间线】窗口【V1】和【V2】轨道中,右键单击素材,在弹出的菜单中选择【缩放为帧大小】命令,如图 9-67 所示。

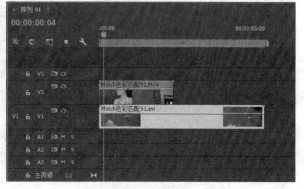

图 9-67　添加素材到时间线

05 从【效果】窗口中展开【RE:Vision Plug-Ins】特效组，拖曳【RE:Match Color】特效到【V2】轨道上的素材，添加色彩匹配特效，如图9-68 所示。

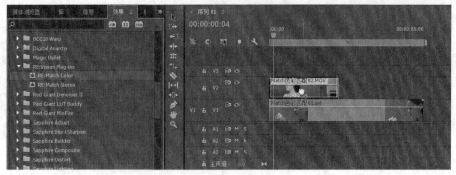

图9-68 添加特效

06 选择【V2】轨道上的文件，在【效果控件】面板中设置相应参数，如图9-69 所示。

图9-69 设置特效参数

07 展开【Adjustment - Controls】组，选择【Pre-Adjustment Mode】的选项为【Compress highlights】，如图9-70所示。

图9-70 设置特效参数

08 在【时间线】窗口中双击【V2】轨道上的素材，在【素材监视器】和【节目监视器】两个视窗中查看效果对比，如图9-71 所示。

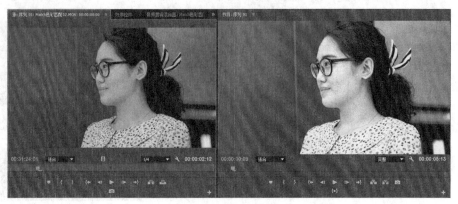

图9-71 查看效果对比

09 添加【颜色校正】|
【RGB曲线】特效,在【效
果控件】面板中展开【辅
助颜色校正】组,单击【吸
管工具】,在人物脸部单
击拾取颜色,如图9-72
所示。

图9-72 拾取人物脸部肤色

10 勾选【显示蒙版】复
选框,调整【亮度】【色相】
和【饱和度】的滑块以调
整蒙版区域,设置【结尾
柔和度】为25,如图
9-73 所示。

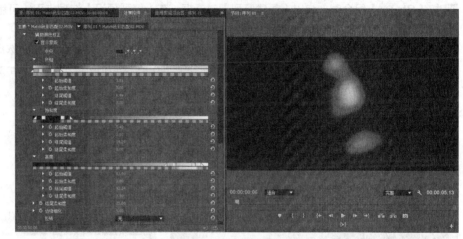

图9-73 设置蒙版参数

11 取消勾选【显示蒙版】
复选框,调整曲线,如图
9-74 所示。
12 保存场景,然后在【节
目监视器】窗口中观看
效果。

图9-74 调整曲线

实例
138 Speed Grade导入项目

- **实例文件** | 工程/第9章/Speed Grade导入项目.prproj
- **视频教学** | 视频/第9章/Speed Grade导入项目.mp4
- **难易程度** | ★★☆☆☆
- **学习时间** | 2分09秒
- **实例要点** | 在Speed Grade软件中导入Premiere项目

本实例的最终效果如图9-75所示。

图 9-75　导入项目效果

操作步骤

01 运行 Premiere Pro CC,在欢迎界面中单击【新建项目】按钮,在【新建项目】对话框中选择项目的保存路径,对项目进行命名,单击【确定】按钮。

02 按【Ctrl+N】组合键,弹出【新建序列】对话框,在【序列预设】选项卡下【可用预设】栏中选择"HDV | HDV 720p25"选项,单击【确定】按钮,如图9-76所示。

03 进入操作界面,在【项目】窗口中【名称】区域空白处双击,在弹出的对话框中选择随书附带资源中的"素材 | 第 9 章"下的"Speed Grade 导入项目 01.avi"和"Speed Grade 导入项目 02.mpg"素材文件,单击【打开】按钮,如图9-77所示。

图 9-76　新建序列

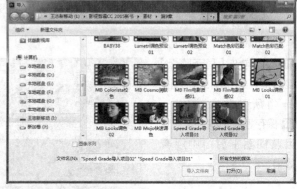

图 9-77　导入素材

04 将素材拖曳到【V1】轨道上,右键单击素材,在弹出的菜单中选择【缩放为帧大小】命令,如图9-78所示。

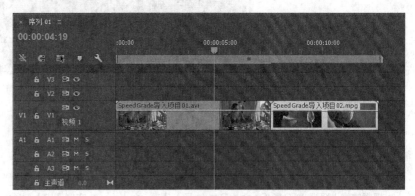

图 9-78　添加素材到时间线

05 在【节目监视器】窗口中观看效果，保存项目。

06 打开软件 Adobe SpeedGrade CC，如图 9-79 所示。

07 进入工作界面，选择【New SpeedGrade Project(.icrp)】项，如图 9-80 所示。

图 9-79　Speed Grade 欢迎界面

图 9-80　选择新建项目

08 选择前面存储的 Premiere 项目文件，如图 9-81 所示。

09 进入 Speed Grade 工作界面，如图 9-82 所示。

10 单击顶部的【另存当前项目】按钮，另存项目文件。

图 9-81　打开 Premiere 项目

图 9-82　打开项目文件

技法提高篇

实例 139 Speed Grade初级校色

● **实例文件** | 工程/第9章/Speed Grade初级校色.prproj   ● **学习时间** | 2分11秒

● **视频教学** | 视频/第9章/Speed Grade初级校色.mp4   ● **实例要点** | Speed Grade初级校色的应用

● **难易程度** | ★★★★☆

本实例的最终效果如图9-83所示。

图9-83　Speed Grade 初级校色效果

┃操作步骤┃

01 运 行 Speed GradeCC，在时间线上选择第1段素材，在底部单击【Filmstock】，从预设库中选择适合的选项，如图9-84所示。

图9-84　选择预设

02 单击【Primary】项，调整【Gamma】和【Gain】参数，如图9-85所示。

图9-85　调整特效参数

03 单击【Midtones】项，调整【Input Saturation】数值，如图 9-86 所示。

图 9-86　调整特效参数

04 单击【Shadows】项，单击【滑块切换】按钮切换为滑块调整方式，如图 9-87 所示。

图 9-87　调整特效参数

05 保存项目，在【节目监视器】窗口中观看效果。

实例 140　Speed Grade二级校色

- **实例文件**｜工程/第9章/Speed Grade二级校色.prproj
- **视频教学**｜视频/第9章/Speed Grade二级校色.mp4
- **难易程度**｜★★★★★
- **学习时间**｜6分58秒
- **实例要点**｜Speed Grade 二级校色的应用

本实例的最终效果如图9-88所示。

图 9-88　Speed Grade 二级校色效果

┃操作步骤┃

01 确定运行 Speed Grade CC，在时间线上选择第 2 段素材，在底部激活【SpeedLooks CineLooks】，从中选择合适的预设，如图 9-89 所示。

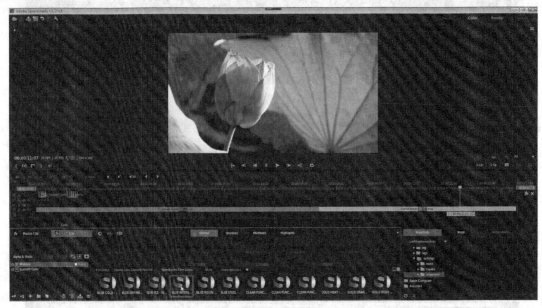

图 9-89　选择预设

02 单击【Primary】项，单击【Midtones】，调整【Gamma】的滑块，如图 9-90 所示。

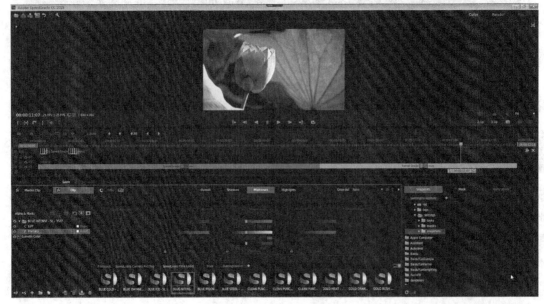

图 9-90　调整特效参数

03 单击【+S】按钮，添加二级校色，如图 9-91 所示。

04 单击【吸管+】图标，在【节目监视器】窗口中拾取荷花区域的颜色，如图 9-92 所示。

图 9-91 添加二级校色

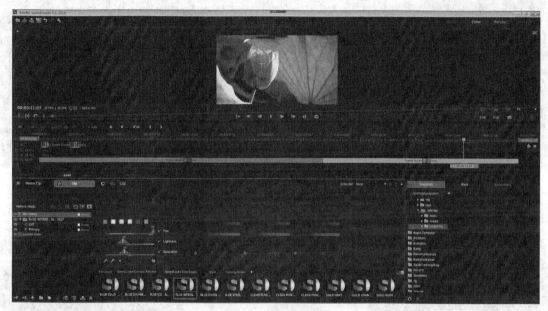

图 9-92 吸取颜色

05 单击【Gray-out】下拉选项，选择【White/Black】，在左侧调整【Hue】、【Lightness】和【Saturation】的滑块，选择尽可能多的荷花区域，如图 9-93 所示。

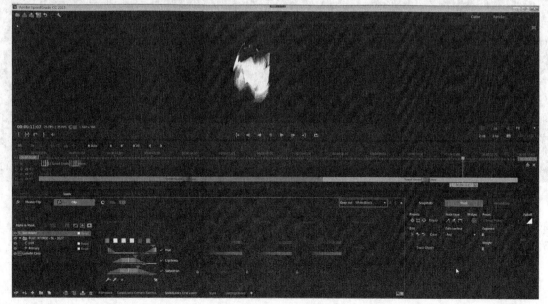

图 9-93 调整选区

06 调整【Blue】和【Denoise】的数值，改善选区，如图 9-94 所示。

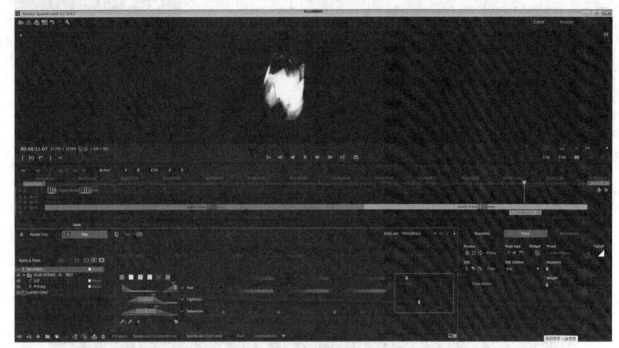

图 9-94　改善选区

07 单击【Gray-out】下拉选项，选择【Color/Gray】，查看荷花被选择的区域，如图 9-95 所示。

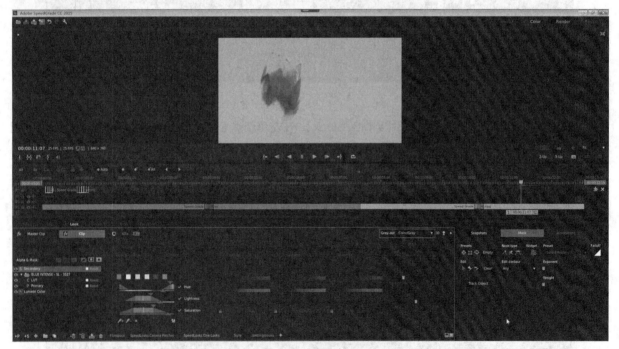

图 9-95　查看选区

08 单击【Gray-out】下拉选项，选择【none】，切换到颜色轮方式，调整【Offset】，改变荷花的颜色，如图 9-96 所示。

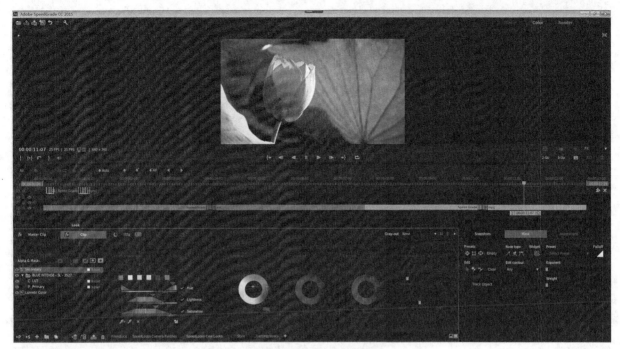

图 9-96　调整色相偏移

09 降低亮度，提高对比度，如图 9-97 所示。

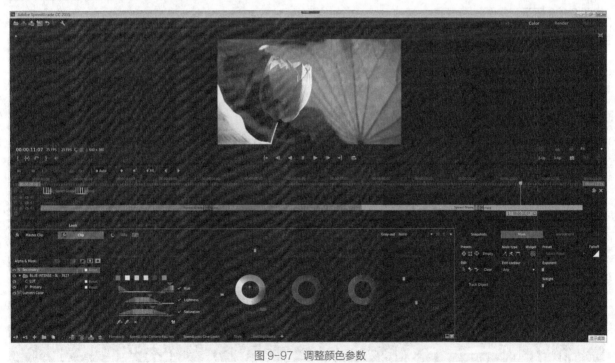

图 9-97　调整颜色参数

10 关闭【Secondery】旁的眼睛图标，单击【Snapshot】按钮，如图 9-98 所示。

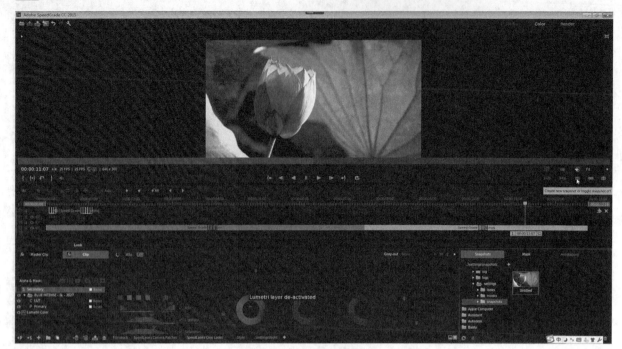

图 9-98　快照屏幕

11 单击【SG 双显】图标█水平显示两个预览，打开【Secondery】旁的眼睛图标👁，查看二级校色的效果对比，如图 9-99 所示。

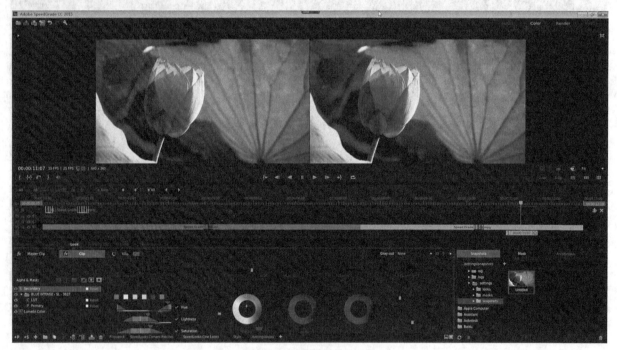

图 9-99　查看校色效果对比

12 单击顶部的【另存当前项目】按钮📇，另存项目文件，如图 9-100 所示。

图 9-100　另存项目

13 单击【Render】按钮，保存 SG 项目，打开 Premiere Pro CC 软件，直接打开校色后的项目，如图 9-101 所示。

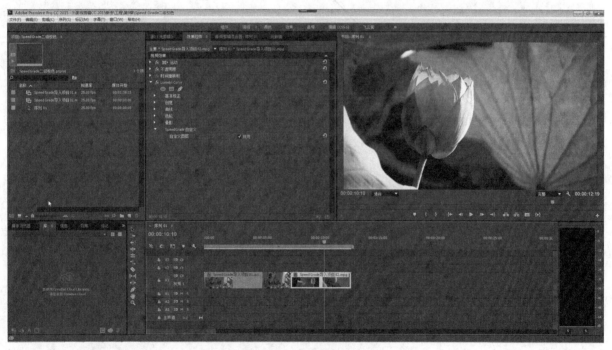

图 9-101　打开校色后项目

14 单击【播放】按钮 ，在【节目监视器】窗口中观看效果。

第 **10** 章

数码相册

本章实例主要讲解PremiereProCC中图像素材的管理、创建素材项目和替换素材的方法，以及应用嵌套序列和复制序列创建更多层次的画面组合。通过添加运动关键帧、过渡特效和应用恰当的混合模式来增强图片的动感和冲击力，使用一组静态的照片构建出一本具有不错节奏感和艺术感的视频数码相册。

本实例的最终效果如图10-1所示。

图 10-1　数码相册效果

操作 001　导入照片素材

- **实例文件**｜工程/第10章/导入照片素材.prproj
- **视频教学**｜视频/第10章/导入照片素材.mp4
- **难易程度**｜★★☆☆☆
- **学习时间**｜1分44秒
- **实例要点**｜导入素材便于管理，创建并命名素材箱

本操作效果如图10-2所示。

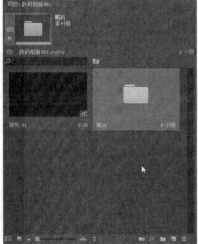

图 10-2　导入照片效果

｜操作步骤｜

01 运行 PremiereProCC，在欢迎界面中单击【新建项目】按钮，在【新建项目】对话框中选择项目的保存路径，将项目命名为【数码相册001】，单击【确定】按钮，如图10-3所示。

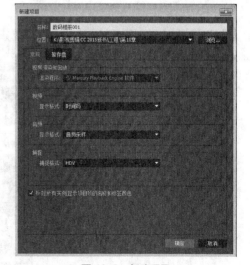

图 10-3　新建项目

02 按【Ctrl+N】组合键，弹出【新建序列】对话框，在【序列预设】选项卡下【可用预设】区域中选择"HDV|HDV 720p25"选项，单击【确定】按钮，如图10-4所示。

03 进入操作界面，在【项目】窗口中【名称】区域空白处双击，在弹出的对话框中选择随书附带资源中的"素材 | 第10章"下的"lis01.jpg"～"lis08.jpg"素材文件，单击【打开】按钮，如图10-5所示。

图 10-4　新建序列

图 10-5　导入素材

04 在【项目】窗口底部单击【新建素材箱】图标新建素材箱，重命名为"照片"，将导入的照片素材拖至素材箱中，如图10-6所示。

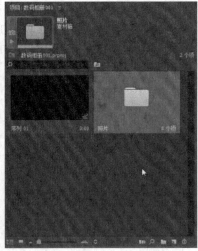

图 10-6　添加照片到素材箱

创建背景并组织素材

● **实例文件** | 工程/第10章/创建背景并组织素材.prproj
● **学习时间** | 6分50秒
● **视频教学** | 视频/第10章/创建背景并组织素材.mp4
● **实例要点** | 使用【字幕工具】创建渐变背景和【斜角边】特效的应用
● **难易程度** | ★★★☆☆

　　本操作效果如图10-7所示。

图 10-7　创建背景并组织素材效果

── **操作步骤** ──

01 在【项目】窗口空白处右键单击，在弹出的菜单中选择【新建项目】|【字幕】命令，命名为"背景"，如图10-8所示。

图 10-8　新建字幕

02 绘制一个矩形，填充渐变，如图10-9所示。

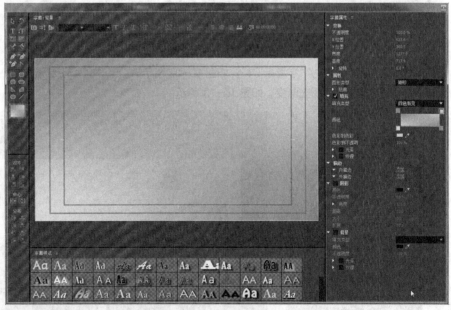

图 10-9　设置矩形参数

03 拖曳字幕"背景"到【V1】轨道上，添加【透视】|【斜角边】特效，如图10-10所示。

图 10-10　添加【斜角边】特效

04 拖曳照片素材"lis02.jpg"到【V2】轨道上，调整位置和大小，如图 10-11 所示。

图 10-11　调整素材位置和大小

05 新建一个字幕，命名为"字幕条 01"，如图 10-12 所示。

06 绘制一个长条矩形，填充渐变，如图 10-13 所示。

图 10-12　新建字幕　　　　　　　　　　　图 10-13　设置矩形参数

07 拖曳"字幕条 01"到【V3】轨道上，调整【旋转】和【位置】参数，如图 10-14 所示。

图 10-14　设置素材【旋转】和【位置】

08 添加一个视频轨道，拖曳"字幕条 01"到【V5】
轨道上，如图 10-15 所示。

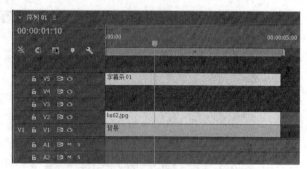

图 10-15　添加素材到时间线

09 双击"字幕条 01"，打开【字幕编辑器】，输入字符"肆意的青春"，设置字体、字号和颜色等字幕属性，如图
10-16 所示。

图 10-16　设置字幕属性

10 在【时间线】窗口中选择"字幕条 01"，添加【投影】特效，如图 10-17 所示。

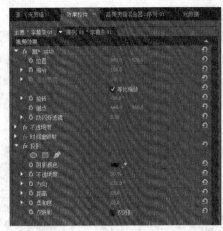

图 10-17　添加【投影】特效

11 复制【投影】特效，粘贴到图片素材"lis02"上，在【节目监视器】窗口中观看效果，如图 10-18 所示。

图 10-18　复制属性

12 保存项目文件，在【节目监视器】窗口中观看效果。

操作 003　动感幻影效果

● **实例文件**｜工程/第 10 章/动感幻影效果.prproj　　　　● **学习时间**｜4 分 32 秒

● **视频教学**｜视频/第 10 章/动感幻影效果.mp4　　　　● **实例要点**｜【快速模糊】和【轨道遮罩键】特效的应用

● **难易程度**｜★★★☆☆

本操作效果如图 10-19 所示。

图 10-19　动感幻影效果

━┫ 操作步骤 ┣━

01 复制【V2】轨道上的素材，粘贴到【V3】轨道上，首尾对齐，如图 10-20 所示。

02 选择【V2】轨道上的素材，在【效果控件】面板中取消勾选【投影】特效，添加【快速模糊】特效，如图 10-21 所示。

图 10-20　复制并粘贴素材

图 10-21　添加【快速模糊】特效

03 调整素材的【位置】参数，如图 10-22 所示。

图 10-22　调整画面位置

04 新建一个字幕，命名为"蒙版 01"，如图 10-23 所示。

图 10-23　新建字幕

05 绘制一个全屏的黑色矩形，再绘
制一个白色长条的矩形，复制两次，
调整位置，如图 10-24 所示。

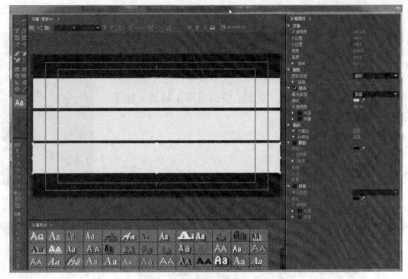

图 10-24　绘制多个矩形

06 拖曳 "蒙版 01" 到【V4】轨道上，调整【旋转】参数，如图 10-25 所示。

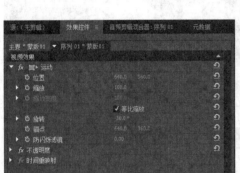

图 10-25　调整字幕角度

07 选择【V2】轨道上的素材，添加【键控】|【轨道遮罩键】特效，如图 10-26 所示。

图 10-26　添加【轨道遮罩键】特效

08 展开【不透明度】组，选择混合模式为【强光】，如图 10-27 所示。

图 10-27　设置【混合模式】

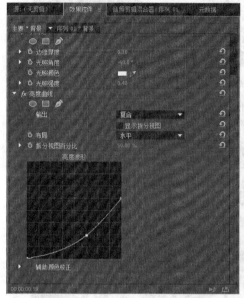

09 选择【V1】轨道上的"背景"，添加【颜色校正】|【亮度曲线】特效，降低亮度，如图 10-28 所示。

10 保存项目文件，在【节目监视器】窗口中查看效果。

图 10-28　调整亮度

操作 004　创建动画效果

● **实例文件** | 工程/第 10 章/创建动画效果.prproj

● **视频教学** | 视频/第 10 章/创建动画效果.mp4

● **难易程度** | ★★★☆☆

● **学习时间** | 3 分 10 秒

● **实例要点** |【位置】关键帧、【滑动】和【线性擦除】特效动画的应用

本操作效果如图 10-29 所示。

图 10-29　创建动画效果

┤操作步骤├

01 选择【V3】轨道上的素材"lis02.jpg"，在【效果控件】面板中设置 00:00:00:00 和 00:00:01:00 时的位置关键帧，使图片从屏幕右边入画，如图 10-30 所示。

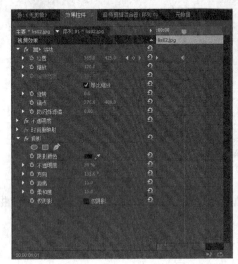

图 10-30　设置关键帧

02 选择【V2】轨道上的素材，添加【过渡】|【线性擦除】特效，分别在 00:00:01:00 和 00:00:01:15 设置关键帧，如图 10-31 所示。

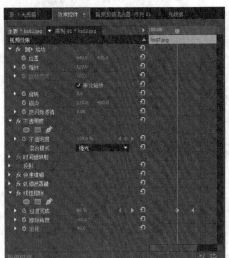

图 10-31　设置关键帧

03 调整【V2】和【V4】轨道上的素材入点均为 00:00:01:00，如图 10-32 所示。

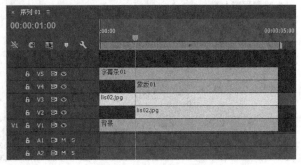

图 10-32　设置素材入点

04 选择【V5】上的字幕条，添加【视频过渡】|【滑动】|【滑动】特效，设置滑动方向从右向左，如图 10-33 所示。

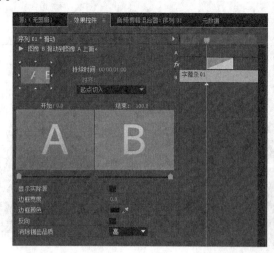

图 10-33　设置滑动特效方向

05 调整 "字幕条 01" 的起点到 00:00:01:15，缩短过渡的持续时间，如图 10-34 所示。

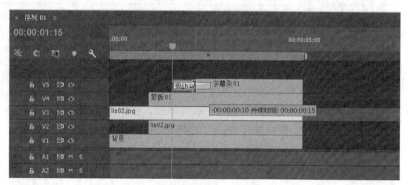

图 10-34　调整过渡时长

06 选择【V2】轨道上的 "lis02.jpg"，在【效果控件】面板中调整【线性擦除】的关键帧，如图 10-35 所示。

图 10-35　调整关键帧

07 保存项目文件，在【节目监视器】窗口中查看效果。

操作
005 替换照片素材

● **实例文件** | 工程/第10章/替换照片素材.prproj
● **视频教学** | 视频/第10章/替换照片素材.mp4
● **难易程度** | ★★★★☆

● **学习时间** | 6分16秒
● **实例要点** | 替换素材和调整关键帧

本操作效果如图10-36所示。

图 10-36　替换照片素材

┨ **操作步骤** ┠

01 在【项目】窗口中复制"序列01",并进行粘贴,重命名为"序列02",如图10-37所示。

02 在【项目】窗口中双击打开"序列02"的【时间线】窗口,打开素材箱"照片",选择"lis01.jpg",按【Ctrl+C】组合键,在【时间线】窗口上【V3】轨道中的素材"lis02.jpg"右键单击,在弹出的菜单中选择【使用剪辑替换】|【从素材箱】命令,将素材"lis02.jpg"替换为"lis01.jpg",如图10-38所示。

图 10-37　复制序列

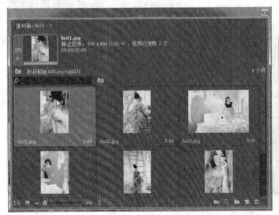

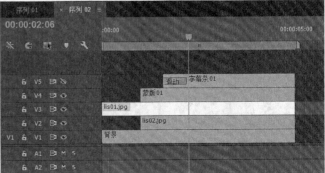

图 10-38　替换素材

03 用同样的方法替换【V2】轨道上的素材，如图 10-39 所示。

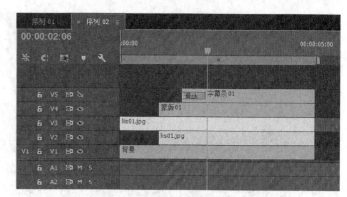

图 10-39 替换素材

04 选择【V3】轨道上的素材，在【效果控件】面板上调整【位置】关键帧的数值，如图 10-40 所示。

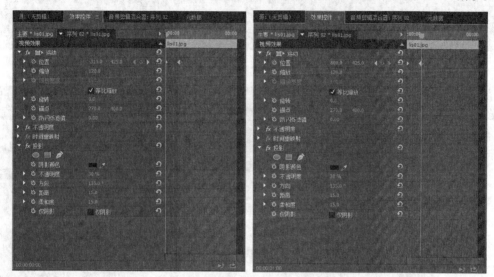

图 10-40 调整【位置】关键帧

05 选择【V4】轨道上的"蒙版 01"，在【效果控件】面板中调整【旋转】参数，如图 10-41 所示。

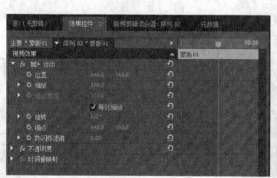

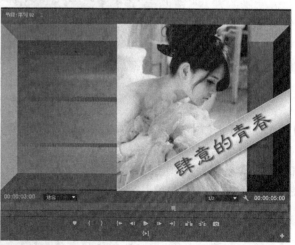

图 10-41 调整【旋转】参数

06 调整【线性擦除】组中【过渡完成】的关键帧，00:00:01:00 时数值为 100%，00:00:02:00 时数值为 60%，如图 10-42 所示。

图 10-42　调整【过渡完成】关键帧

07 基于当前字幕新建字幕，创建"字幕条 02"，如图 10-43 所示。

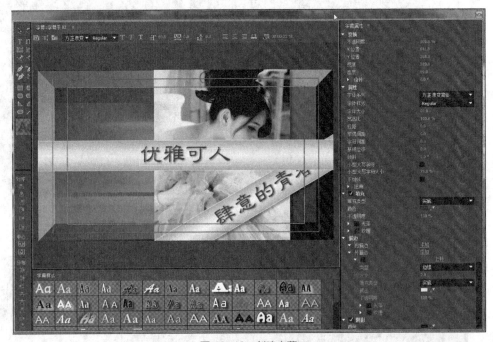

图 10-43　创建字幕

08 在【项目】窗口中选择"字幕条 02"，按【Ctrl+C】组合键，右键单击【时间线】窗口上"字幕条 01"，在弹出的菜单中选择【使用剪辑替换】|【从素材箱】命令，将素材"字幕条 01"替换为"字幕条 02"，如图 10-44 所示。

09 在【效果控件】面板中调整【旋转】和【位置】参数，如图 10-45 所示。

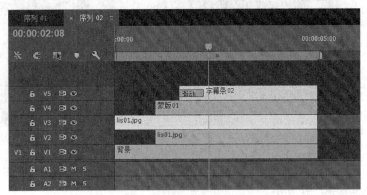

图 10-44　替换素材

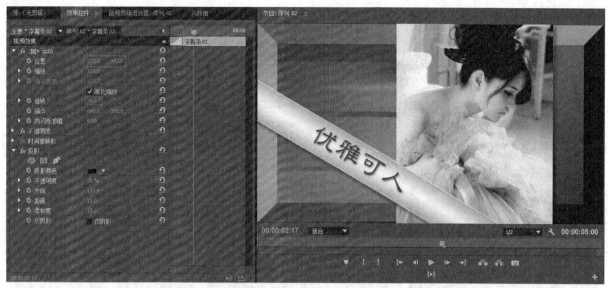

图 10-45　调整素材【旋转】和【位置】参数

10 单击【滑动】过渡特效，调整参数，如图 10-46 所示。

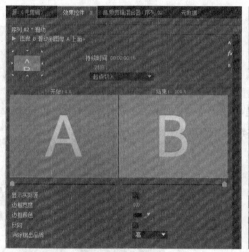

图 10-46　调整【滑动】特效参数

11 选择【V2】轨道上的素材，添加【颜色校正】|【色彩】特效，如图 10-47 所示。

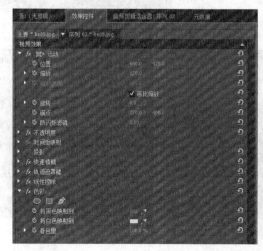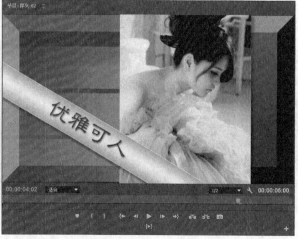

图 10-47　添加【色彩】特效

12 保存项目文件，在【节目监视器】中查看效果。

操作 006 替换动画素材

- **实例文件** | 工程/第10章/替换动画素材.prproj
- **视频教学** | 视频/第10章/替换动画素材.mp4
- **难易程度** | ★★★☆☆
- **学习时间** | 5分29秒
- **实例要点** | 替换素材和调整关键帧

本操作效果如图10-48所示。

图 10-48　替换动画素材

┃操作步骤┃

01 在【项目】窗口中复制"序列02"，并进行粘贴，重命名为"序列03"，如图10-49所示。

02 在【项目】窗口中双击打开"序列03"的【时间线】窗口，打开素材箱"照片"，选择"lis04.jpg"，按【Ctrl+C】组合键，在【时间线】窗口上【V3】轨道中的素材"lis01.jpg"右键单击，在弹出的菜单中选择【使用剪辑替换】|【从素材箱】命令，将素材"lis01.jpg"替换为"lis04.jpg"，如图10-50所示。

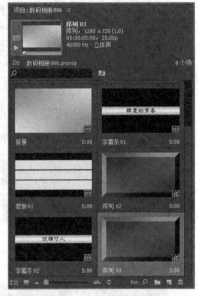

图 10-49　复制序列

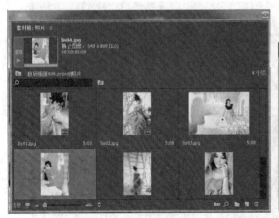

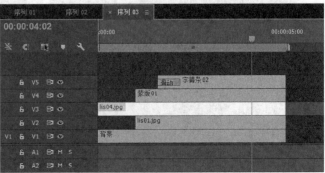

图 10-50　替换素材

03 同样的方法替换【V2】轨道上的素材，如图 10-51 所示。

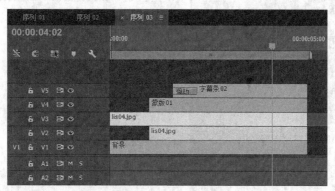

图 10-51　替换素材

04 选择【V2】上的素材，在【效果控件】面板上关闭【色彩】特效，如图 10-52 所示。

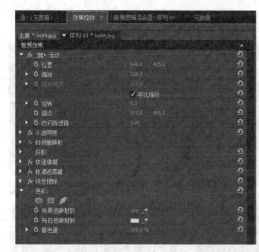

图 10-52　关闭【色彩】特效

05 选择【V3】轨道上的素材，在【效果控件】面板中调整【位置】关键帧，如图 10-53 所示。

图 10-53　调整【位置】关键帧

06 选择【V5】轨道上的"字幕条 02"，在【效果控件】面板中调整【旋转】和【位置】参数，如图 10-54 所示。

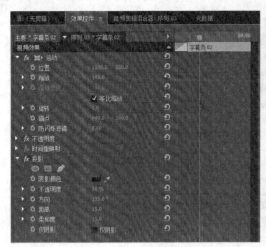

图 10-54 调整【旋转】和【位置】参数

07 单击【滑动】特效，在【效果控件】面板中调整滑动方向为由右向左，如图 10-55 所示。

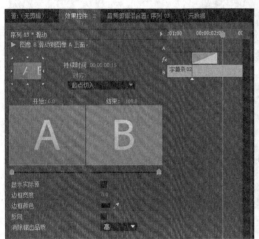

图 10-55 调整【滑动】过渡特效

08 基于当前字幕新建字幕，创建"字幕条 03"，如图 10-56 所示。

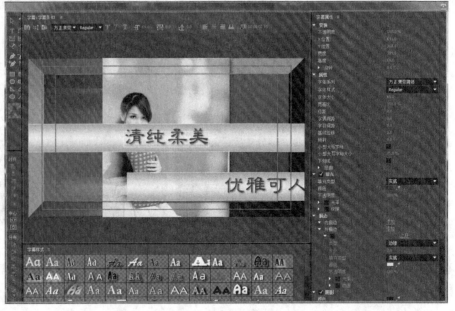

图 10-56 创建字幕

09 在【项目】窗口中选择"字幕条 03",按【Ctrl+C】组合键,右键单击【时间线】窗口上"字幕条 02",在弹出的菜单中选择【使用剪辑替换】|【从素材箱】命令,将素材"字幕条 02"替换为"字幕条 03",如图 10-57 所示。

10 在【时间线】窗口中双击打开"字幕条 03",在【字幕编辑器】中调整文字的位置,如图 10-58 所示。

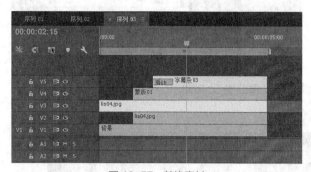

图 10-57　替换素材

图 10-58　调整字幕

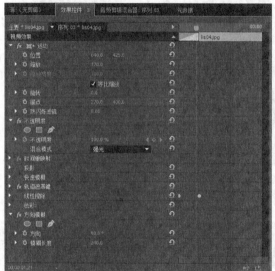

11 选择【V2】轨道上的素材,在【效果控件】面板中关闭【线性擦除】和【快速模糊】特效,添加【方向模糊】特效,如图 10-59 所示。

图 10-59　添加【方向模糊】特效

12 选择【V4】轨道上的"蒙版 01",在【效果控件】面板中调整【位置】参数,如图 10-60 所示。

图 10-60　调整素材位置

13 从【视频过渡】组中拖曳【溶解】|【交叉溶解】特效到【V2】轨道上素材的前端，添加【交叉溶解】特效，如图 10-61 所示。

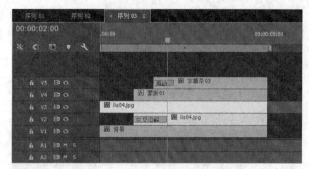

图 10-61　添加【交叉溶解】过渡特效

14 选择【V1】轨道上的"背景"，在【效果控件】面板上调整【亮度曲线】，如图 10-62 所示。

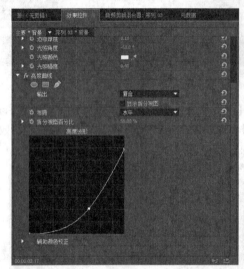

图 10-62　调整【亮度曲线】特效

15 保存项目文件，在【节目监视器】中查看效果。

操作 007　创建并组合其他片段

- **实例文件** | 工程/第10章/创建并组合其他片段.prproj
- **视频教学** | 视频/第10章/创建并组合其他片段.mp4
- **难易程度** | ★★★★☆
- **学习时间** | 6分47秒
- **实例要点** | 复制序列和组合片段

本操作效果如图 10-63 所示。

图 10-63　创建并组合其他片段效果

操作步骤

01 用上面的方法复制序列并替换素材。比如复制"序列 01",重命名为"序列 04",用"字幕条 04"替换"字幕条 01",如图 10-64 所示。

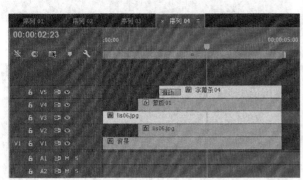

图 10-64　复制序列

02 复制"序列 02",重命名为"序列 05",用"字幕条 05"替换"字幕条 02",如图 10-65 所示。

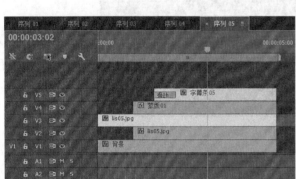

图 10-65　复制序列

03 复制"序列 03",重命名为"序列 06",用"字幕条 06"替换"字幕条 03",如图 10-66 所示。

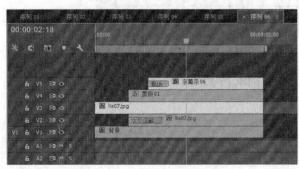

图 10-66　复制序列

04 新建一个序列,选择预设"HDV|HDV 720p25",如图 10-67 所示。

05 关闭音频【A1】轨道,如图 10-68 所示。

06 从【项目】窗口中拖曳"序列 01"到【V1】轨道上,只保留了视频素材,如图 10-69 所示。

图 10-67　新建序列

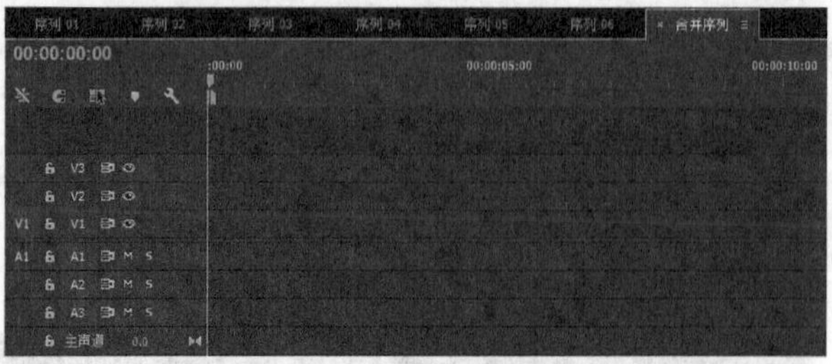

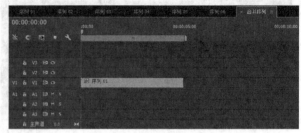

图 10-68　关闭音频

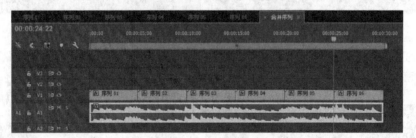

图 10-69　添加素材到时间线

07 依次把"序列 02~序列 06"拖曳到时间线的【V1】轨道上，如图 10-70 所示。

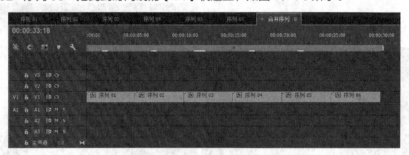

图 10-70　添加多个素材到时间线

08 导入音乐素材，拖曳到【A1】轨道上，展开音频波形，调整入点和出点，如图 10-71 所示。

图 10-71　添加音乐素材

09 至此，整个项目制作完成，保存项目文件，在【节目监视器】窗口中预览效果。

第

11

章

婚纱电子相册

本章重点

制作装饰边框　　　　　【查找边缘】特效　　　　【线性擦除】特效

图层混合模式　　　　　蒙版动画效果　　　　　　复制序列并替换素材

【交叉溶解】特效

本章实例制作的是时尚而有纪念意义的婚庆电子相册视频。要获得图、文、声、像并茂的效果，就需要将挑选好的照片组织起来，通过画面的变换、动画和装饰手法，增加静态素材的动感，通过使用部分动态视频素材的混合特效，使简单的画面表现出丰富的意义和热烈的气氛。

本实例的最终效果如图11-1所示。

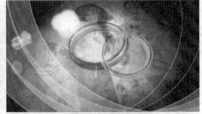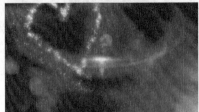

图 11-1　婚纱电子相册效果

操作 001　导入素材

● **实例文件** | 工程/第11章/婚纱电子相册01.prproj　　● **学习时间** | 2分06秒

● **视频教学** | 视频/第11章/导入素材.mp4　　　　　● **实例要点** | 导入文件到素材箱便于管理素材

● **难易程度** | ★★☆☆☆

本操作的效果如图11-2所示。

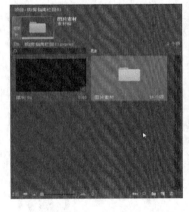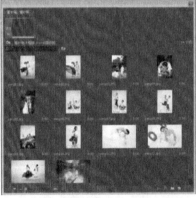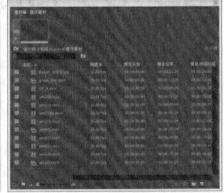

图 11-2　导入素材效果

操作步骤

01 运行 Premiere Pro CC，在欢迎界面中单击【新建项目】按钮，在【新建项目】对话框中选择项目的保存路径，单击【确定】按钮，如图11-3 所示。

图 11-3　新建项目

图 11-4　新建序列

02 按【Ctrl+N】组合键，弹出【新建序列】对话框，在【序列预设】选项卡下【可用预设】区域中选择"HDV | HDV 720p25"选项，单击【确定】按钮，如图 11-4 所示。

03 在【项目】窗口空白处右键单击，在弹出的菜单中选择【新建项目】|【素材箱】命令，如图 11-5 所示。

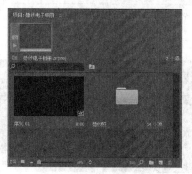

图 11-5　新建素材箱

04 打开【资源管理器】，打开随书附带资源中的"素材 I 第 11 章"下的素材文件夹，选择全部照片并拖曳到【项目】窗口的素材箱中，如图 11-6 所示。

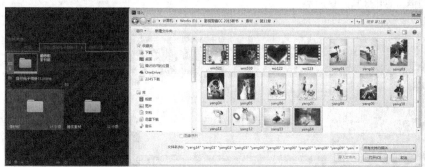

图 11-6　导入素材

05 双击打开素材箱，导入的照片素材都在素材箱中，如图 11-7 所示。

06 新建素材箱，重命名为"婚庆素材"，导入更多的婚礼素材，如图 11-8 所示。

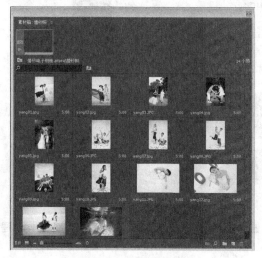

图 11-7　打开素材箱

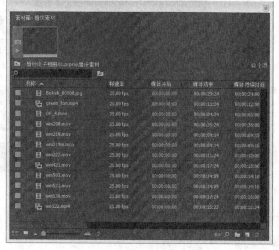

图 11-8　素材箱建立完成

07 保存项目文件，另存为"婚纱电子相册01"。

操作 002　装饰边框

- **实例文件** | 工程/第11章/装饰边框.prproj
- **视频教学** | 视频/第11章/装饰边框.mp4
- **难易程度** | ★★★★☆

- **学习时间** | 9分17秒
- **实例要点** | 圆环图形的创建和【查找边缘】、【径向擦除】特效的应用

　　本操作的预览效果如图11-9所示。

图11-9　装饰边框效果

操作步骤

01 新建序列，命名为"装饰动态边框"，如图11-10所示。

图11-10　新建序列

02 新建字幕，命名为"圆圈"，在【字幕编辑器】中选择【圆形工具】，设置【填充】和【锚边】参数，创建一个白色圆环，如图11-11所示。

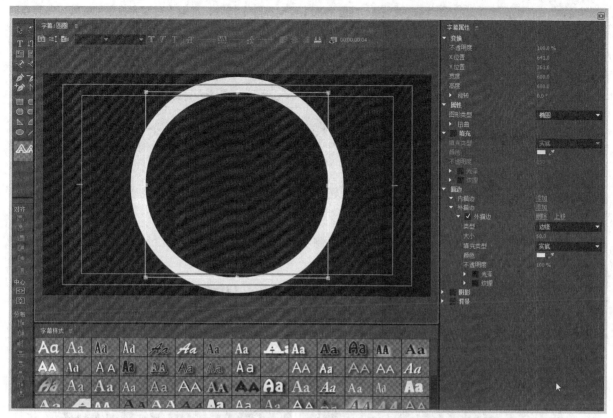

图 11-11 创建圆环

03 拖曳字幕"圆圈"到【V1】轨道上,设置时间长度为 8 秒,在【效果控件】面板中调整【位置】和【缩放】参数,如图 11-12 所示。

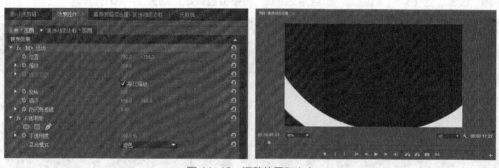

图 11-12 调整位置和大小

04 添加【查找边缘】特效,如图 11-13 所示。

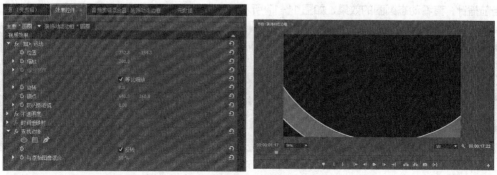

图 11-13 添加【查找边缘】特效

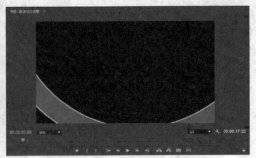

05 添加【径向擦除】特效，设置【过渡完成】关键帧，在起点时数值为 75%，00:00:01:05 时数值为 35%，如图 11-14 所示。

图 11-14　设置特效关键帧

06 设置【不透明度】的【混合模式】为【滤色】，复制字幕"圆圈"到【V2】轨道上，起点为 00:00:01:10，调整【位置】参数，如图 11-15 所示。

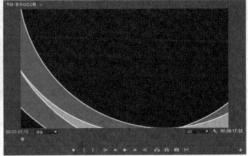

图 11-15　复制圆圈

07 复制字幕"圆圈"到【V3】轨道上，起点为 20 帧，调整位置参数，如图 11-16 所示。

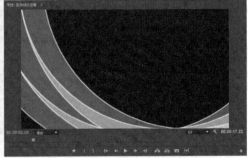

图 11-16　复制圆圈

08 拖曳当前指针，查看动态圆圈的效果，如图 11-17 所示。

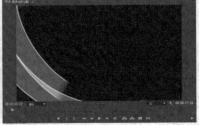
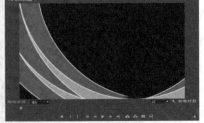

图 11-17　动态圆圈效果

["

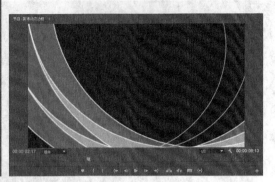

12 调整该图层的起点为 00:00:01:05,复制到【V5】轨道上,起点为 00:00:01:15,调整【位置】参数,如图 11-21 所示。

图 11-21 复制图层并调整位置

13 保存场景,在【节目监视器】窗口中查看装饰边框的动画效果。

操作 003 开篇动画效果

- **实例文件** ┃ 工程/第11章/开篇动画效果.prproj
- **视频教学** ┃ 视频/第11章/开篇动画效果.mp4
- **难易程度** ┃ ★★★★☆
- **学习时间** ┃ 6分28秒
- **实例要点** ┃ 椭圆蒙版的绘制和【叠加溶解】特效的应用

本操作的预览效果如图11-22所示。

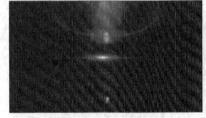  

图 11-22 开篇动画效果

操作步骤

01 新建一个序列,选择合适的预设,如图 11-23 所示。

图 11-23 新建序列

02 在【项目】窗口中打开素材箱"婚庆素材"，选择光斑素材"OF_4.mov"并拖曳到【V1】轨道上，调整图片素材的【缩放】参数，如图 11-24 所示。

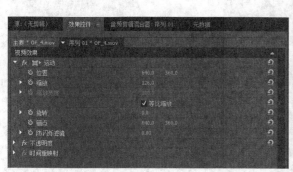

图 11-24　调整画面大小

03 拖曳图像序列文件"Bokeh_00000.jpg"到【V2】轨道上，起点为 00:00:01:18，在【效果控件】面板中设置【混合模式】为【滤色】，如图 11-25 所示。

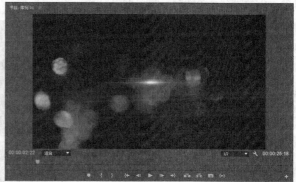

图 11-25　设置【不透明度】参数

04 创建图层的【不透明度】关键帧，00:00:01:18 时数值为 0%，00:00:02:22 时数值为 100%。

05 在【项目】窗口中打开素材箱"婚庆素材"，拖曳图片"yang02.jpg"到【V3】轨道上，起点为 00:00:03:04，如图 11-26 所示。

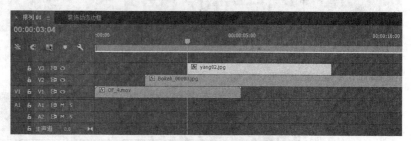

图 11-26　添加素材到时间线

06 在【效果控件】面板中调整【缩放】参数，如图 11-27 所示。

图 11-27　调整画面大小

07 展开【不透明度】组，绘制椭圆蒙版，如图 11-28 所示。

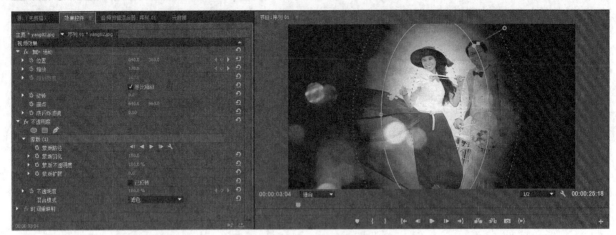

图 11-28　绘制椭圆蒙版

08 在素材的起点，激活【位置】和【缩放】的关键帧，拖曳当前指针到 00:00:07:00，调整【位置】和【缩放】的数值，创建第 2 个关键帧，如图 11-29 所示。

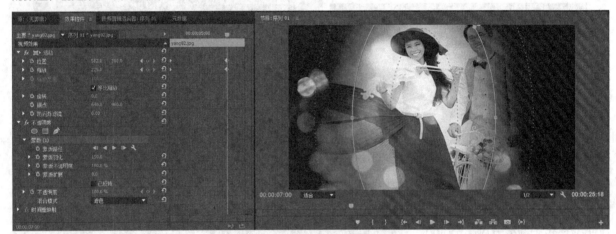

图 11-29　设置关键帧

09 添加【叠加溶解】特效，如图 11-30 所示。

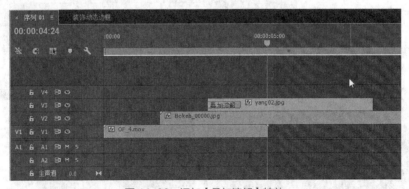

图 11-30　添加【叠加溶解】特效

10 拖曳序列"动态装饰边框"到【V5】轨道上，展开【不透明度】组，设置【混合模式】为【滤色】，如图 11-31 所示。

图 11-31　设置【混合模式】

11 保存场景，在【节目监视器】窗口中查看动画效果。

<table>
<tr><td>操作
004</td><td>**华丽装饰**</td></tr>
</table>

- **实例文件** | 工程/第 11 章/华丽装饰.prproj
- **视频教学** | 视频/第 11 章/华丽装饰.mp4
- **难易程度** | ★★★☆☆

- **学习时间** | 3 分 30 秒
- **实例要点** | 设置混合模式和【交叉溶解】特效

本操作的最终效果如图 11-32 所示。

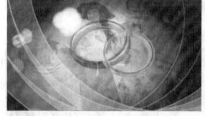

图 11-32　华丽装饰效果

操作步骤

01 拖曳当前指针到 00:00:07:00，拖曳素材"yang02.jpg"的尾端与当前指针对齐，如图 11-33 所示。

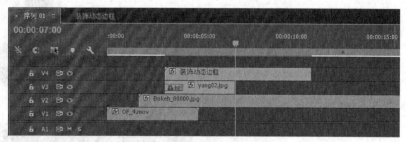

图 11-33　添加素材到时间线

02 在【项目】窗口中双击打开婚庆素材"green_fon.mp4"，在【素材监视器】窗口中设置入点和出点分别为 00:00:00:15 和 00:00:04:18，如图 11-34 所示。

03 拖曳该素材到【V3】轨道上，起点与当前指针对齐，拖曳【交叉溶解】特效到两段素材之间，如图 11-35 所示。

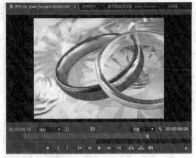

图 11-34　设置入点和出点

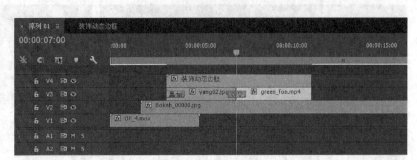

图 11-35　添加【交叉溶解】过渡特效

04 保选择素材，在【效果控件】面板中调整【缩放】和【混合模式】，如图 11-36 所示。

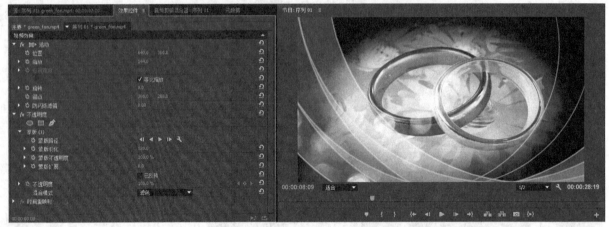

图 11-36　设置画面大小和混合模式

05 双击婚庆素材"wm421.mov"在【素材监视器】窗口中设置出点为 00:00:03:00，如图 11-37 所示。

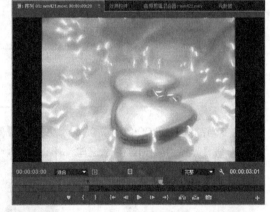

图 11-37　设置出点

06 拖曳该素材到【V4】轨道上，起点为 00:00:09:20，如图 11-38 所示。

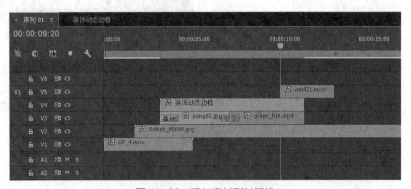

图 11-38　添加素材到时间线

07 在【效果控件】面板中调整【缩放】和【混合模式】，如图 11-39 所示。

图 11-39　设置画面大小和混合模式

08 分别在首端和尾端添加【交叉溶解】特效，如图 11-40 所示。

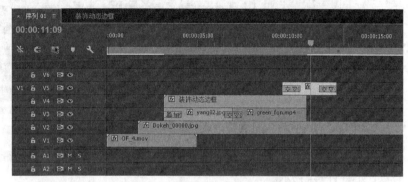

图 11-40　添加【交叉溶解】过渡特效

09 分别为其他素材的尾端添加【交叉溶解】特效，如图 11-41 所示。
10 保存项目文件，在【节目监视器】窗口中查看效果。

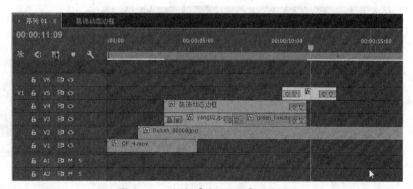

图 11-41　添加【交叉溶解】过渡特效

操作 005　添加更多婚纱照

● **实例文件 |** 工程/第 11 章/添加更多婚纱照.prproj
● **视频教学 |** 视频/第 11 章/添加更多婚纱照.mp4
● **难易程度 |** ★★★★☆
● **学习时间 |** 7 分 27 秒
● **实例要点 |** 绘制椭圆蒙版和设置混合模式，添加【交叉溶解】过渡特效

本操作的最终效果如图 11-42 所示。

图 11-42　添加更多婚纱照效果

操作步骤

01 从【项目】窗口中拖曳照片"yang12.jpg"到【V3】轨道上，起点为 00:00:11:21，如图 11-43 所示。

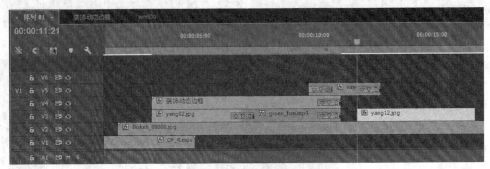

图 11-43　添加素材到时间线

02 在【效果控件】面板中调整照片的【缩放】和【位置】参数，如图 11-44 所示。

图 11-44　设置画面大小和位置

03 展开【不透明度】组，绘制椭圆蒙版，如图 11-45 所示。

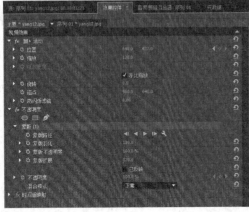

图 11-45　绘制椭圆蒙版

04 拖曳当前指针到 00:00:15:00，激活【位置】的关键帧，拖曳到素材的起点，调整【位置】参数，创建图片上下移动的动画，如图 11-46 所示。

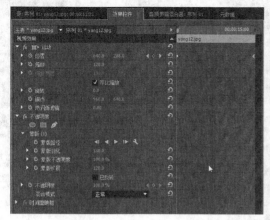

图 11-46　设置关键帧

05 设置"yang12.JPG"尾端为 00:00:15:00，拖曳照片"yang03.JPG"到【V3】轨道上，首端与"yang12.JPG"尾端对齐，添加【交叉溶解】特效到两个素材之间，如图 11-47 所示。

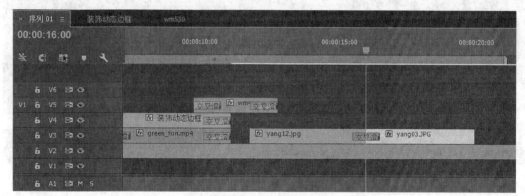

图 11-47　添加过渡特效

06 在【效果控件】面板中设置【位置】、【缩放】和椭圆蒙版，如图 11-48 所示。

图 11-48　设置位置、缩放和椭圆蒙版属性

07 分别在 00:00:15:00 和 00:00:18:10 创建【位置】关键帧，如图 11-49 所示。

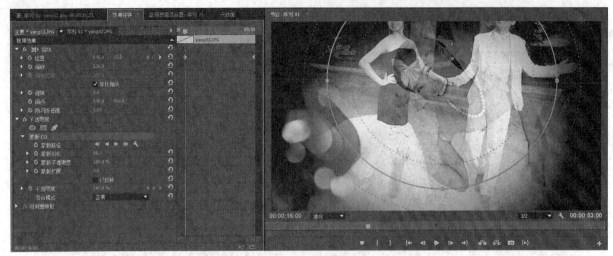

图 11-49　设置关键帧

08 添加【交叉溶解】过渡特效，如图 11-50 所示。

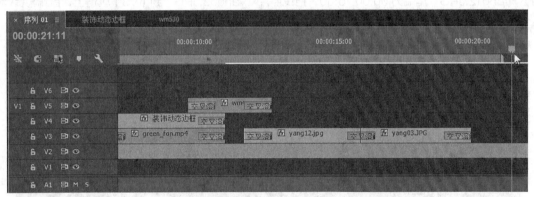

图 11-50　添加【交叉溶解】特效

09 拖曳序列"装饰动态边框"到【V5】轨道上，首端与"wm421.mp4"的尾端对齐，在【效果控件】面板中调整【旋转】和【不透明度】，如图 11-51 所示。

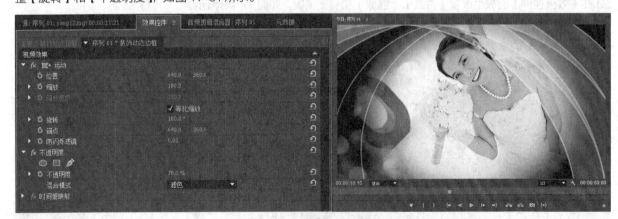

图 11-51　设置旋转和混合模式

10 在尾端添加【交叉溶解】特效，保存项目文件，在【节目监视器】中查看效果。

操 作
006
创建钻戒动画

- **实例文件** ┃ 工程/第11章/创建钻戒动画.prproj
- **视频教学** ┃ 视频/第11章/创建钻戒动画.mp4
- **难易程度** ┃ ★★★★☆
- **学习时间** ┃ 13分08秒
- **实例要点** ┃ 圆形蒙版和【交叉溶解】特效的应用

本操作的最终效果如图11-52所示。

图 11-52　创建钻戒动画效果

01 在【项目】窗口中双击打开婚庆素材"wm208.mov"，在【素材监视器】窗口中设置出入点，如图11-53所示。

02 拖曳到【V4】轨道上，起点为00:00:17:19，在首端添加【交叉溶解】特效，如图11-54所示。

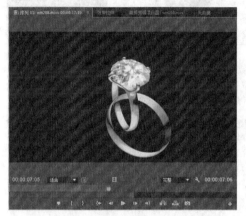

图 11-53　设置出入点

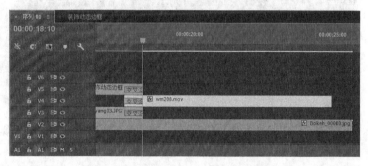

图 11-54　添加【交叉溶解】过渡特效

03 展开【不透明度】组，添加椭圆形蒙版，如图11-55所示。

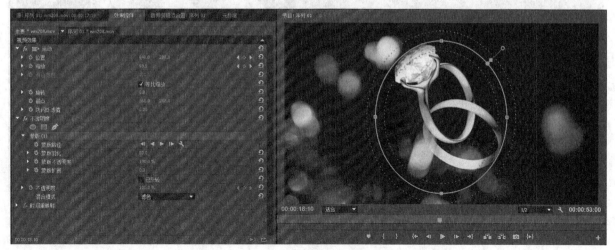

图 11-55　添加椭圆蒙版

04 拖曳照片"yang04.jpg"到【V3】轨道上，起点为 00:00:20:00，如图 11-56 所示。

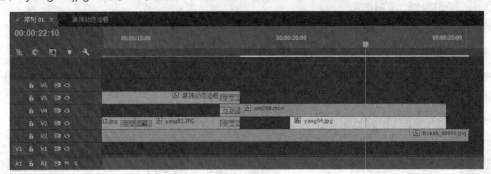

图 11-56　添加素材到时间线

05 在【效果控件】面板中设置【缩放】和【位置】参数，添加椭圆形蒙版，如图 11-57 所示。

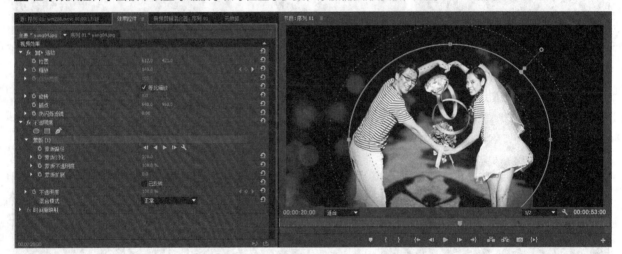

图 11-57　设置照片大小、位置和蒙版

06 在素材的起点激活缩放的关键帧，拖曳当前指针到 00:00:22:10，调整【缩放】参数，创建推进动画效果，如图 11-58 所示。

图 11-58　设置关键帧

07 选择【V4】轨道上的"wm208.mov"，设置【位置】和【缩放】的关键帧，如图 11-59 所示。

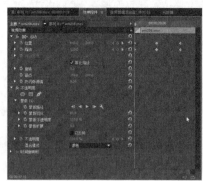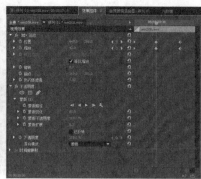

图 11-59 设置关键帧

08 为照片"yang04.JPG"的首端添加【交叉溶解】特效,拖曳当前指针,查看戒指的动画预览,如图 11-60 所示。

图 11-60 查看动画效果

09 拖曳照片"yang14.JPG"到【V5】轨道上,起点在 00:00:24:00,长度为 3 秒 15 帧,如图 11-61 所示。

10 设置【位置】和【缩放】的关键帧,如图 11-62 所示。

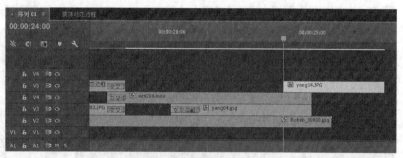

图 11-61 添加素材到时间线

图 11-62 设置关键帧

11 在素材的两端添加【交叉溶解】特效，如图 11-63 所示。

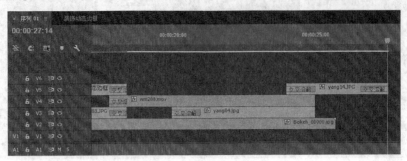

图 11-63　添加过渡特效 1

12 拖曳"装饰动态边框"到【V6】轨道上，起点为 00:00:20:00，终点为 00:00:27:15，并在尾端添加【交叉溶解】特效，如图 11-64 所示。

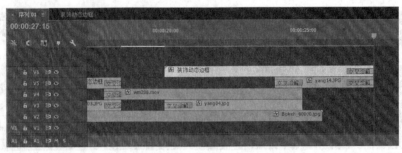

图 11-64　添加过渡特效 2

13 在【效果控件】面板中设置【位置】、【缩放】和【旋转】参数，如图 11-65 所示。

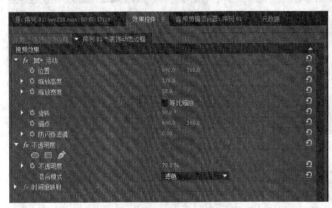 

图 11-65　设置画面位置、缩放和旋转

14 保存项目文件，在【节目监视器】中查看效果。

操作 007　浪漫蝴蝶

● **实例文件** | 工程/第11章/浪漫蝴蝶.prproj　　　● **学习时间** | 8分52秒

● **视频教学** | 视频/第11章/浪漫蝴蝶.mp4　　　　● **实例要点** | 绘制蒙版、应用混合模式和【交叉溶解】特效

● **难易程度** | ★★★★☆

　　本操作的最终效果如图11-66所示。

图 11-66　浪漫蝴蝶效果

01 双击婚庆素材"wm521.mov"在【素材监视器】窗口中设置入点和出点，如图 11-67 所示。

02 拖曳该素材到【V1】轨道上，起点为 00:00:26:15，如图 11-68 所示。

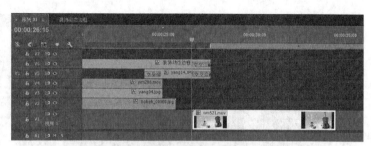

图 11-67　设置出入点

图 11-68　添加素材到时间线

03 在【效果控件】面板中调整【缩放】和【位置】参数，如图 11-69 所示。

图 11-69　设置画面大小和位置

04 双击打开婚庆素材"wo122.mp4"，在【素材监视器】窗口中设置出入点，如图 11-70 所示。

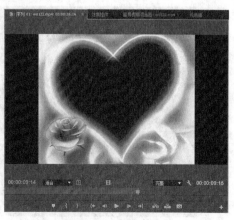

图 11-70　设置出入点

05 拖曳该素材到【V2】轨道上，起点为 00:00:26:15，在【效果控件】面板中设置【缩放】和【位置】参数，如图 11-71 所示。

图 11-71 设置画面大小和位置

06 展开【不透明度】组，添加椭圆形蒙版，设置【混合模式】为【叠加】，如图 11-72 所示。

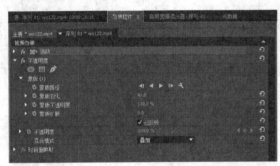

图 11-72 设置【不透明度】属性

07 拖曳照片"yang11.JPG"到【V3】轨道上，起点为 00:00:27:15，长度为 7 秒，如图 11-73 所示。

08 在【效果控件】面板中调整【位置】和【缩放】参数，并添加椭圆形蒙版，如图 11-74 所示。

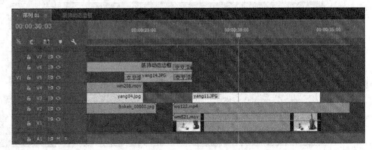

图 11-73 添加素材到时间线

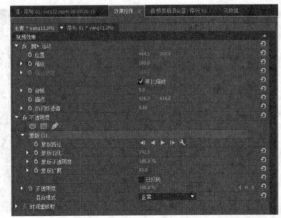
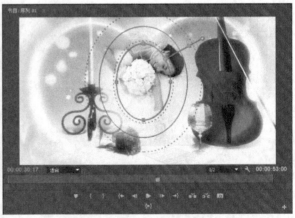

图 11-74 调整画面位置、大小和蒙版

09 拖曳婚庆素材"wm219.mov"和"wm 219m.mov"到【V5】和【V6】轨道上，起点为 00:00:27:15，如图 11-75 所示。

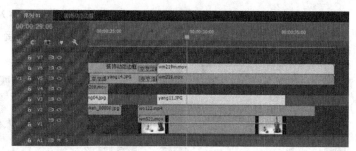

图 11-75　添加素材到时间线

10 选择【V5】轨道上的素材"wm219.mov"，添加【轨道遮罩键】特效，如图 11-76 所示。

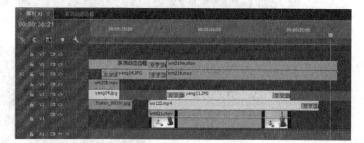

图 11-76　添加特效

11 选择【V3】轨道上的"yang11.jpg"，在首尾两端添加【交叉溶解】特效，选择【V2】轨道上的素材"wo122.mp4"，在尾端添加【交叉溶解】特效，如图 11-77 所示。

12 保存项目文件，在【节目监视器】窗口中预览效果。

图 11-77　添加过渡特效

操作 008　酒色佳人

● **实例文件** | 工程/第 11 章/酒色佳人 .prproj　　　　　● **学习时间** | 8 分 31 秒

● **视频教学** | 视频/第 11 章/酒色佳人 .mp4　　　　　　● **实例要点** | 绘制蒙版、应用混合模式和【交叉溶解】特效

● **难易程度** | ★★★★☆

本操作的最终效果如图 11-78 所示。

图 11-78　酒色佳人效果

01 双击婚庆素材"wm503.mov"在【素材监视器】窗口中设置入点为00:00:01:08，如图11-79所示。

02 拖曳该素材到【V1】轨道上，与"wm521.mov"尾端相连接，添加【交叉溶解】特效到两个素材之间，如图11-80所示。

图 11-79　设置素材入点

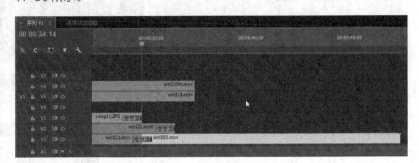

图 11-80　添加素材到时间线

03 在【效果控件】面板中调整【缩放】和【位置】参数，如图11-81所示。

图 11-81　设置画面大小和位置

04 拖曳"装饰动态边框"到【V4】轨道上，起点为00:00:36:05，终点为00:00:44:05，在尾端添加【交叉溶解】特效，如图11-82所示。

图 11-82　添加素材到时间线

05 在【效果控件】面板中设置【缩放】和【位置】参数，展开【不透明度】组，设置参数，如图11-83所示。

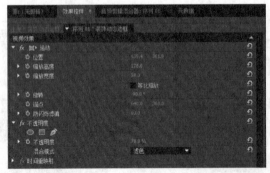

图 11-83　设置大小、位置和不透明度属性

06 拖拖曳照片"yang09.jpg"到【V3】轨道上，起点为00:00:38:00，长度为4秒，在【效果控件】面板中设置【缩放】参数，展开【不透明度】组，添加椭圆形蒙版，如图11-84所示。

图 11-84　设置蒙版属性

07 拖曳当前指针到素材的起点，激活【缩放】关键帧，拖曳当前指针到 00:00:41:24，调整【缩放】值，如图 11-85 所示。

图 11-85　设置关键帧

08 为素材首尾两端分别添加【交叉溶解】特效。

09 拖曳照片"yang08.JPG"到【V3】轨道上，其首端与照片"yang09.JPG"相连接，尾端与"wm503.mp4"尾端对齐，如图 11-86 所示。

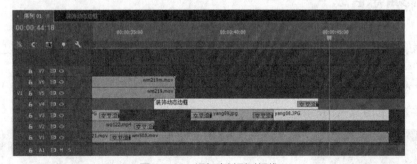

图 11-86　添加素材到时间线

10 在【效果控件】面板中调整【位置】和【缩放】参数，并添加椭圆形蒙版，如图 11-87 所示。

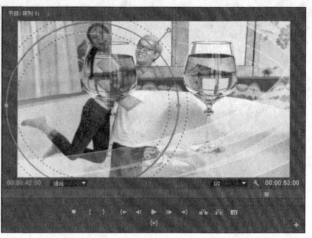

图 11-87 调整画面位置、大小和蒙版

11 拖曳当前指针到素材的起点，激活【位置】关键帧，拖曳当前指针到 00:00:47:15，调整【位置】值，如图 11-88 所示。

图 11-88 设置关键帧

12 保存项目文件，在【节目监视器】窗口中预览效果。

操作 009 影片总合成

● **实例文件** | 工程/第11章/影片总合成.prproj
● **学习时间** | 11分40秒
● **视频教学** | 视频/第11章/影片总合成.mp4
● **实例要点** | 应用嵌套合成与组接片段
● **难易程度** | ★★★★☆

本实例的最终效果如图11-89所示。

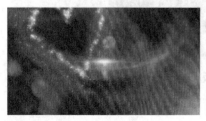

图 11-89 影片总合成效果

01 双击婚庆素材 "wm222.mov" 在【素材监视器】窗口中设置出点为 00:00:06:00，如图 11-90 所示。

图 11-90 设置出点

02 拖曳该素材到【V4】轨道上，起点为 00:00:46:14，在首端添加【交叉溶解】特效，如图 11-91 所示。

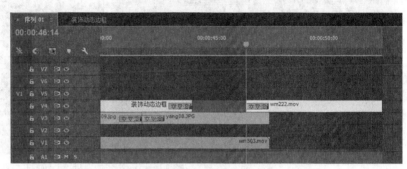

图 11-91 添加素材到时间线

03 在【效果控件】面板中调整【缩放】参数，如图 11-92 所示。

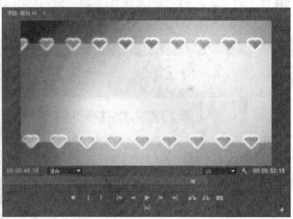

图 11-92 调整画面大小

04 从【项目】窗口中拖曳婚庆素材 "wm530.mov" 到【新建序列】图标 上，根据素材创建一个新的序列，复制素材前后相连，如图 11-93 所示。

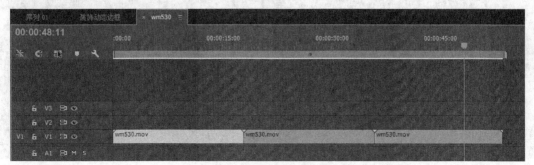

图 11-93 添加素材到时间线

05 激活"序列 01"的时间线，拖曳序列"wm530"到【V7】轨道上，起点在序列的起点，在 00:00:07:00 位置分裂成两段，如图 11-94 所示。

06 在【效果控件】面板中设置【缩放】和【位置】参数，展开【不透明度】组，设置【混合模式】为【滤色】，如图 11-95 所示。

图 11-94 添加素材到时间线

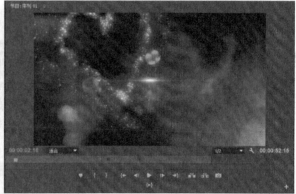

图 11-95 设置【不透明度】属性

07 在【V7】轨道上向后拖曳第 2 段序列"wm530"到 00:00:11:21，拖曳当前指针到 00:00:27:15，将该片段分割成两段，如图 11-96 所示。

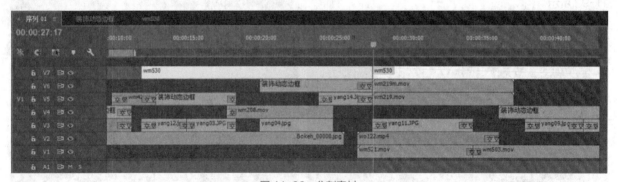

图 11-96 分割素材

08 拖曳第 3 段到 00:00:36:05，选择【比率拉伸工具】拖曳其尾端与【V4】轨道素材尾端对齐，如图 11-97 所示。

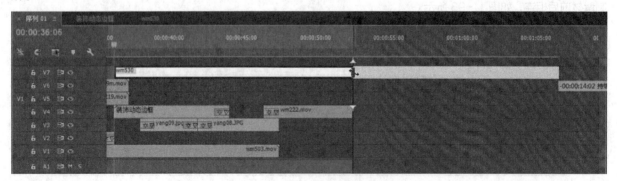

图 11-97 拉伸素材

09 新建字幕，并设置文字属性，如图 11-98 所示。

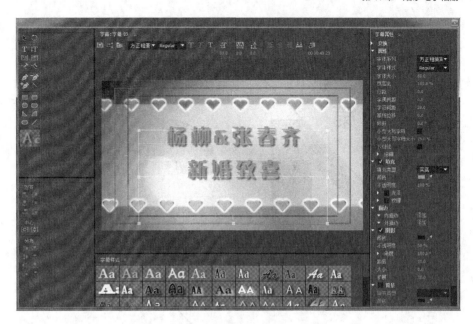

图 11-98　新建字幕

10 拖曳字幕到【V5】轨道上，首尾端与婚庆素材"wm222.mov"对齐，如图 11-99 所示。

11 在字幕的首端添加【交叉缩放】特效。

12 添加音频素材，双击该素材，在【素材监视器】中打开，设置入点和出点，如图 11-100 所示。

13 添加到【A1】轨道上，展开波形，查看音乐节奏，如图 11-101 所示。

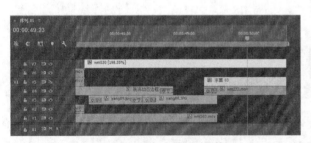

图 11-99　添加字幕到时间线

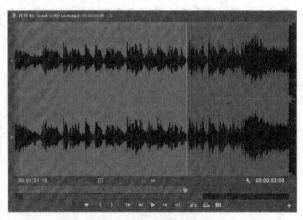

图 11-100　设置出入点

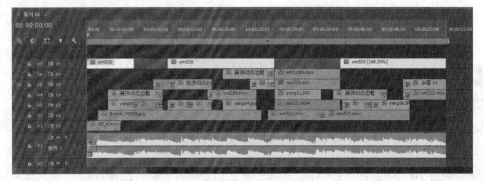

图 11-101　展开音频波形

14 保存项目文件，在【节目监视器】窗口中预览效果。

第

12

章

购房指南栏目片头

导入素材文件夹　　　　　　【基本3D】特效　　　　复制素材属性
视频的条纹拖尾效果　　　　动态饼图　　　　　　　宽荧屏电影效果

本章实例制作是在Premiere Pro CC中以不同的方式组合照片素材，应用
【基本3D】、【投影】和过渡特效来创建丰富的动画和空间效果，使一组
精美的房产摄影作品变成了时尚而动感的宣传片。

本实例的最终效果如图12-1所示。

图 12-1　购房指南栏目片头效果

<table>
<tr><td>操 作
001</td><td>导入图片素材</td></tr>
</table>

- **实例文件** | 工程/第12章/导入图片素材.prproj
- **视频教学** | 视频/第12章/导入图片素材.mp4
- **难易程度** | ★★☆☆☆
- **学习时间** | 1分32秒
- **实例要点** | 应用素材箱管理素材

操作步骤

01 运行 Premiere Pro CC，在欢迎界面中单击【新建项目】按钮，在【新建项目】对话框中选择项目的保存路径，单击【确定】按钮，如图12-2所示。

02 按【Ctrl+N】组合键，弹出【新建序列】对话框，在【序列预设】选项卡下【可用预设】区域中选择"HDV | HDV 720p25"选项，单击【确定】按钮，如图12-3所示。

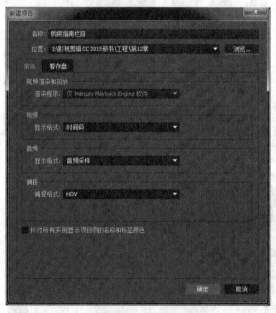

图 12-2　新建项目

图 12-3　新建序列

03 在【项目】窗口空白处右键单击，在弹出的菜单中选择【新建素材箱】命令，重命名为"图片素材"，如图12-4所示。

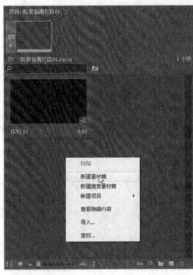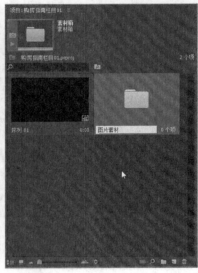

图 12-4　新建素材箱

04 打开【资源管理器】，打开随书附带资源中的"素材 | 第 12 章"下的素材文件夹，选择全部图片，拖曳到【项目】窗口的素材箱中，如图 12-5 所示。

图 12-5　导入素材

05 双击打开素材箱，导入的照片素材都在素材箱中，如图 12-6 所示。

图 12-6　打开素材箱

操作
002　**飘落卡片（一）**

● **实例文件** | 工程/第12章/飘落卡片（一）.prproj　　　● **学习时间** | 3分33秒

● **视频教学** | 视频/第12章/飘落卡片（一）.mp4　　　● **实例要点** | 【位置】、【缩放】关键帧动画和【基本3D】特

● **难易程度** | ★★★☆☆　　　　　　　　　　　　效的应用

　　本操作的最终效果如图12-7所示。

图 12-7　飘落卡片（一）效果

操作步骤

01 在【项目】窗口从"图片素材"素材箱中拖曳"Pic-01.jpg"到【V1】轨道上，如图12-8所示。

02 右键单击，在弹出的菜单中选择【嵌套】命令，如图12-9所示。

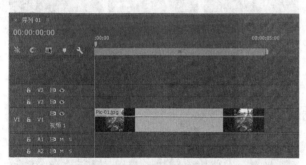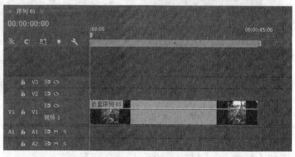

图 12-8　添加素材到时间线　　　　　　　　　　图 12-9　嵌套序列

03 双击打开"嵌套序列01"，拖曳素材到【V2】轨道上，在【效果控件】面板中调整【缩放】参数，如图12-10所示。

图 12-10　调整画面大小

04 创建一个浅灰色的颜色遮罩，如图12-11所示。

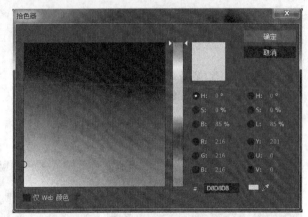

图 12-11　创建颜色遮罩

05 拖曳"颜色遮罩"到【V1】轨道上，调整【位置】和【缩放】参数，如图 12-12 所示。

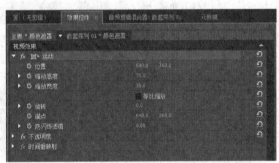

图 12-12　调整画面位置和大小

06 激活"序列 01"的时间线，选择【嵌套序列 01】，添加【基本 3D】特效，如图 12-13 所示。

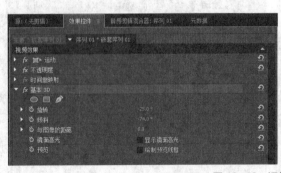

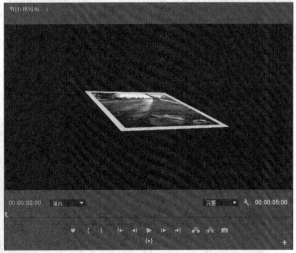

图 12-13　添加【基本 3D】特效

07 确定当前指针到 00:00:02:00，展开【运动】组，设置【位置】和【缩放】的关键帧，如图 12-14 所示。

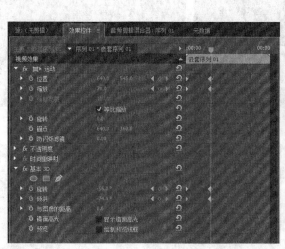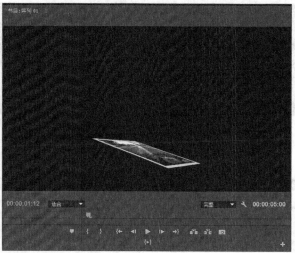

图 12-14 设置关键帧 1

08 确定当前指针到序列的起点,调整【位置】、【缩放】、【旋转】和【倾斜】参数,创建起点处的关键帧,如图 12-15 所示。

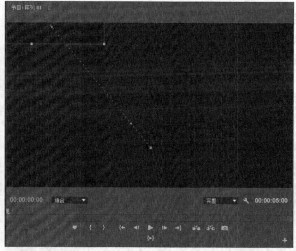

图 12-15 设置关键帧 2

09 保存场景,在【节目监视器】窗口中查看卡片飘落的动画效果。

操作 003 飘落卡片(二)

- **实例文件 |** 工程/第 12 章/飘落卡片(二).prproj
- **视频教学 |** 视频/第 12 章/飘落卡片(二).mp4
- **难易程度 |** ★★★☆☆

- **学习时间 |** 3 分 09 秒
- **实例要点 |** 嵌套序列和复制属性

本操作的最终效果如图 12-16 所示。

图 12-16　飘落卡片（二）效果

操作步骤

01 拖曳素材"Pic-02.jpg"到【V2】轨道上，与【V1】轨道上的素材首尾对齐，如图 12-17 所示。

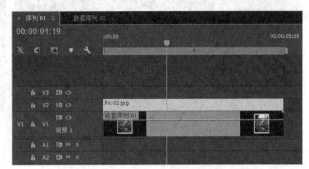

图 12-17　添加素材到时间线

02 选择【V2】轨道上的素材，右键单击，在弹出的菜单中选择【嵌套】命令，双击打开"嵌套序列 02"，调整图片素材的【缩放】参数，如图 12-18 所示。

图 12-18　设置画面大小

03 拖曳"颜色遮罩"到【V1】轨道上，调整【缩放】参数，如图 12-19 所示。

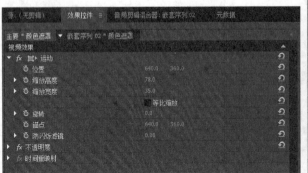

图 12-19　设置画面大小

04 激活"序列 01"的时间线，单击【V1】轨道上的素材，按【Ctrl+C】组合键，单击【V2】轨道上的素材，按【Ctrl+Alt+V】组合键粘贴属性，如图 12-20 所示。

05 单击【确定】按钮，【V2】轨道上的素材就具有了与【VI】轨道上素材相同的运动和特效，如图 12-21 所示。

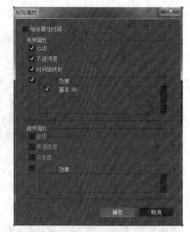

图 12-20　复制并粘贴属性

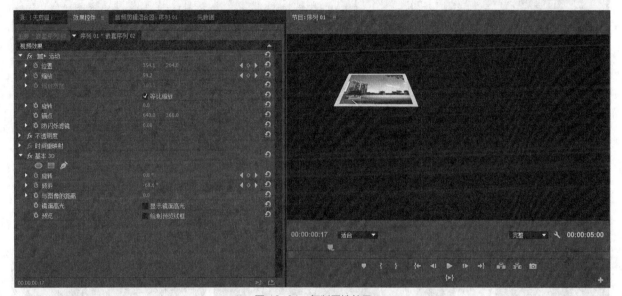

图 12-21　复制属性效果

06 确定当前指针到 00:00:02:00，调整第 2 个关键帧的数值，如图 12-22 所示。

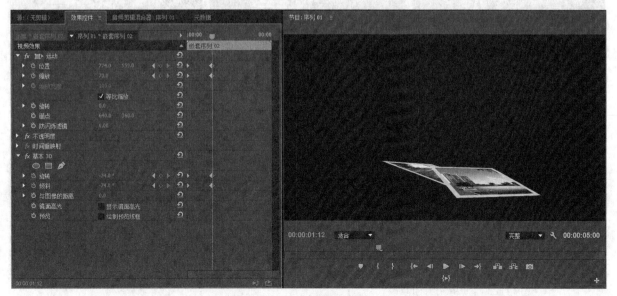

图 12-22　设置关键帧

07 单击【转到上一关键帧】按钮■，当前指针调到第1个关键帧，调整【位置】参数，如图12-23所示。

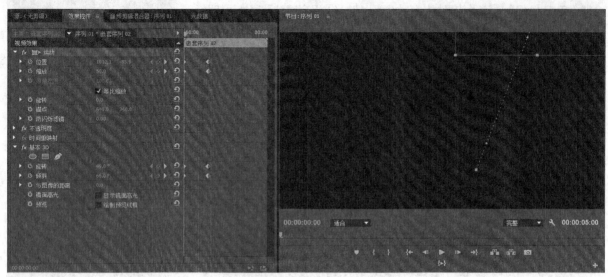

图 12-23　调整关键帧参数

08 保存场景，在【节目监视器】窗口中查看卡片飘落的动画效果。

操作 004　飘落卡片（三）

● **实例文件** | 工程/第12章/飘落卡片（三）.prproj　　● **学习时间** | 10分59秒

● **视频教学** | 视频/第12章/飘落卡片（三）.mp4　　● **实例要点** | 嵌套序列和复制属性

● **难易程度** | ★★★★☆

本操作的最终效果如图12-24所示。

 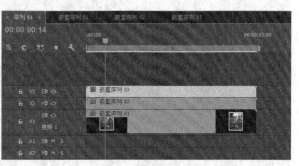

图 12-24　飘落卡片（三）效果

▌操作步骤▐

01 拖曳素材"Pic-03.jpg"到【V3】轨道上，如图12-25所示。

02 选择该素材，右键单击，在弹出的菜单中选择【嵌套】命令，如图12-26所示。

图 12-25　添加素材到时间线　　　　　　　　　　　　　　图 12-26　嵌套序列

03 双击打开"嵌套序列 03"的时间线,调整素材的【缩放】参数,添加白色背景到【V1】轨道上,如图 12-27 所示。

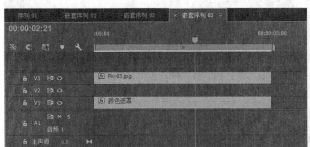

图 12-27　添加素材到时间线

04 激活"序列 01",选择【V1】轨道上的素材,按【Ctrl+C】组合键,选择【V3】轨道上的素材,按【Ctrl+Alt+V】组合键粘贴属性,然后调整 00:00:02:00 处的关键帧,如图 12-28 所示。

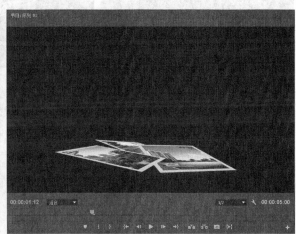

图 12-28　复制并调整属性

05 拖曳当前指针到序列的起点,调整关键帧,如图 12-29 所示。

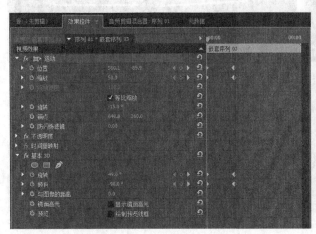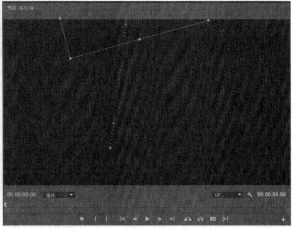

图 12-29　调整关键帧

06 调整【V2】轨道上的素材起点为 00:00:00:06,【V3】轨道上的素材起点为 00:00:00:12,如图 12-30 所示。

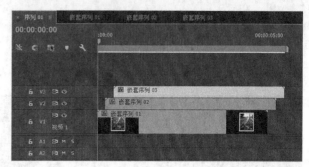

图 12-30　调整素材起点

07 拖曳当前指针，查看节目效果，如图 12-31 所示。

  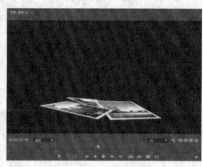

图 12-31　查看动画效果

08 用同样的方法继续添加素材和嵌套序列，创建多个飘落的卡片效果，如图 12-32 所示。

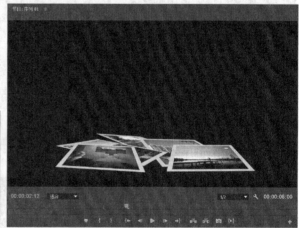

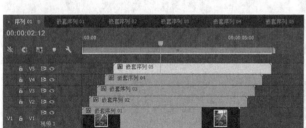

图 12-32　更多卡片飘落效果

09 保存项目文件，在【节目监视器】窗口中查看效果。

操作 005　模拟摄像机运动

- **实例文件** | 工程/第 12 章/模拟摄像机运动.prproj
- **视频教学** | 视频/第 12 章/模拟摄像机运动.mp4
- **难易程度** | ★★★★☆
- **学习时间** | 7 分 09 秒
- **实例要点** | 关键帧动画和【渐变】、【投影】特效的应用

本操作的最终效果如图 12-33 所示。

图 12-33 模拟摄像机运动效果

┤ 操作步骤 ├

01 从【项目】窗口中拖曳"序列01"到【新建序列】图标 上，创建一个新的序列，重命名为"运动场景 01"，如图 12-34 所示。

图 12-34 新建序列

02 双击打开"运动场景 01"的时间线，拖曳【V1】轨道上的素材到【V2】轨道上，如图 12-35 所示。

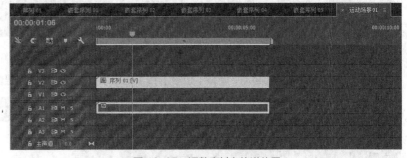

图 12-35 调整素材在轨道位置

03 拖曳"颜色遮罩"到【V1】轨道上，拖曳该素材尾端与【V2】轨道上的素材尾端对齐，如图 12-36 所示。

图 12-36 添加素材到时间线

04 选择【V1】轨道上的素材，添加【渐变】特效，如图 12-37 所示。

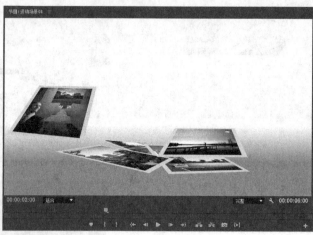

图 12-37　添加渐变特效

05 确定当前指针在 00:00:02:10，选择【V2】轨道上的素材，在【效果控件】面板中调整【位置】和【缩放】参数，并设置关键帧，如图 12-38 所示。

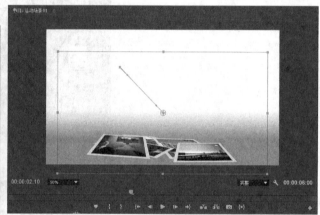

图 12-38　设置关键帧

06 拖曳当前指针到序列的起点，调整【位置】和【缩放】参数，创建模拟摄像机的拉镜头效果，如图 12-39 所示。

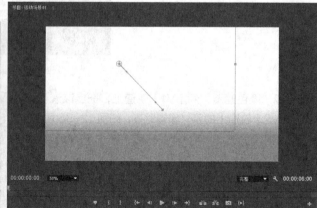

图 12-39　设置关键帧

07 右键单击【位置】属性的第 1 个关键帧，在弹出的菜单中选择【临时插值】|【缓出】命令，如图 12-40 所示。
08 右键单击【缩放】属性的第 1 个关键帧，在弹出的菜单中选择【缓出】命令，如图 12-41 所示。

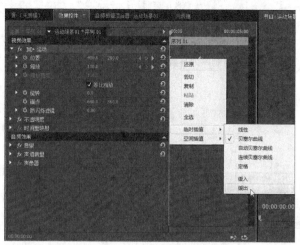

图 12-40　选择插值选项 1

图 12-41　选择插值选项 2

09 添加【透视】|【投影】特效，分别在序列起点和 00:00:02:10 设置关键帧，如图 12-42 所示。

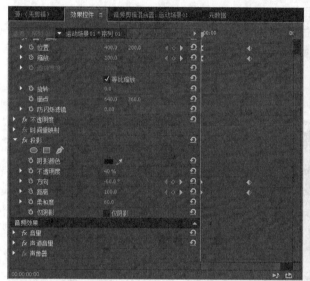
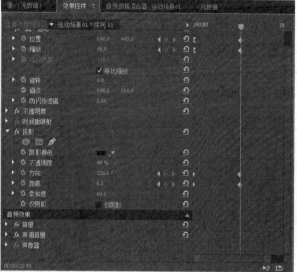

图 12-42　设置关键帧

10 拖曳当前指针，查看运动效果，如图 12-43 所示。

图 12-43　查看动画效果

11 保存项目文件，在【节目监视器】中查看效果。

操作
006 创建卡片飞落场景

- **实例文件** | 工程/第12章/创建卡片飞落场景.prproj
- **学习时间** | 12分14秒
- **视频教学** | 视频/第12章/创建卡片飞落场景.mp4
- **实例要点** | 复制序列并替换图片素材、调整【锚点】
- **难易程度** | ★★★★★

本操作的最终效果如图12-44所示。

图 12-44 创建卡片飞落场景效果

┃ **操作步骤** ┃

01 在【项目】窗口中复制"嵌套序列01",重命名为"嵌套序列2-01",双击打开"嵌套序列2-01"的时间线,如图12-45所示。

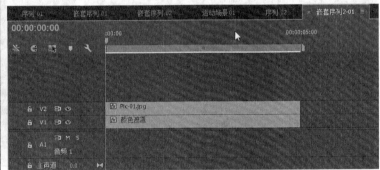

图 12-45 复制序列

02 用图片"Pic-06.jpg"替换【V2】轨道上的"Pic-01.jpg",如图12-46所示。

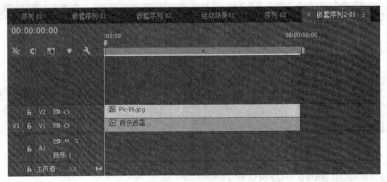

图 12-46 替换素材

03 在【效果控件】面板中调整素材"颜色遮罩"的【缩放】参数与新图片匹配,如图12-47所示。

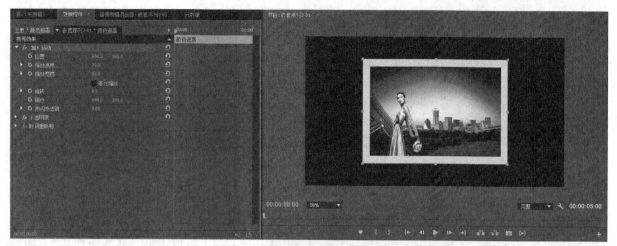

图 12-47　调整画面大小

04 激活"序列 02"，用"嵌套序列 2-01"替换【V1】轨道上的"嵌套序列 01"，如图 12-48 所示。

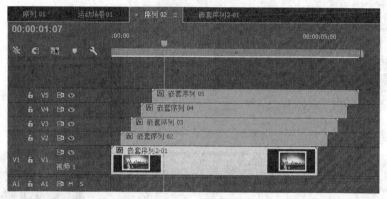

图 12-48　替换素材

05 在【项目】窗口中复制"嵌套序列 02"，重命名为"嵌套序列 2-02"，双击打开"嵌套序列 2-02"的时间线，如图 12-49 所示。

图 12-49　复制序列

06 用图片"Pic-08.jpg"替换【V2】轨道上的"Pic-02.jpg"，然后调整"颜色遮罩"的【缩放】参数与图片匹配，如图 12-50 所示。

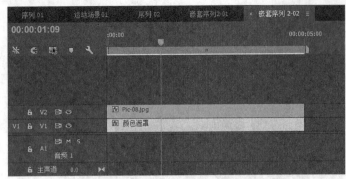

图 12-50　替换素材 1

07 激活"序列 02"，用"嵌套序列 2-02"替换【V2】轨道上的"嵌套序列 02"，如图 12-51 所示。

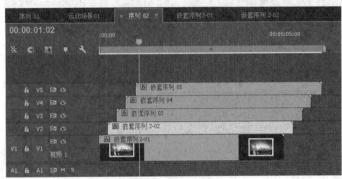

图 12-51　替换素材 2

08 用同样的方法替换其他的图片素材和嵌套序列，如图 12-52 所示。

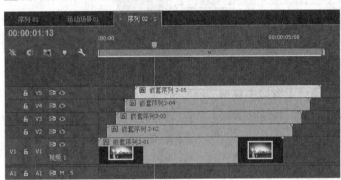

图 12-52　替换素材 3

09 分别选择轨道上的素材，在【效果控件】面板中调整【锚点】数值，这样就区别于"序列 01"中卡片飘落的动画效果，如图 12-53 所示。

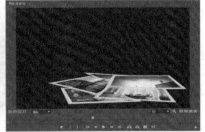

图 12-53　调整动画

10 在【项目】窗口中复制序列"运动场景 01",重命名为"运动场景 02",打开时间线查看素材,如图 12-54 所示。

图 12-54 复制序列

11 用"序列 02"替换"序列 01",如图 12-55 所示。

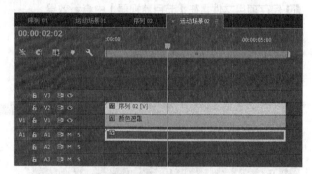

图 12-55 替换素材

12 在【效果控件】面板中调整【位置】和特效参数的关键帧,如图 12-56 所示。

图 12-56 调整关键帧

13 拖曳当前指针到 00:00:01:00,调整【位置】参数,设置关键帧,如图 12-57 所示。

图 12-57　设置关键帧

14 右键单击【V2】轨道上的素材，在弹出的菜单中选择【速度/持续时间】命令，在弹出的对话框中设置参数，如图 12-58 所示。

15 拖曳当前指针到 00:00:02:00，创建缩放关键帧，拖曳当前指针到 00:00:03:05，调整【缩放】数值，如图 12-59 所示。

16 保存项目文件，在【节目监视器】中查看效果。

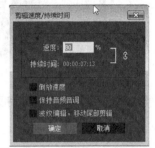

图 12-58　调整素材速度

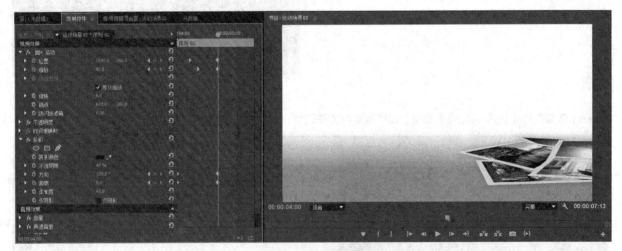

图 12-59　设置关键帧

操作 007　影片总合成

- **实例文件** | 工程/第12章/影片总合成.prproj
- **视频教学** | 视频/第12章/影片总合成.mp4
- **难易程度** | ★★★★☆
- **学习时间** | 7分08秒
- **实例要点** | 组接片段和添加过渡特效

　　本操作的最终效果如图12-60所示。

图 12-60　影片总合成效果

│操作步骤│

01 在【项目】窗口中拖曳"运动场景 02"到【新建序列】图标上，创建一个新的序列，重命名为"总合成"，如图 12-61 所示。

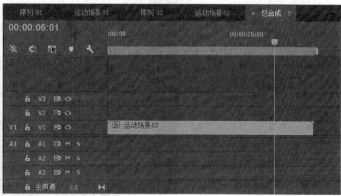

图 12-61　新建嵌套序列

02 拖曳"运动场景 01"到【V2】轨道上，起点为 00:00:03:05，如图 12-62 所示。

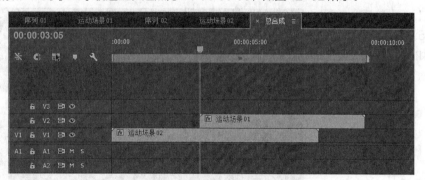

图 12-62　添加素材到时间线

03 拖曳【交叉溶解】特效到【V2】轨道上素材的首端，如图 12-63 所示。

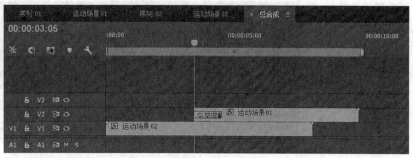

图 12-63　添加特效

04 拖曳当前指针，查看节目预览效果，如图 12-64 所示。

图 12-64　查看动画效果

05 创建字幕，设置文字属性，如图 12-65 所示。

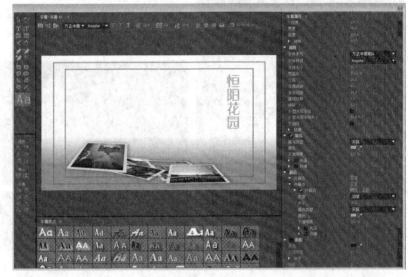

图 12-65　创建字幕

06 拖曳字幕到【V3】轨道上，起点为 00:00:05:00，终点为 00:00:09:00，如图 12-66 所示。

图 12-66　添加字幕到时间线

07 为字幕添加【渐变擦除】特效，如图 12-67 所示。

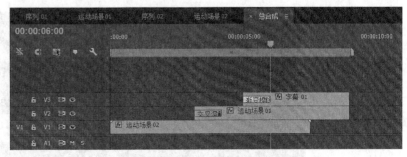

图 12-67　添加【渐变擦除】过渡特效

08 添加【投影】特效，如图 12-68 所示。

图 12-68　添加【投影】特效

09 导入 PSD 素材"边框"，如图 12-69 所示。

图 12-69　导入分层选项

10 拖曳该素材到【V4】轨道上，首尾与字幕对齐，调整【位置】和【不透明度】参数，如图 12-70 所示。

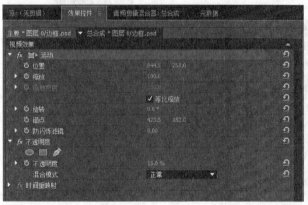
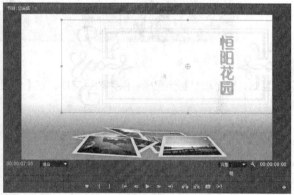

图 12-70　调整字幕位置和不透明度

11 拖曳图片"Pic-07.jpg"到【V5】轨道上，调整【位置】、【缩放】和【不透明度】参数，如图 12-71 所示。

图 12-71　调整位置、大小和不透明度

12 为【V4】轨道上的"边框"和【V5】轨道上的图片首端添加【叠加溶解】特效，如图 12-72 所示。

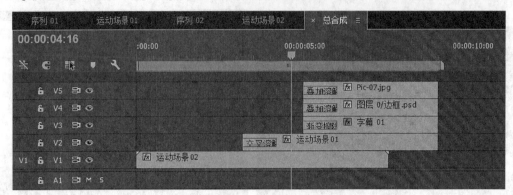

图 12-72　添加【叠加溶解】过渡特效

13 导入一个音频文件并添加到【A1】轨道上，根据波形节奏确定合适的出入点并在首端添加【恒定功率】特效实现淡入效果，如图 12-73 所示。

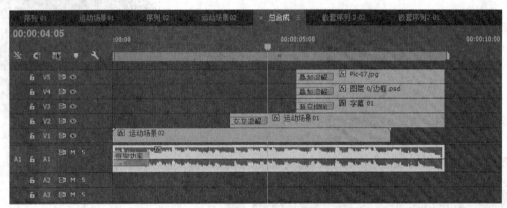

图 12-73　添加音频背景

14 至此，整个项目制作完成，保存项目文件，在【节目监视器】窗口中预览效果。

第

13

章

体坛博览片头

本章重点

创建动态背景	应用图层混合模式	动感光斑插件
自由遮罩分离图形	立体金属字效果	【RGB曲线】强化金属高光
【颜色键】抠像	自动绘画效果	

本章实例是一档体育栏目的片头，它需要具有很好的节奏感和酷炫的画面效果。本实例中使用了包含光效、粒子、对比强烈的色彩和追求质感的标题等元素，主要应用Premiere Pro CC中的光效插件创建绚丽的色彩空间，并使用立体字插件来强调标题文字的金属质感，最后组合起来生成一条极具吸引力的体育片头。

本实例的最终效果如图13-1所示。

图 13-1　体坛博览片头效果

操作 001　导入照片素材

- **实例文件** | 工程/第13章/导入照片素材.prproj
- **视频教学** | 视频/第13章/导入照片素材.mp4
- **难易程度** | ★★☆☆☆
- **学习时间** | 1分55秒
- **实例要点** | 导入多个图片到素材箱

操作步骤

01 运行 Premiere Pro CC，在欢迎界面中单击【新建项目】按钮，在【新建项目】对话框中选择项目的保存路径，对项目进行命名，单击【确定】按钮，如图13-2所示。

02 按【Ctrl+N】组合键，弹出【新建序列】对话框，在【序列预设】选项卡下【可用预设】区域中选择"HDV | HDV 720p25"选项，单击【确定】按钮，如图13-3所示。

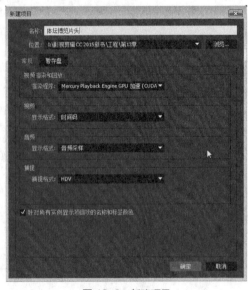

图 13-2　新建项目

图 13-3　新建序列

03 进入操作界面，在【项目】窗口中【名称】区域空白处右键单击，在弹出的对话框中选择【新建素材箱】命令，创建素材箱，重命名为"照片库"，导入一系列体育图片，如图13-4所示。

04 在【项目】窗口底部单击【新建素材箱】图标 ，新建素材箱，重命名为"视频素材"，导入视频素材至素材箱中，如图13-5所示。

图 13-4 导入素材

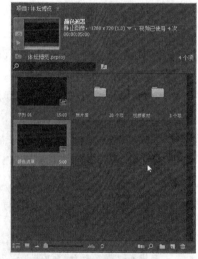

图 13-5 拖入素材箱

05 目前已经准备好基本的素材并进行了分组，如图 13-6 所示。

06 保存项目文件。

图 13-6 素材分组管理

创建四色星空背景

● **实例文件** ┃ 工程/第13章/创建四色星空背景.prproj
● **学习时间** ┃ 3分01秒
● **视频教学** ┃ 视频/第13章/创建四色星空背景.mp4
● **实例要点** ┃【四色渐变】特效和多种【混合模式】的应用
● **难易程度** ┃ ★★★☆☆

本操作的最终效果如图 13-7 所示。

图 13-7 创建背景效果

┤ 操作步骤 ├

01 在【项目】窗口空白处右键单击,在弹出的菜单中选择【新建项目】|【颜色遮罩】命令,创建一个黑色的图层,如图 13-8 所示。

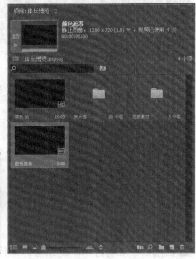

图 13-8　新建颜色遮罩

02 拖曳黑色图层到【V1】轨道上,设置长度为 15 秒。

03 添加【生成】|【四色渐变】特效,如图 13-9 所示。

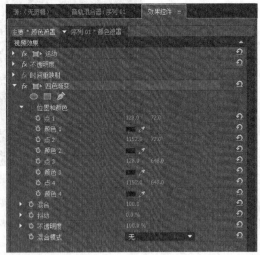

图 13-9　添加【四色渐变】特效

04 拖曳视频素材"星空 .mp4"到【V2】轨道上,设置【混合模式】为【滤色】,如图 13-10 所示。

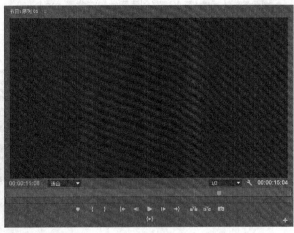

图 13-10　设置【混合模式】

05 拖曳视频素材"火花.mp4"到【V3】轨道上，设置【混合模式】为【滤色】，如图 13-11 所示。

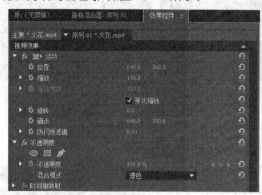

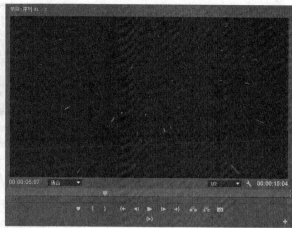

图 13-11 设置【混合模式】

06 拖曳视频素材"Powder_Hits_06.mov"到【V4】轨道上，设置【混合模式】为【强光】，如图 13-12 所示。

07 保存项目文件，在【节目监视器】窗口中查看效果。

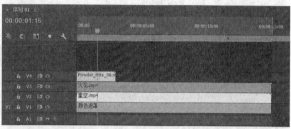

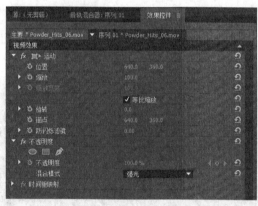

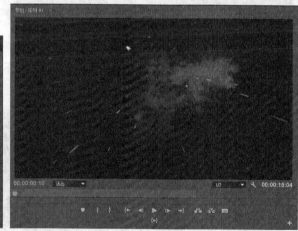

图 13-12 设置【混合模式】

操作 003 动感光斑效果

- **实例文件** | 工程/第13章/动感光斑效果.prproj
- **视频教学** | 视频/第13章/动感光斑效果.mp4
- **难易程度** | ★★★★☆
- **学习时间** | 5分41秒
- **实例要点** |【Light Factory】和【S_LensFlare】特效的应用

本实例的最终效果如图 13-13 所示。

图 13-13 动感光斑效果

┨操作步骤┠

01 拖曳颜色遮罩到【V5】轨道上，重命名为"光斑01"，如图13-14所示。

02 选择【V5】轨道上的素材，添加【Knoll Light Factory】|【Light Factory】特效，在【效果控件】面板中设置【混合模式】为【滤色】，如图13-15所示。

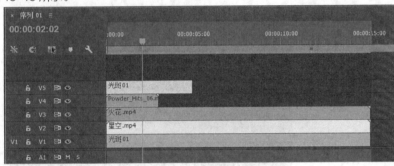

图 13-14 添加素材到时间线

图 13-15 添加【Light Factory】特效

03 单击【Light Factory】对应的【设置】按钮，打开【Knoll Light Factory Lens Designer】面板，选择光斑预设，如图13-16所示。

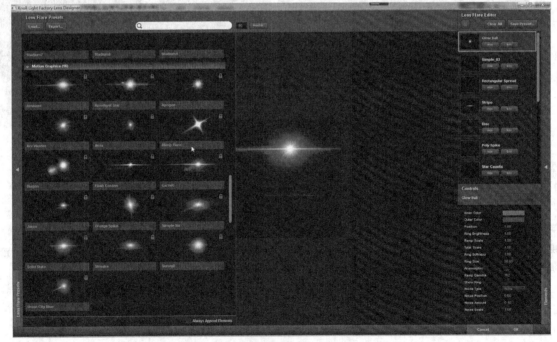

图 13-16 光斑工厂设计面板

04 单击【OK】按钮关闭【镜头设置】面板，在【效果控件】面板中调整【Light Source Location】的数值，如图13-17所示。

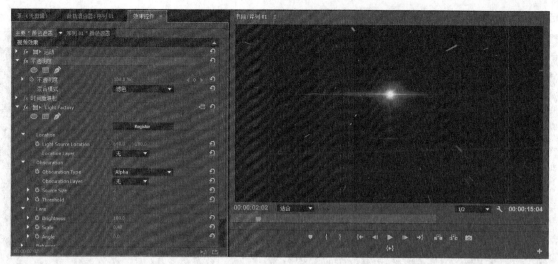

图 13-17　设置特效

05 拖曳当前指针到 00:00:04:24，创建【Light　Source　Location】的关键帧，拖曳当前指针到素材的起点，调整数值创建关键帧，创建光斑由画外移入屏幕的动画，如图 13-18 所示。

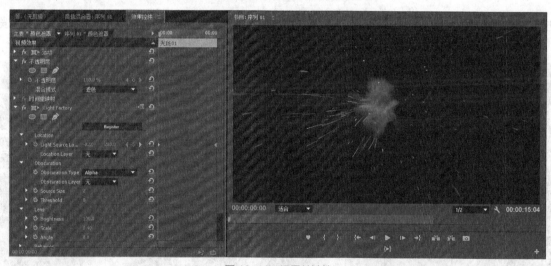

图 13-18　设置关键帧

06 复制【V5】轨道上的素材粘贴到【V6】轨道上，在【效果控件】面板中调整【旋转】参数，如图 13-19 所示。

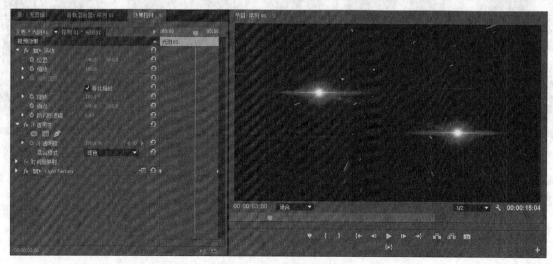

图 13-19　调整旋转参数

07 选择【V6】轨道上的素材，添加【颜色平衡（HLS）】特效，如图 13-20 所示。

图 13-20　添加【颜色平衡（HLS）】特效

08 拖曳颜色遮罩到【V7】轨道上，添加【S_LensFlare】特效，单击【Load　Preset】按钮打开预设浏览器，如图 13-21 所示。

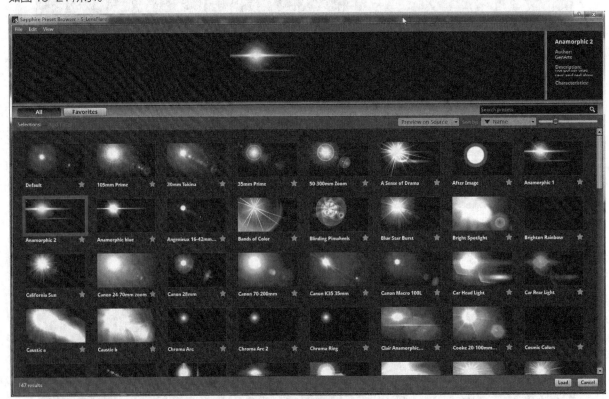

图 13-21　光斑预设浏览器

09 单击【Load】按钮，关闭光斑预设浏览器，在【效果控件】面板中设置【混合模式】和光斑参数，如图 13-22 所示。

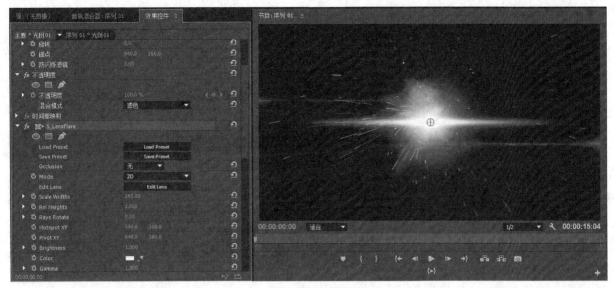

图 13-22 设置特效

10 在【运动】组中设置【缩放】的数值为 1500，设置【位置】关键帧，创建光斑由左经过屏幕从右滑出的动画，起点时数值为（0,360），00:00:02:00 时数值为（9000,360），如图 13-23 所示。

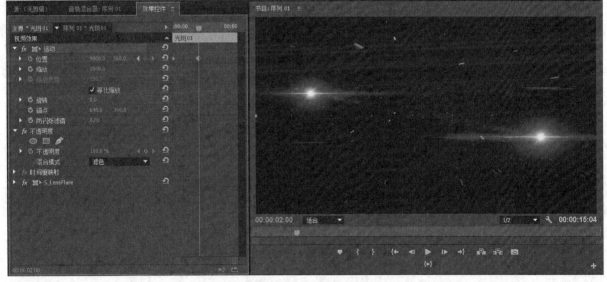

图 13-23 设置关键帧

11 保存项目文件，在【节目监视器】窗口中查看效果。

操作 004 创建体育动画效果

- **实例文件** | 工程/第13章/创建体育动画效果.prproj
- **视频教学** | 视频/第13章/创建体育动画效果.mp4
- **难易程度** | ★★★★☆
- **学习时间** | 8分04秒
- **实例要点** | 蒙版的绘制和【混合模式】的应用

本实例的最终效果如图 13-24 所示。

图 13-24　创建体育动画效果

┤ 操作步骤 ├

01 新建一个序列命名为"序列 02"，从【项目】窗口中拖曳"序列 01"到"序列 02"【时间线】窗口的【V1】轨道上。

02 拖曳图片素材"sport 09.jpg"到【V2】轨道上，起点为 00:00:03:00，设置长度为 4 秒，如图 13-25 所示。

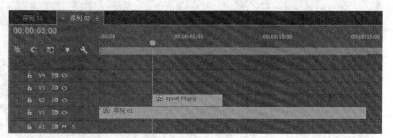

图 13-25　添加素材到时间线

03 选择【V2】轨道上的素材，在【效果控件】面板中设置【混合模式】为【强光】，绘制自由蒙版，如图 13-26 所示。

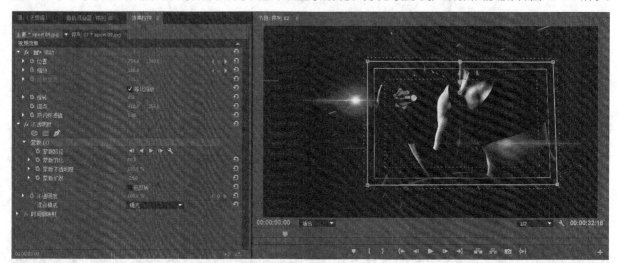

图 13-26　设置【混合模式】和蒙版

04 在素材的起点设置【位置】关键帧，数值为（754,360），在素材的终点调整【位置】参数，创建图片左右移动的动画，如图 13-27 所示。

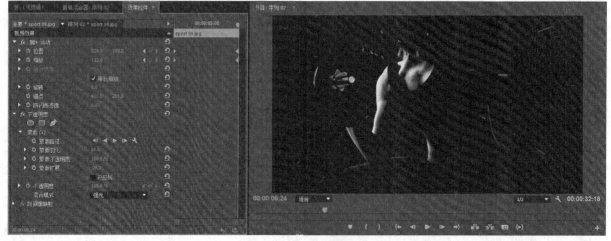

图 13-27　设置关键帧

05 为素材的两端添加【叠加溶解】特效，如图 13-28 所示。

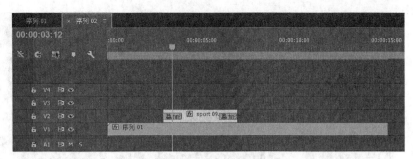

图 13-28　添加过渡特效

06 复制【V1】轨道上的"序列 01"，粘贴到【V3】轨道上，起点为 00:00:06:00，设置【混合模式】为【滤色】，如图 13-29 所示。

图 13-29　设置【混合模式】

07 拖曳图片素材"sport 04.jpg"到【V2】轨道上，首端与"sport 09.jpg"的尾端相连接，如图 13-30 所示。

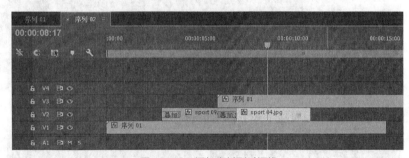

图 13-30　添加素材到时间线

08 选择【V2】轨道上的"sport 04.jpg"，在【效果控件】面板中设置【混合模式】为【强光】，如图 13-31 所示。

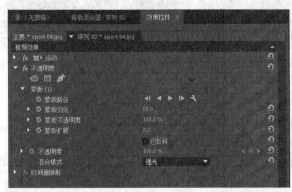

图 13-31　设置【混合模式】

09 复制图片素材"sport 04.jpg"粘贴到【V4】轨道上，绘制圆形蒙版，如图 13-32 所示。

图 13-32　绘制圆形蒙版

10 设置网球的【位置】、【缩放】和【旋转】关键帧，如图 13-33 所示。

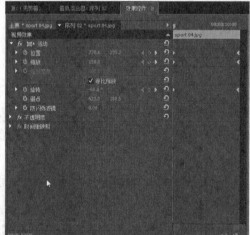

图 13-33　设置关键帧

11 拖曳当前指针查看网球飞行的动画效果，如图 13-34 所示。

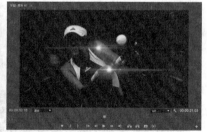

图 13-34　查看动画效果

12 保存项目文件，在【节目监视器】窗口中查看效果。

操作
005 字幕动画效果

- **实例文件** ┃ 工程/第13章/字幕动画效果.prproj
- **视频教学** ┃ 视频/第13章/字幕动画效果.mp4
- **难易程度** ┃ ★★★★☆
- **学习时间** ┃ 8分56秒
- **实例要点** ┃ 【斜面Alpha】和【RGB曲线】、【BCC Cross Zoom】特效的应用

　　本操作的最终效果如图13-35所示。

图 13-35　字幕动画效果

操作步骤

01 创建字幕，设置文字的属性，如图 13-36 所示。

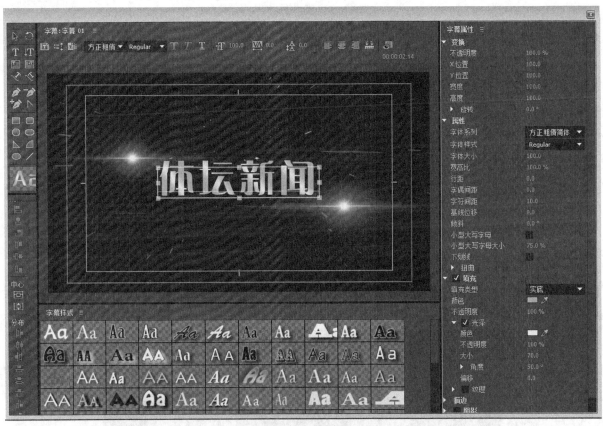

图 13-36　创建字幕

02 拖曳改字幕到【V3】轨道上，起点为 00:00:01:00，如图 13-37 所示。

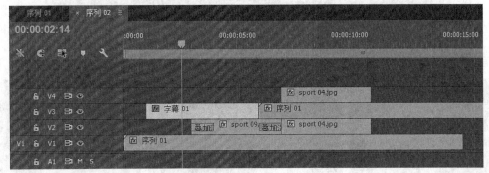

图 13-37　添加字幕到时间线

03 选择字幕，添加【斜面 Alpha】特效，如图 13-38 所示。

图 13-38　添加【斜面 Alpha】特效

04 添加【RGB 曲线】特效，改善字幕的金属光感，如图 13-39 所示。

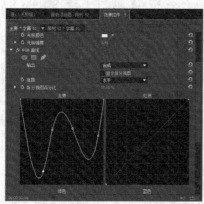

图 13-39　添加【RGB 曲线】特效

05 选择字幕，在首端添加【视频过渡】|【BCC10 Transitions】|【BCC Lens Flare Dissove】特效，在末端添加【BCC Cross Melt】特效，如图 13-40 所示。

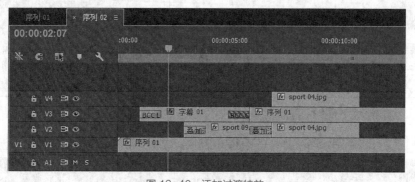

图 13-40　添加过渡特效

06 拖曳当前指针查看字幕的动画效果，如图 13-41 所示。

图 13-41　查看动画效果

07 基于当前字幕新建字幕，创建"字幕 02"，如图 13-42 所示。

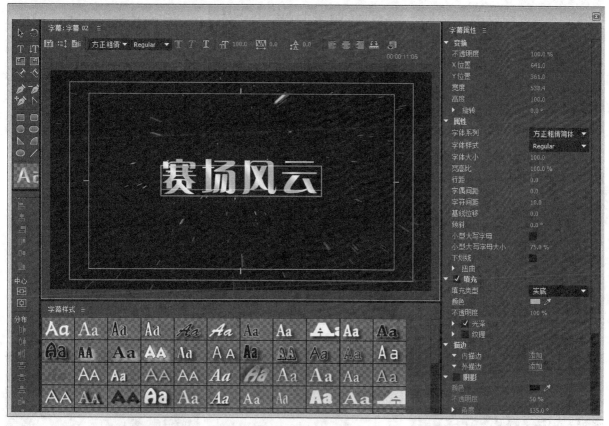

图 13-42　新建字幕

08 拖曳"字幕 02"到【V4】轨道上，与"sport-04.jpg"首尾相连，终点为 00:00:15:00，如图 13-43 所示。

图 13-43　添加字幕到时间线

09 分别在"字幕 02"的首端和末端添加【BCC Cross Zoom】特效，如图 13-44 所示。

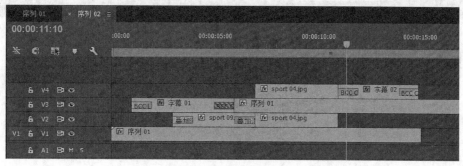

图 13-44　添加过渡特效

10 拖曳当前指针，查看第 2 段字幕的动画效果，如图 13-45 所示。

图 13-45　查看动画效果

11 保存项目文件，在【节目监视器】中查看效果。

操作 006　创建片尾合成动画

- **实例文件**｜工程/第13章/创建片尾合成动画.prproj
- **视频教学**｜视频/第13章/创建片尾合成动画.mp4
- **难易程度**｜★★★★☆

- **学习时间**｜14分17秒
- **实例要点**｜绘制蒙版、【颜色键】和【S_Autopaint】特效的应用

本实例的最终效果如图 13-46 所示。

图 13-46　片尾合成动画效果

操作步骤

01 拖曳图片"sport 18.jpg"到【V2】轨道上，如图 13-47 所示。

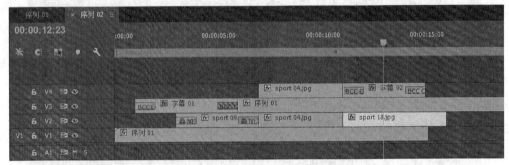

图 13-47　添加素材到时间线

02 在【效果控件】面板中绘制自由蒙版，设置【混合模式】为【柔光】，如图 13-48 所示。

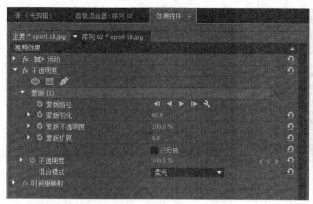

图 13-48 设置不透明属性

03 在素材的首尾两端设置【位置】的关键帧，如图 13-49 所示。

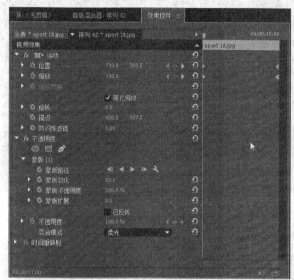

图 13-49 设置【位置】关键帧

04 复制"序列 01"粘贴到【V4】轨道上，首端与"字幕 02"尾端相连，终点为 00:00:21:00，设置【混合模式】为【滤色】，如图 13-50 所示。

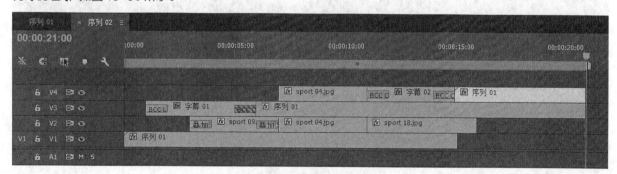

图 13-50 复制素材到时间线

05 拖曳图片素材"sport 19.jpg"到【V2】轨道，起点为 00:00:15:00，如图 13-51 所示。

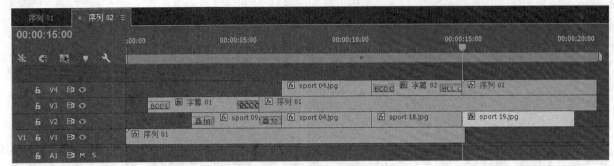

图 13-51　添加素材到时间线

06 拖绘制自由蒙版，如图 13-52 所示。

图 13-52　绘制蒙版

07 添加【颜色键】特效，吸取运动员周边的蓝色，如图 13-53 所示。

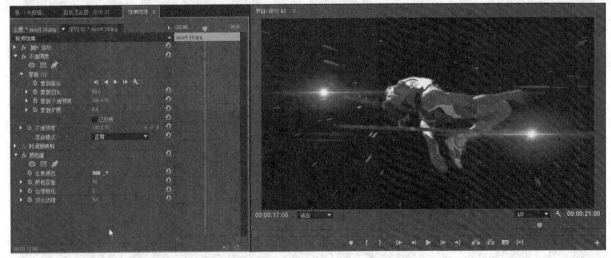

图 13-53　设置【颜色键】特效

08 添加【Sapphire Style】|【S_AutoPaint】特效，如图 13-54 所示。

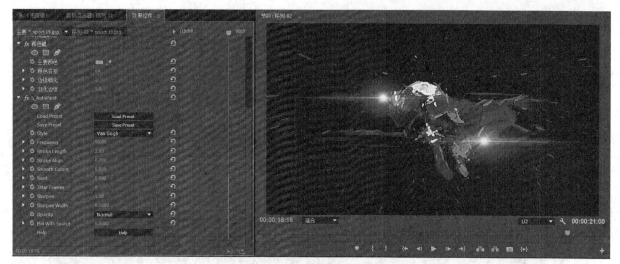

图 13-54 设置【S_AutoPaint】特效

09 在【效果控件】面板中设置【位置】和【缩放】关键帧，如图 13-55 所示。

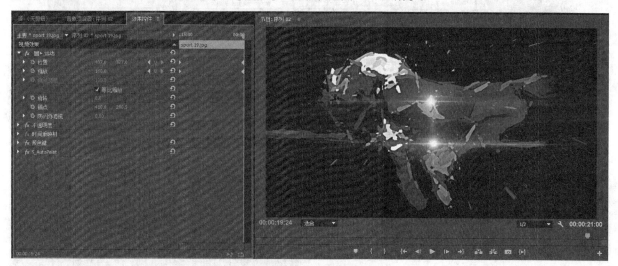

图 13-55 设置关键帧

10 新建字幕，修改字符为"明星集锦"，拖曳该字幕到【V2】轨道上，起点为 00:00:19:00，终点为 00:00:21:00，如图 13-56 所示。

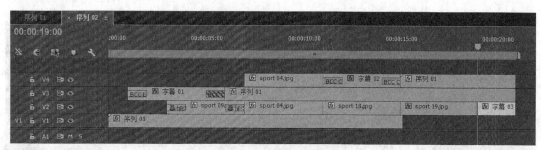

图 13-56 添加字幕到时间线

11 在"sport 19.jpg"和"字幕 03"之间添加【BCC Lens Flare Round】过渡特效，如图 13-57 所示。

图 13-57　添加过渡特效

12 选择【V3】轨道上的"字幕 01"，按【Ctrl+C】组合键，选择"字幕 03"，按【Ctrl+Alt+V】组合键粘贴属性。

13 设置最终序列的出点为 00:00:20:00，如图 13-58 所示。

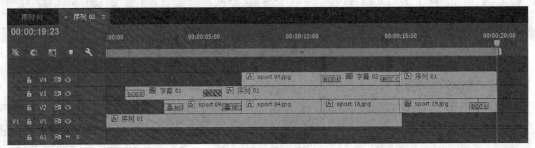

图 13-58　设置序列出点

14 导入音频素材"sport bk.mp3"，设置出入点，如图 13-59 所示。

15 将音频添加到【A1】轨道上，展开波形查看音乐音量节奏，如图 13-60 所示。

16 至此，整个项目制作完成，保存项目文件，在【节目监视器】窗口中预览效果。

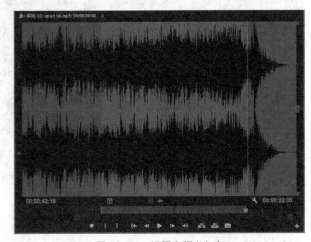

图 13-59　设置音频出入点

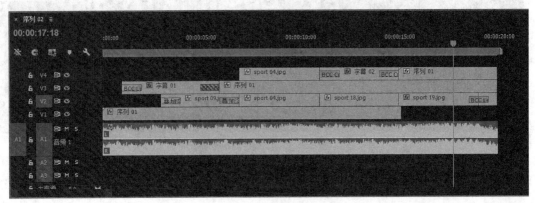

图 13-60　查看波形

第

14

章

美食节广告片头

创建彩色背景	彩条动画	视频片段倒放效果
视频的条纹拖尾效果	动态圆圈	宽荧屏电影效果

本章实例主要讲解的是在Premiere Pro CC中创建色条、字幕并组成多变的色彩背景，通过设置位置和旋转动画使多种元素呈现不同方式的运动，使饮食相关的素材能够在清新亮丽的空间中活泼地闪现和变换，增加趣味性和可观赏性。

本实例的最终效果如图14-1所示。

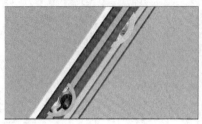  

图 14-1　美食节广告片效果

操作 001　创建彩色背景

- **实例文件 |** 工程/第14章/创建彩色背景.prproj
- **视频教学 |** 视频/第14章/创建彩色背景.mp4
- **难易程度 |** ★★☆☆☆

- **学习时间 |** 4分18秒
- **实例要点 |** 创建多种颜色的图形字幕

---| 操作步骤 |---

01 运行 Premiere Pro CC，在欢迎界面中单击【新建项目】按钮，在【新建项目】对话框中选择项目的保存路径，单击【确定】按钮，如图14-2所示。

02 按【Ctrl+N】组合键，弹出【新建序列】对话框，在【序列预设】选项卡下【可用预设】区域中选择"HDV | HDV 720p25"选项，单击【确定】按钮，如图14-3所示。

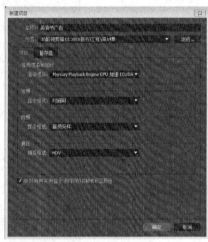

图 14-2　新建项目

图 14-3　新建序列

03 在【项目】窗口空白处右键单击，新建字幕并命名，如图14-4所示。

图 14-4　新建字幕

04 打开【字幕编辑器】，选择【矩形工具】，创建一个满屏的矩形，设置填充颜色，如图 14-5 所示。

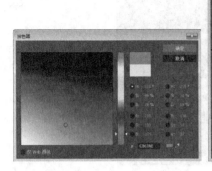
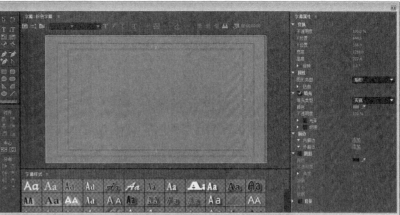

图 14-5　创建粉色矩形

05 单击【基于当前字幕新建字幕】按钮，重命名为"青色字幕"，调整填充颜色，如图 14-6 所示。

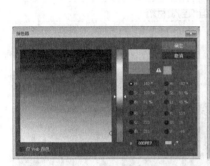
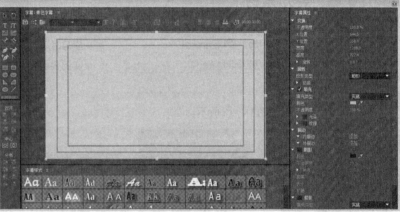

图 14-6　创建青色矩形

06 单击【基于当前字幕新建字幕】按钮，重命名为"黄色字幕"，调整填充颜色，如图 14-7 所示。
07 单击【基于当前字幕新建字幕】按钮，重命名为"红色字幕"，调整填充颜色，如图 14-8 所示。
08 单击【基于当前字幕新建字幕】按钮，重命名为"蓝色字幕"，调整填充颜色，如图 14-9 所示。

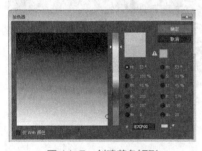
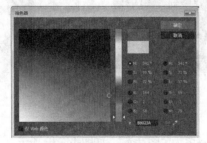

图 14-7　创建黄色矩形　　　　　图 14-8　创建红色矩形　　　　　图 14-9　创建蓝色矩形

09 单击【基于当前字幕新建字幕】按钮，重命名为"浅黄色字幕"，调整填充颜色，如图 14-10 所示。
10 在【项目】窗口中创建素材箱，命名为"字幕"，如图 14-11 所示。
11 保存项目文件。

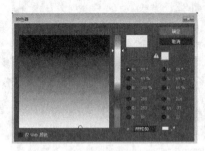

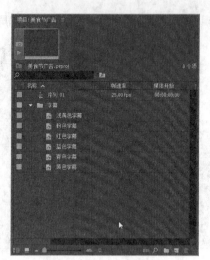

图 14-10　创建浅黄色矩形　　　　图 14-11　创建素材箱

操作 002　导入素材

● **实例文件** | 工程/第14章/导入素材.prproj　　● **学习时间** | 1分16秒

● **视频教学** | 视频/第14章/导入素材.mp4　　● **实例要点** | 将素材组织到素材箱

● **难易程度** | ★★☆☆☆

　　本操作的最终效果如图14-12所示。

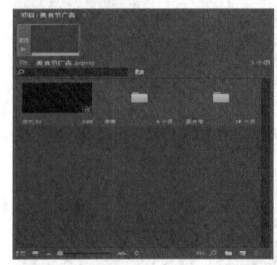

图 14-12　导入素材效果

┨ 操作步骤 ┠

01 在【项目】窗口中新建素材箱，重命名为"图片库"，如图 14-13 所示。

02 打开随书附带资源中的"素材I第14章"下的素材文件夹，选择全部的饮食图片，拖曳到【项目】窗口的"图片库"中，如图 14-14 所示。

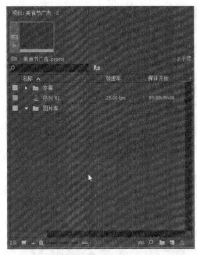

图 14-13　新建素材箱　　　　　　　　　图 14-14　导入素材

03 打开素材箱，选择【图标视图】模式，可以查看图片的缩略图，如图 14-15 所示。

04 目前在【项目】窗口中创建了两个素材箱，也已经准备好了素材，如图 14-16 所示。

05 保存项目文件。

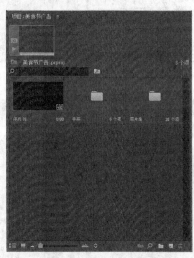

图 14-15　查看图片素材　　　　　　　　图 14-16　查看【项目】窗口

操作 003　彩条动画

- **实例文件**｜工程/第14章/彩条动画.prproj
- **视频教学**｜视频/第14章/彩条动画.mp4
- **难易程度**｜★★★☆☆
- **学习时间**｜4分56秒
- **实例要点**｜【投影】特效和关键帧动画的应用

本实例的最终效果如图 14-17 所示。

图 14-17　彩条动画效果

┤ 操作步骤 ├

01 打开"字幕"素材箱，拖曳"粉色字幕"到【V1】轨道上，拖曳"青色字幕"到【V2】轨道上，起点为00:00:00:10，尾端与"粉色字幕"尾端对齐，如图14-18 所示。

图 14-18　添加素材到时间线

02 在【效果控件】面板中设置"青色字幕"的【位置】动画，如图 14-19 所示。

03 添加【投影】特效，如图 14-20 所示。

图 14-19　设置【位置】关键帧

图 14-20　添加【投影】特效

04 在【时间线】窗口中复制【V2】轨道上的"青色字幕"并粘贴到【V3】轨道上，起点 00:00:15:00，如图14-21 所示。

05 在【项目】窗口中打开素材箱"字幕"，选择"黄色字幕"，按【Ctrl+C】组合键，在【时间线】窗口中选择【V3】轨道上的素材，右键单击，在弹出的菜单中选择【使用剪辑替换】|【从素材箱】命令，如图 14-22 所示。

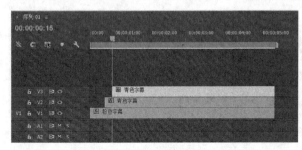

图 14-21　复制素材　　　　　　　　　　　　　图 14-22　替换素材

06 在【时间线】窗口中选择【V3】轨道上的素材,在【效果控件】面板中调整【锚点】参数,如图 14-23 所示。

图 14-23 调整【锚点】参数

07 用上面的方法添加轨道和替换字幕,如图 14-24 所示。

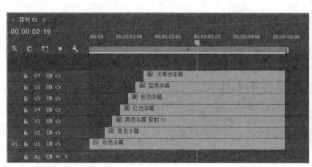
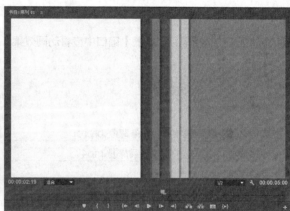

图 14-24 复制轨道并替换素材

08 复制【V7】轨道上的素材,粘贴到【V2】轨道上,起点在 00:00:01:15,如图 14-25 所示。

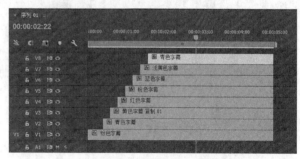

图 14-25 复制素材

09 在【效果控件】面板中调整【锚点】数值,如图 14-26 所示。

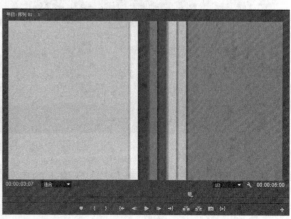

图 14-26 调整【锚点】数值

10 添加【颜色校正】|【颜色平衡（HLS）】特效，如图14-27所示。

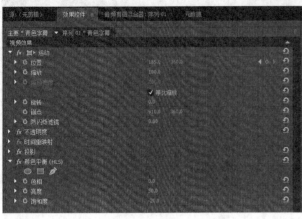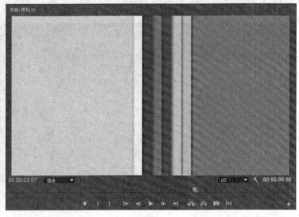

图 14-27　添加【颜色平衡（HLS）】特效

11 保存场景，在【节目监视器】窗口中查看动画效果。

操作 004　彩条背景

- **实例文件** | 工程/第14章/彩条背景.prproj
- **视频教学** | 视频/第14章/彩条背景.mp4
- **难易程度** | ★★★★☆
- **学习时间** | 2分59秒
- **实例要点** | 应用【S_ReverseClip】特效倒放素材

　　本操作的最终效果如图14-28所示。

图 14-28　彩条背景效果

┤ 操作步骤 ├

01 拖曳"序列01"到【新建序列】图标 上，创建一个新的序列，重命名为"序列02"，如图14-29所示。

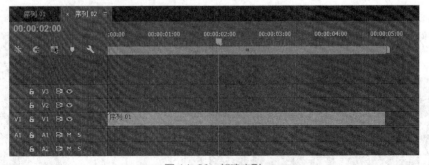

图 14-29　新建序列

02 在【时间线】窗口中复制【V1】轨道上的序列，粘贴到【V2】轨道上，添加【Sapphire Time】|【S_ReverseClip】特效，如图14-30所示。

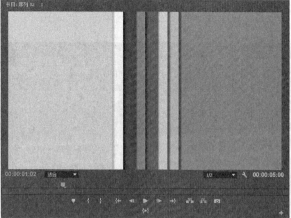

图 14-30 添加【S_ReverseClip】特效

03 右键单击【V2】轨道上的序列,在弹出的菜单中选择【嵌套】命令,拖曳嵌套序列的起点到 00:00:02:20,如图 14-31 所示。

04 在【项目】窗口中选择"序列 02",选择菜单【编辑】|【重复】命令,重命名为"序列 03",如图 14-32 所示。

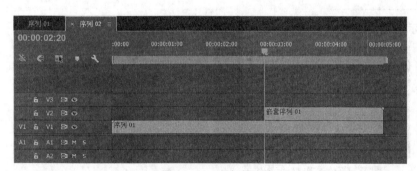

图 14-31 嵌套序列

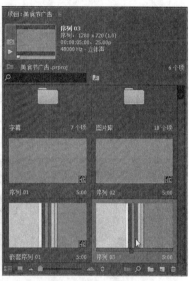

图 14-32 复制并重命名序列

05 拖曳"序列 03"到【时间线】窗口中的【V2】轨道上,首端与"嵌套序列 01"的尾端相连,拖曳"粉色字幕"到【V1】轨道上,如图 14-33 所示。

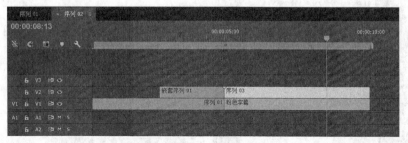

图 14-33 添加素材到时间线

06 在【时间线】窗口中选择"序列 03",在【效果控件】面板中调整【旋转】和【缩放】参数,如图 14-34 所示。

07 保存项目文件,在【节目监视器】窗口中查看效果。

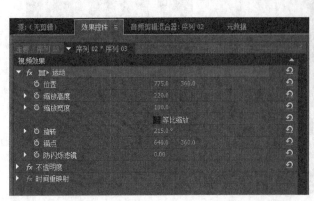
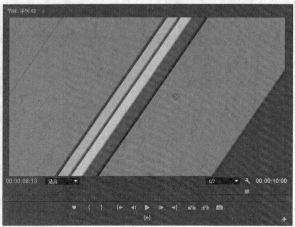

图 14-34　调整素材旋转方向和大小

<table>
</table>

操作 **005**　动态圆环装饰

- **实例文件**┃工程/第14章/动态圆环装饰.prproj
- **视频教学**┃视频/第14章/动态圆环装饰.mp4
- **难易程度**┃★★★★☆
- **学习时间**┃6分52秒
- **实例要点**┃创建彩色圆环图形和【轨道遮罩键】特效

本操作的最终效果如图14-35所示。

图 14-35　动态圆环装饰效果

操作步骤

01 新建一个序列，选择合适的预设选项，如图14-36所示。

02 新建字幕，命名为"圆环"，如图14-37所示。

图 14-36　新建序列

图 14-37　新建字幕

03 在【字幕编辑器】中绘制一个圆形，取消勾选【填充】，添加【外描边】，设置颜色和宽度，如图 14-38 所示。

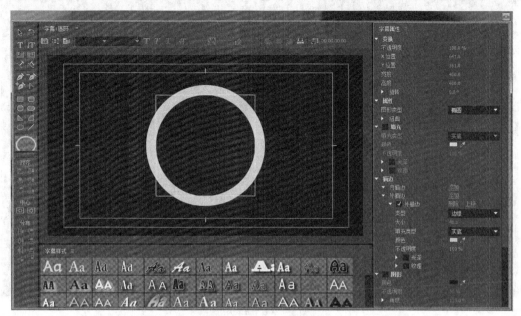

图 14-38　创建圆环图形

04 拖曳该字幕到【V2】轨道上，复制并粘贴到【V3】轨道上，如图 14-39 所示。

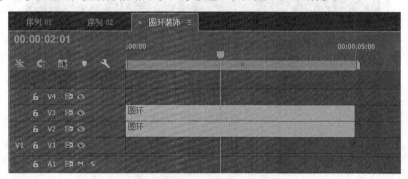

图 14-39　添加字幕到时间线

05 调整【缩放】数值为 96%，添加【颜色平衡（HLS）】特效，如图 14-40 所示。

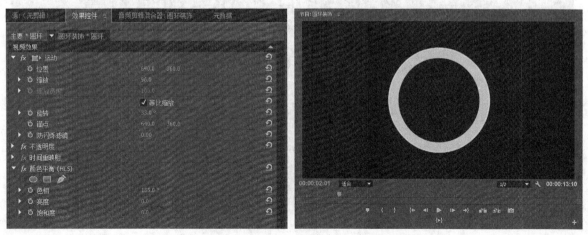

图 14-40　添加【颜色平衡（HLS）】特效

06 新建字幕"蒙版"，绘制两个矩形，如图 14-41 所示。

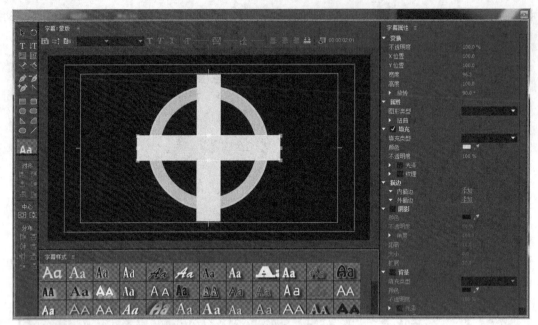

图 14-41　绘制矩形

07 拖曳该蒙版到【V4】轨道上，与圆环首尾对齐，如图 14-42 所示。

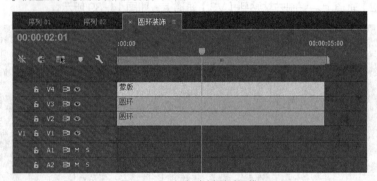

图 14-42　添加素材到时间线

08 选择【V3】轨道上的字幕，添加【轨道遮罩键】特效，如图 14-43 所示。

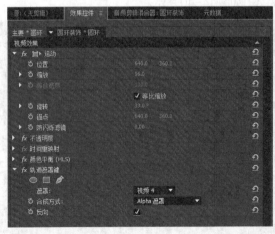
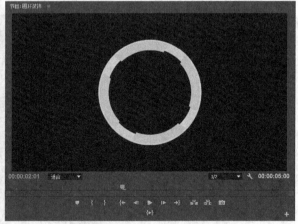

图 14-43　添加【轨道遮罩键】特效

09 在【效果控件】面板中设置【旋转】关键帧，起点时数值为 0，00:00:02:00 时数值为 180°。

10 添加【径向擦除】特效，如图 14-44 所示。

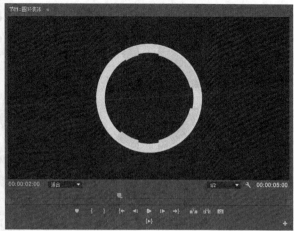

图 14-44　添加【径向擦除】特效

11 复制【V3】和【V4】轨道上的素材,粘贴到【V5】和【V6】轨道上,如图 14-45 所示。

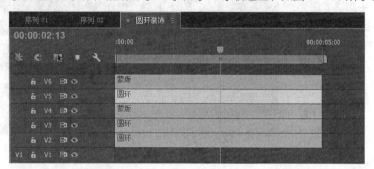

图 14-45　复制素材

12 选择【V5】轨道上的字幕,在【效果控件】面板中调整参数,如图 14-46 所示。

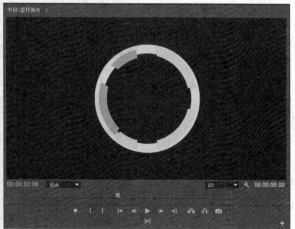

图 14-46　设置特效

13 保存项目文件,在【节目监视器】中查看效果。

操作
006

图片动画

● **实例文件** | 工程/第14章/图片动画.prproj
● **视频教学** | 视频/第14章/图片动画.mp4
● **难易程度** | ★★★★☆

● **学习时间** | 7分18秒
● **实例要点** | 分割素材和设置【帧定格选项】

本实例的最终效果如图14-47所示。

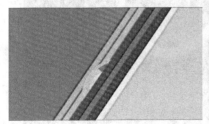

图 14-47 图片动画效果

—┃ **操作步骤** ┃—

01 在【时间线】窗口中激活"序列
02",拖曳【圆环装饰】到【V4】
轨道上,起点为00:00:06:10,如
图14-48所示。

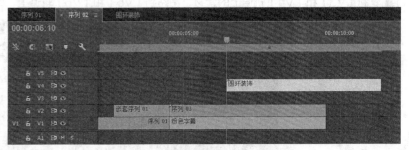

图 14-48 添加素材到时间线

02 拖曳当前指针到00:00:07:08,
选择【V2】轨道上的素材"序列
03",按【Ctrl+K】组合键添加编
辑和标记点,如图14-49所示。

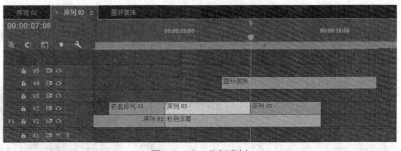

图 14-49 分割素材

03 拖曳当前指针到00:00:08:10,
拖曳"序列03"的第2个片段与之
对齐,如图14-50所示。

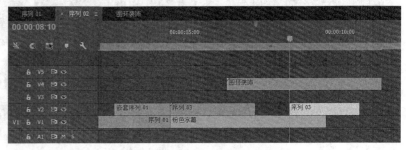

图 14-50 调整素材在时间线的位置

04 拖曳当前指针到标记点 00:00:07:08 的位置，将"序列 03"的第 1 个片段的尾端延长，然后切断为两段，如图 14-51 所示。

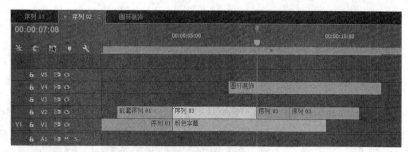

图 14-51 延长素材

05 选择第 2 个片段，右键单击，在弹出的菜单中选择【帧定格选项】命令，如图 14-52 所示。

06 选择"序列 03"的 3 个片段，右键单击，在弹出的菜单中选择【嵌套】命令。

07 复制"嵌套序列 03"并粘贴到【V5】轨道上，如图 14-53 所示。

图 14-52 设置【帧定格选项】

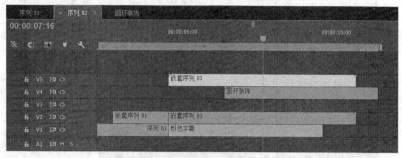

图 14-53 复制素材

08 在【效果控件】面板中展开【不透明度】组，绘制自由蒙版，如图 14-54 所示。

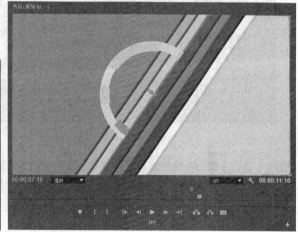

图 14-54 绘制蒙版

09 设置【位置】关键帧，如图 14-55 所示。

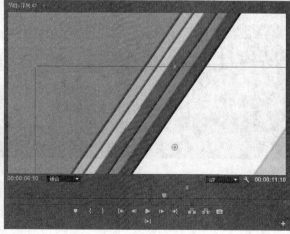

图 14-55 设置关键帧 1

10 拖曳当前指针到 00:00:08:10，调整【位置】参数，创建圆环移动的动画，如图 14-56 所示。

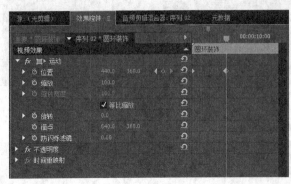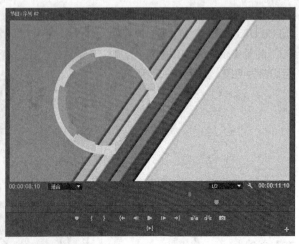

图 14-56 设置关键帧 2

11 拖曳当前指针到 00:00:09:00，调整【位置】参数，创建第 3 处关键帧，如图 14-57 所示。

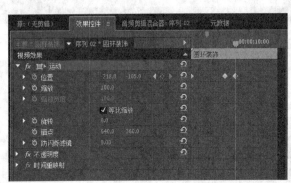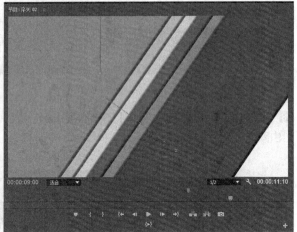

图 14-57 设置关键帧 3

12 从【项目】窗口中拖曳图片"饮食 03.jpg"到【V3】轨道上，与"圆环装饰"对齐，如图 14-58 所示。

13 选择"圆环装饰"按【Ctrl+C】组合键，选择图片，按【Ctrl+Alt+V】组合键，粘贴属性，如图 14-59 所示。

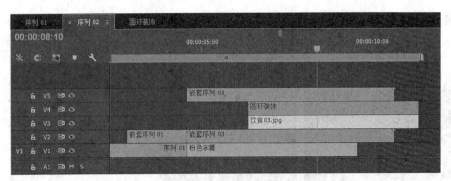

图 14-58 添加素材到时间线   图 14-59 粘贴属性

14 在【效果控件】面板中调整【缩放】和【锚点】的数值，如图 14-60 所示。

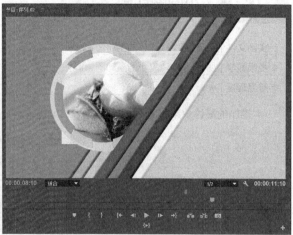

图 14-60　设置画面大小和锚点参数

15 添加圆形蒙版，如图 14-61 所示。

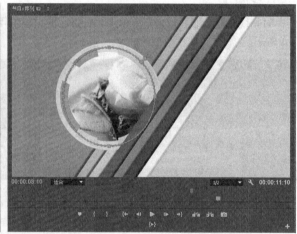

图 14-61　绘制圆形蒙版

16 拖曳【V1】轨道上的"粉色字幕"尾端到 00:00:10:10，其他素材的尾端与之对齐，如图 14-62 所示。

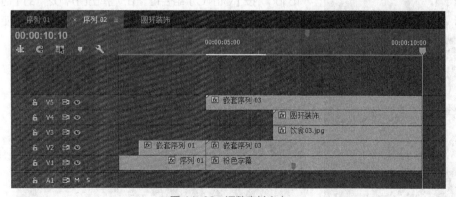

图 14-62　调整素材出点

17 保存项目文件，在【节目监视器】中查看效果。

操作
007 小圆圈动画

● 实例文件┃工程/第14章/小圆圈动画.prproj
● 视频教学┃视频/第14章/小圆圈动画.mp4
● 难易程度┃★★★★☆

● 学习时间┃9分32秒
● 实例要点┃调整轴心设置旋转动画

本操作的最终效果如图14-63所示。

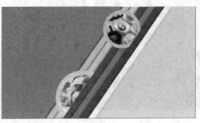

图 14-63　小圆圈动画效果

┃操作步骤┃

01 选择时间线轨道上的素材，右键单击，在弹出的菜单中年选择【嵌套】命令，重命名为"弹出图片01"，如图14-64所示。

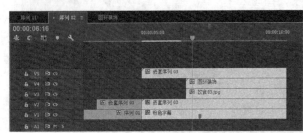

图 14-64　嵌套序列

02 在【项目】窗口中选择"弹出图片01"，右键单击，在弹出的菜单中选择【重复】命令，重命名为"弹出图片02"，如图14-65所示。

图 14-65　复制序列

03 双击打开序列"弹出图片02"，在【项目】窗口中选择图片"饮食15.jpg"按【Ctrl+C】组合键，在"弹出图片02"的【时间线】窗口中选择"饮食03.jpg"，右键单击，在弹出的菜单中选择【使用剪辑替换】|【素材箱】命令，如图14-66所示。

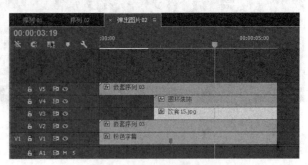

图 14-66　替换素材

04 在时间线上选择"圆环装饰",在【效果控件】面板中调整【锚点】的数值,如图 14-67 所示。

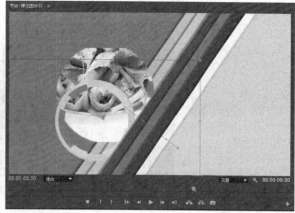

图 14-67 设置锚点

05 选择"饮食 15.jpg",在【效果控件】面板中调整【缩放】和【锚点】参数,在【节目监视器】窗口中调整圆形蒙版的位置和大小,如图 14-68 所示。

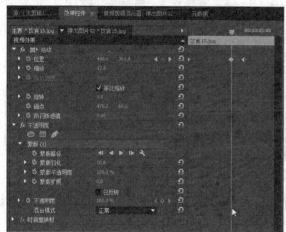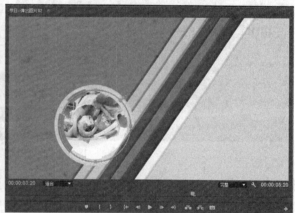

图 14-68 设置关键帧

06 新建字幕"小圆圈",如图 14-69 所示。

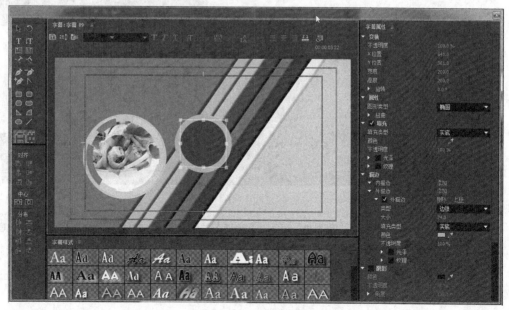

图 14-69 创建圆形字幕

07 在【时间线】窗口中添加两个轨道，拖曳字幕"圆圈小"到【V5】轨道上，起点为 00:00:02:15，如图 14-70 所示。

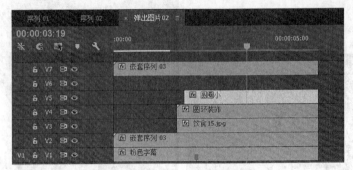

图 14-70　添加字幕到时间线

08 在【效果控件】面板中调整锚点和【位置】参数，如图 14-71 所示。

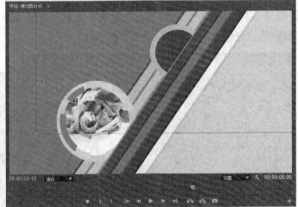

图 14-71　调整画面的位置和锚点

09 选择【V7】轨道上的"嵌套序列 03"，在【效果控件】面板中单击【蒙版（1）】，在【节目监视器】窗口中修改蒙版形状，如图 14-72 所示。

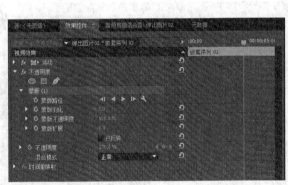
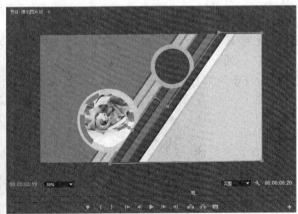

图 14-72　修改蒙版形状

10 选择【V5】轨道上的字幕"圆圈小"，添加【旋转】关键帧，起点时数值为 180°，00:00:03:00 时数值为 0，拖曳当前指针到 00:00:03:20，创建【位置】关键帧，拖曳当前指针到 00:00:04:10，调整【位置】参数，如图 14-73 所示。

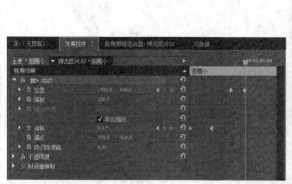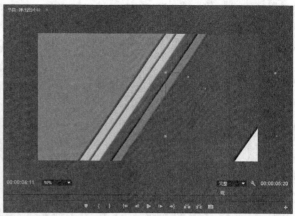

图 14-73　设置【位置】关键帧

11 拖曳当前指针，查看动画效果，如图 14-74 所示。

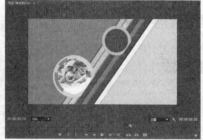

图 14-74　查看动画效果

12 拖曳图片素材"饮食 13.jpg"到【V6】轨道上，如图 14-75 所示。

13 在【时间线】窗口中选择"圆圈小"，按【Ctrl+C】组合键，选择"饮食 13.jpg"，按【Ctrl+Alt+V】组合键，粘贴属性，如图 14-76 所示。

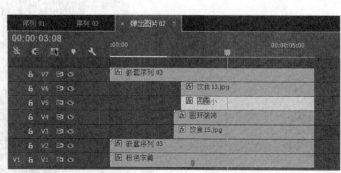

图 14-75　添加素材到时间线

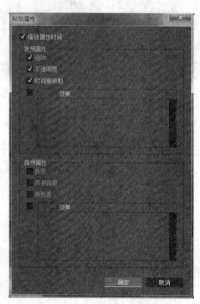

图 14-76　粘贴属性

14 在【效果控件】面板中展开【不透明度】组，选择【圆形蒙版工具】，绘制圆形蒙版，如图 14-77 所示。

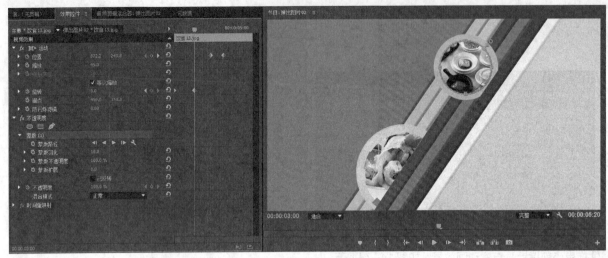

图 14-77　绘制圆形蒙版

15 保存项目文件,在【节目监视器】窗口中预览效果。

操作 008 替换图片创建新片段

- **实例文件** | 工程/第14章/替换图片创建新片段.prproj
- **学习时间** | 6分22秒
- **视频教学** | 视频/第14章/替换图片创建新片段.mp4
- **实例要点** | 替换素材和改变色调
- **难易程度** | ★★★★☆

本实例的最终效果如图14-78所示。

图 14-78　替换图片创建新片段效果

⊢|操作步骤|⊢

01 在【项目】窗口中选择"弹出图片02",右键单击,在弹出的菜单中选择【重复】命令,重命名为"弹出图片03",如图14-79所示。

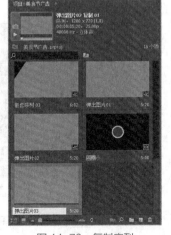

图 14-79　复制序列

02 双击打开序列"弹出图片 03"，在【项目】窗口中选择图片"饮食 09.jpg"按【Ctrl+C】组合键，在"弹出图片 03"的【时间线】窗口中选择"饮食 15.jpg"，右键单击，在弹出的菜单中选择【使用剪辑替换】|【素材箱】命令，如图 14-80 所示。

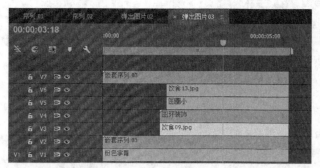

图 14-80　替换素材

03 在时间线上选择"饮食 09.jpg"，在【效果控件】面板中调整【锚点】参数，在【节目监视器】窗口调整圆形蒙版的位置和大小，如图 14-81 所示。

图 14-81　调整蒙版

04 选择【V4】轨道上的"圆环装饰"，添加【颜色平衡（HLS）】特效，如图 14-82 所示。

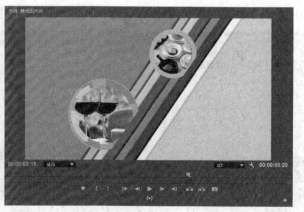

图 14-82　添加【颜色平衡（HLS）】特效

05 在【项目】窗口中选择图片"饮食 13.jpg"按【Ctrl+C】组合键，在"弹出图片 03"的【时间线】窗口中选择"饮食 11.jpg"，右键单击，在弹出的菜单中选择【使用剪辑替换】|【素材箱】命令，如图 14-83 所示。

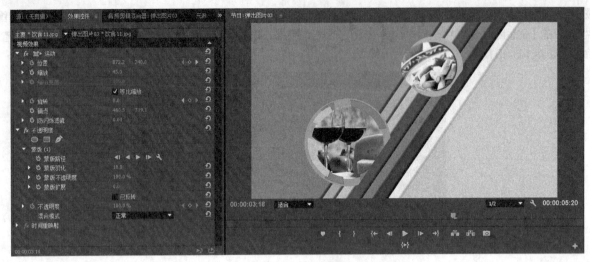

图 14-83　替换素材

06 在【效果控件】面板中调整【缩放】和【锚点】参数，然后在【节目监视器】窗口中调整蒙版的位置和大小，如图 14-84 所示。

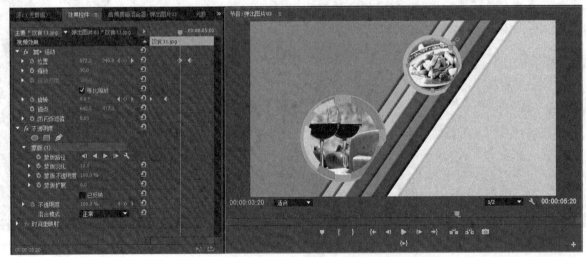

图 14-84　调整蒙版

07 选择【V5】轨道上的"圆圈小"，添加【颜色平衡（HLS）】特效，如图 14-85 所示。

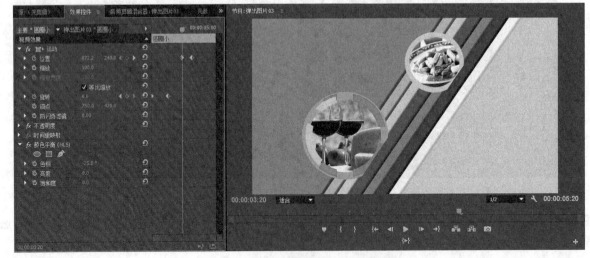

图 14-85　添加【颜色平衡（HLS）】特效

08 用上面的方法创建"弹出图片 04"，并替换图片素材，如图 14-86 所示。

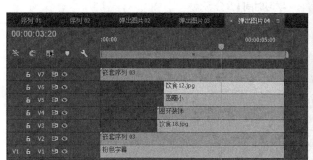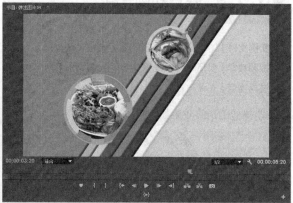

图 14-86　替换素材

09 调整圆环和圆圈的色调，如图 14-87 所示。

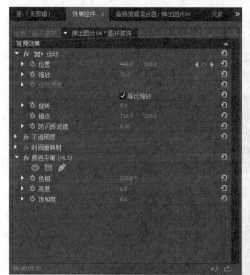

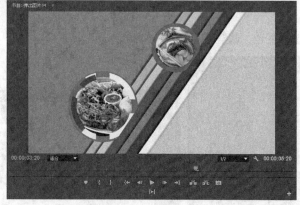

图 14-87　设置特效

10 保存项目文件，在【节目监视器】窗口中预览效果。

操作 009 图片动画合成

- **实例文件** | 工程/第14章/图片动画合成.prproj
- **视频教学** | 视频/第14章/图片动画合成.mp4
- **难易程度** | ★★★★★
- **学习时间** | 9分52秒
- **实例要点** | 复制序列和【更改颜色】特效

本操作的最终效果如图14-88所示。

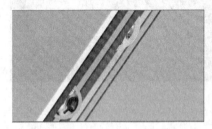

图 14-88　图片动画合成效果

操作步骤

01 在【时间线】窗口中激活"序列02"，从【项目】窗口中拖曳"弹出图片02"到【V1】轨道上，与"弹出图片01"首尾相连，在【效果控件】面板中调整【旋转】为180°，如图14-89所示。

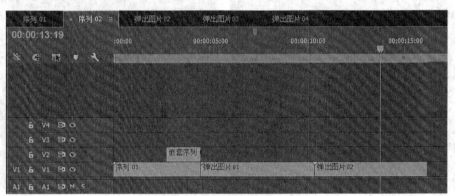

图 14-89　添加素材到时间线

02 添加【更改颜色】特效，选取粉色，调整色相，如图14-90所示。

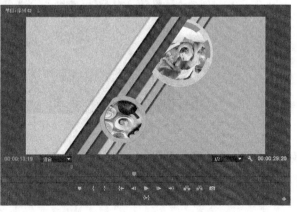

图 14-90　添加特效

03 再添加【更改颜色】特效，选取青色，调整色相，如图 14-91 所示。

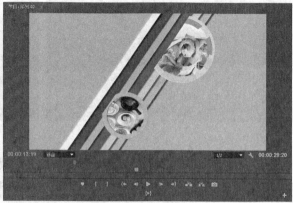

图 14-91　添加特效

04 从【项目】窗口中拖曳序列"弹出图片 03"到【V4】轨道上，首端与"弹出图片 02"尾端对齐，调整旋转为90°，如图 14-92 所示。

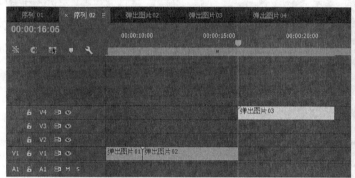

图 14-92　添加素材到时间线

05 拖曳"粉色字幕"到【V1】轨道上，拖曳"嵌套序列 03"到【V2】轨道上，调整【旋转】和【位置】参数，如图 14-93 所示。

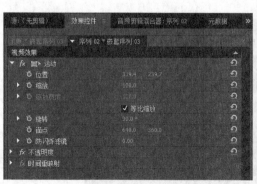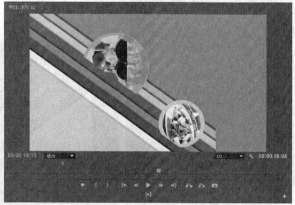

图 14-93　调整画面角度和位置

06 复制【V2】轨道上的"嵌套序列 03"，在【效果控件】面板中调整【位置】参数，如图 14-94 所示。

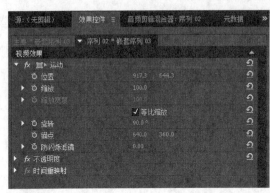
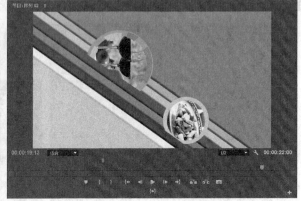

图 14-94　调整画面位置

07 选择【V4】轨道上"弹出图片 03"，添加【更换颜色】特效，选取粉色，调整色相，如图 14-95 所示。

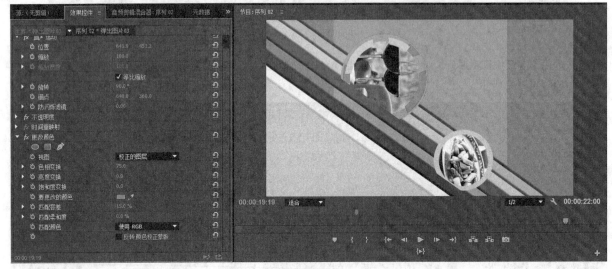

图 14-95　添加特效

08 选择【V4】轨道上"弹出图片 03"，按【Ctrl+C】组合键，框选下面的 3 个轨道上的素材，按【Ctrl+Alt+V】组合键，粘贴属性，如图 14-96 所示。

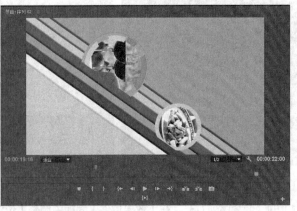

图 14-96　粘贴属性

09 从【项目】窗口中拖曳序列"弹出图片 04"到【V4】轨道上,首端与"弹出图片 03"尾端相连,调整旋转为
-90°,如图 14-97 所示。

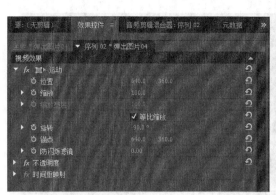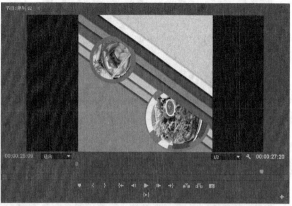

图 14-97　调整画面角度

10 拖曳"粉色字幕"到【V1】轨道上,拖曳"嵌套序列 03"到【V2】轨道上,在【效果控件】面板中调整【位置】
参数,如图 14-98 所示。

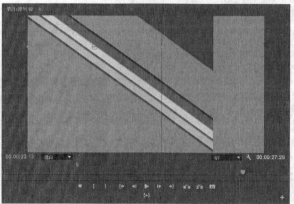

图 14-98　调整画面位置

11 复制【V2】轨道上的"嵌套序列 03"粘贴到【V3】轨道上,在【效果控件】面板中调整【位置】参数,如图
14-99 所示。

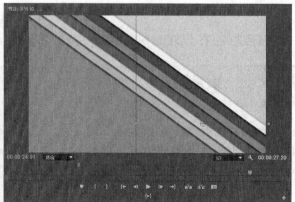

图 14-99　调整画面位置

12 选择【V4】轨道上"弹出图片 03",添加【更换颜色】特效,选取红色,调整色相,如图 14-100 所示。

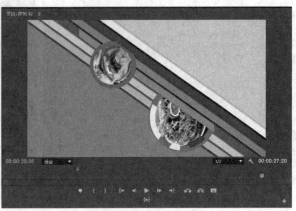

图 14-100　添加特效

13 选择【V4】轨道上"弹出图片03",按【Ctrl+C】组合键,框选下面的3个轨道上的素材,按【Ctrl+Alt+V】组合键,粘贴属性,如图14-101所示。

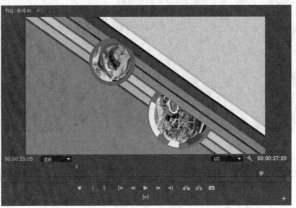

图 14-101　粘贴属性

14 保存项目文件,在【节目监视器】窗口中预览效果。

操作 010　影片完成

● **实例文件** | 工程/第14章/影片完成.prproj
● **视频教学** | 视频/第14章/影片完成.mp4
● **难易程度** | ★★★★☆

● **学习时间** | 11分32秒
● **实例要点** | 创建字幕并应用过渡特效

　　本实例的最终效果如图14-102所示。

图 14-102　影片完成效果

┫操作步骤┣

01 新建字幕，设置字幕属性，如图 14-103 所示。

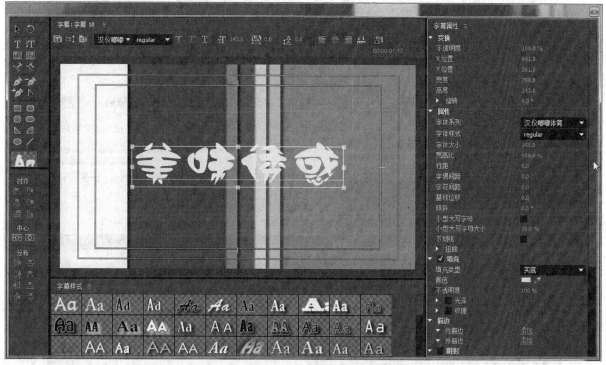

图 14-103　创建字幕

02 拖曳该字幕到【V5】轨道上，起点为 00:00:01:00，长度为 4 秒，如图 14-104 所示。

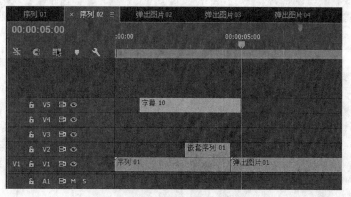

图 14-104　添加字幕到时间线

03 在字幕首端添加【百叶窗】擦除特效，如图 14-105 所示。

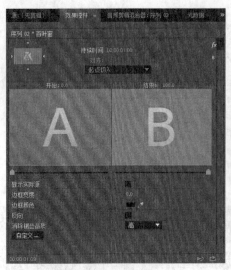
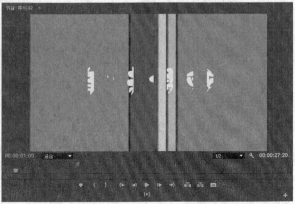

图 14-105　添加过渡特效

04 单击【自定义】按钮，在【百叶窗设置】对话框中设置【带数量】，如图 14-106 所示。

05 在字幕尾端添加【推】过渡特效，如图 14-107 所示。

06 添加【投影】特效，如图 14-108 所示。

图 14-106　设置【带数量】参数

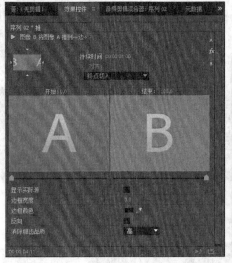
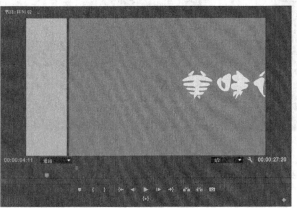

图 14-107　添加过渡特效

图 14-108　添加投影特效

07 新建字幕，设置文字属性，如图 14-109 所示。

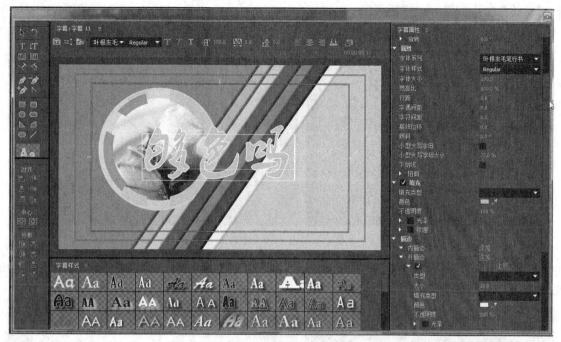

图 14-109　创建字幕

08 拖曳该字幕到【V5】轨道上，起点为 00:00:06:20，长度为 4 秒，在【效果控件】面板中调整【旋转】、【位置】和【混合模式】，如图 14-110 所示。

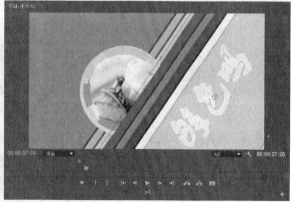

图 14-110　设置画面属性

09 为字幕两端添加【油漆飞溅】擦除特效。

10 双击打开"字幕11"，单击【基于当前字幕新建字幕】按钮，修改字符，新建字幕"够香吗"和"够味吗"，拖曳字幕到【V5】轨道上，起点分别为 00:00:14:00 和 00:00:22:00，长度为 4 秒，如图 14-111 所示。

图 14-111　添加字幕到时间线

11 选择"字幕12",在两端添加【随机擦除】特效,在【效果控件】面板中调整【旋转】和【位置】参数,设置【混合模式】为【叠加】,如图14-112所示。

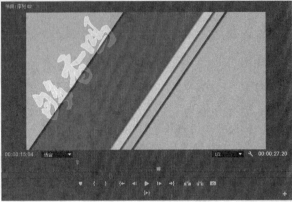

图14-112 设置画面属性

12 选择"字幕13",两端添加【交叉缩放】特效,在【效果控件】面板中调整【旋转】和【位置】参数,设置【混合模式】为【叠加】,如图14-113所示。

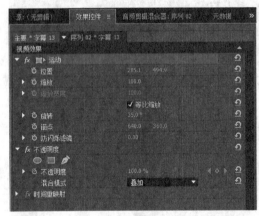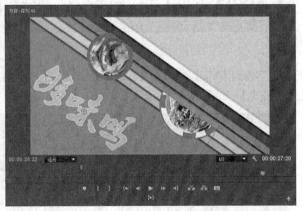

图14-113 设置画面属性

13 导入背景音乐素材,拖曳到【A1】轨道上,展开波形,设置音频的出入点,如图14-114所示。

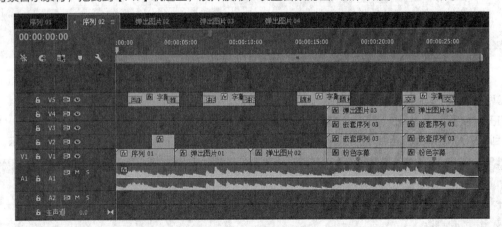

图14-114 添加音频素材

14 至此完成整个影片的制作,保存项目文件,在【节目监视器】窗口中预览效果。